非一致波动输入下
沥青混凝土心墙坝地震响应分析

王 飞 刘云贺 等 著

中国电力出版社
CHINA ELECTRIC POWER PRESS

内 容 提 要

本书是坝基非一致地震波动输入以及此种输入方式下沥青心墙坝动力响应特性方面的著作，重点阐述了非一致自由场的构建、非一致波动输入的建立以及非一致地震波动输入下沥青心墙坝的动力响应特性。首先总结了自由场构建和地震动输入的发展趋势，然后提出了单波斜入射、多种类型波组合斜入射下基岩和覆盖层地基非一致自由场的构建方法，提出了基岩和覆盖层地基非一致波动输入的建立方法，最后分析了非一致波动输入下基岩和覆盖层地基上沥青心墙坝响应特性，揭示了覆盖层地基与沥青心墙坝动力相互作用机制。

本书可以作为水利工程专业研究生的教材，也可以作为水利工程相关领域科研人员、设计人员和工程管理人员的参考书。

图书在版编目（CIP）数据

非一致波动输入下沥青混凝土心墙坝地震响应分析 / 王飞等著. -- 北京 : 中国电力出版社，2024.7. -- ISBN 978-7-5198-9100-8

Ⅰ. TV641.4

中国国家版本馆 CIP 数据核字第 202425G03R 号

出版发行：中国电力出版社
地　　址：北京市东城区北京站西街 19 号（邮政编码 100005）
网　　址：http：//www.cepp.sgcc.com.cn
责任编辑：孙建英（010-63412369）　董艳荣
责任校对：黄　蓓　李　楠
装帧设计：赵姗姗
责任印制：吴　迪

印　　刷：北京九州迅驰传媒文化有限公司
版　　次：2024 年 8 月第一版
印　　次：2024 年 8 月北京第一次印刷
开　　本：787 毫米×1092 毫米　16 开本
印　　张：11.5
字　　数：281 千字
定　　价：65.00 元

前　言

能源是人类生存和社会发展的重要基石，目前我国能源结构中仍然是煤炭、石油、天然气等化石能源为主，化石能源燃烧过程中存在释放空气污染物的问题。面对当前化石能源在支撑我国经济高速发展中占据重要作用的现状，同时为兑现我国在联合国大会上作出的2030年碳达峰和2060年碳中和承诺，未来我国亟须加快推进清洁能源的开发。水电能源是一种可再生且高效利用的清洁能源，最新水电能源调查数据表明，全国可开发的水电装机容量为6.87亿kW，截至2020年底，全国已开发的水电装机容量为3.7亿kW，水力发电量占国家用电总量的18%左右。水电能源有着非常广阔的开发空间，在未来的能源结构中水力发电量将占据更大的份额。

我国水电能源虽然丰富，但60%以上的常规水电装机位于西部地区。西部地区地形地质条件复杂，水电开发面临的工程问题多、难度大。高坝大库建设是水电能源开发的重要基础，因此保障大坝安全稳定运行至关重要。

沥青混凝土心墙土石坝防渗性能优、抗震性能好、适应大变形能力强，被广泛应用于我国水能资源丰富的西部地区。西部地区强震频发，河床覆盖层深厚，大坝选址难以避让，给沥青混凝土心墙坝的抗震安全带来严峻挑战。对于沥青混凝土心墙坝这种大跨度水工结构，坝址地震动空间非一致性不可忽略，非一致地震动增强地基-大坝动力相互作用，加剧大坝地震响应的差异性，激起心墙更大的应力，加重大坝破坏程度，而空间非一致地震动作用下沥青混凝土心墙坝响应特性和破坏模式不明确。本文基于地震波叠加原理和波势函数分别构建了多种波组合斜入射下弹性基岩和非线性覆盖层场的非一致自由场；建立了弹簧和阻尼系数随土体动剪应变动态实时变化的黏弹性人工边界单元，建立了组合波斜入射下成层覆盖层场地的非一致波动输入方法；开展了空间非一致波动输入下不同场地上沥青混凝土心墙坝地震响应特性研究。主要研究内容和结论如下。

（1）构建了地震波不同入射方式下弹性基岩场地和覆盖层场地非一致自由场。基于地震波叠加原理，构建了平面P波、SV波和SH波空间斜入射下半空间自由场；基于控制点运动与设计地震动相同的原则反演了基岩中组合斜入射波时程，构建了P波和SV波二维组合斜入射以及P波、SV波和SH波三维组合斜入射下半空间自由场。提出了考虑基岩-覆盖层界面透射效应的覆盖层底部输入地震动确定方法；基于波势函数在频率内推导了地震波斜入射下成层覆盖层内幅值矩阵，通过IFFT变换，结合等效线性化法反演了地震波组合斜入射下非线性覆盖层自由场。结果表明：基于三维时域反演模型构建的场址地震动场更全面，并且距控制点距离越大，场地地震动与设计地震动的差异性越显著。

（2）建立了单波空间斜入射、多种类型波组合斜入射下基岩场地和覆盖层场地的非一致波动输入方法。基于势函数推导了可以反映地震波入射方向三维空间性以及空间叠加机制差异的等效结点荷载，结合黏弹性人工边界建立了 P 波、SV 波和 SH 波空间斜入射以及三种波组合斜入射下非一致波动输入方法。建立了阻尼和弹性系数随土体动剪应变动态实时变化的黏弹性人工边界单元，结合覆盖层自由场，建立了地震波垂直入射和斜入射下覆盖层地基的非一致波动输入方法，数值结果表明：该方法计算精度较高。

（3）研究了非一致波动输入下基岩地基上沥青混凝土心墙坝响应特性。揭示了河谷表面空间差异性地震动形成机制，阐明了心墙迎波侧和背波侧加速度和动应力空间差异分布机理，提出了心墙拉伸安全评价新方法，明确了心墙拉伸薄弱部位，引入坝体单元抗震安全系数，评价了坝体局部动力稳定性。结果表明：与地震波垂直入射相比，单波空间斜入射引起的非一致地震动造成心墙大、小主应力激增，最大增幅达 14 倍，心墙背波侧容易发生局部拉伸破坏；相同设计地震动强度下，与垂直入射相比，P 波、SV 波和 SH 波三维组合斜入射引起心墙更大主应力，最大增幅为 32%；非一致地震动对沥青混凝土心墙坝响应和抗震安全性有显著影响，抗震设计中应予以考虑。

（4）揭示了深厚覆盖层与沥青混凝土心墙坝动力相互作用机制。论证了本文提出的地震波垂直入射下非线性波动输入的高精度性，阐明了基岩-覆盖层界面透射效应影响因素对心墙坝加速度的影响规律。揭示了覆盖层-心墙坝相互作用造成坝-基交界面处地震动显著衰减的机理。分析了入射角度和地震动输入方法对过渡料与心墙之间的位错、心墙应力和坝体震陷等响应的影响。结果表明：入射角增大，竖向位错和水平脱开，心墙应力和坝体震陷增大；与非一致波动输入相比，一致输入下坝体响应被明显高估，水平脱开和竖向位错分别增大 2.23 倍和 1.23 倍，并且心墙中部容易发生拉伸破坏，坝体竖向震陷增加幅度接近 20%。

本书第 1 章由王飞、刘云贺、宋志强、李正贵编写，其余章节均由王飞编写。本书出版得到了西华大学校内人才项目“空间非一致波动输入下高土石坝地震响应特性研究（批准号：Z222071）”的全额资助；研究工作得到了国家自然科学基金重点项目“沥青混凝土心墙土石坝安全控制理论与技术（批准号：52039008）”、国家自然科学基金面上项目“高寒区水工沥青混凝土动力特性及破坏机理研究（批准号：51779208）”、四川省科技计划资助“强震作用下基岩-深厚覆盖层坝基-库水系统自由场构建方法研究（批准号：2024NSFSC0986）”、陕西省自然科学基础研究计划项目“沥青混凝土心墙土石坝-覆盖层地基空间非一致波动输入及响应特性研究（批准号：2022JM-276）”、陕西省教育厅青年创新团队科研计划项目“深厚覆盖层场地沥青混凝土心墙土石坝强震破坏模式研究（批准号：22JP052）”、西北旱区生态水利国家重点实验室开放研究基金“地震波斜入射下深厚成层饱和非线性覆盖层坝基地震波动输入方法研究（批准号：2022KFKT009）”的大力支持；在此，向西华大学、国家自然科学基金委员会、四川省科学技术厅、陕西省科学技术厅、陕西省教育厅和西安理工大学表示深深的谢意。此外，感谢流体及动力机械教育部重点实验室和西北旱区生态水利国家重点实验室在科研工作方面提供的良好平台。同时对中国电力出版社表示感谢。

由于编者学识和水平有限，书中难免有错误和不妥之处，望读者批评指正。

著者

2024 年 6 月于西华大学

西安理工大学

目　录

前言

1　概述 1

1.1　研究背景与意义 …… 1
1.2　国内外研究现状 …… 2
1.2.1　非一致地震动场构建研究进展 …… 3
1.2.2　地震动输入机制研究进展 …… 5
1.2.3　沥青混凝土心墙土石坝地震响应特性研究进展 …… 8
1.3　研究内容与技术路线 …… 11
1.4　主要创新点 …… 13

2　地震波不同入射方式下空间非一致自由场构建 14

2.1　概述 …… 14
2.2　单波空间斜入射下半空间自由场 …… 16
2.2.1　P 波空间斜入射 …… 16
2.2.2　SV 波空间斜入射 …… 18
2.2.3　SH 波空间斜入射 …… 22
2.3　平面 P 波和 SV 波二维组合斜入射下半空间自由场 …… 25
2.3.1　P 波和 SV 波组合斜入射时程二维时域反演 …… 25
2.3.2　P 波和 SV 波二维组合斜入射下自由场 …… 27
2.4　平面 P 波、SV 波和 SH 波三维组合斜入射下半空间自由场 …… 30
2.4.1　P 波、SV 波和 SH 波组合斜入射时程三维时域反演 …… 30
2.4.2　P 波、SV 波和 SH 波三维组合斜入射下自由场 …… 32
2.5　平面 P 波和 SV 波组合垂直入射下覆盖层自由场 …… 41
2.5.1　基岩-覆盖层分层面透射放大效应 …… 41
2.5.2　非线性覆盖层自由场求解 …… 46
2.6　平面 P 波和 SV 波组合斜入射下覆盖层自由场 …… 49
2.6.1　弹性成层覆盖层自由场 …… 49
2.6.2　非线性成层覆盖层自由场 …… 52
2.7　本章小结 …… 53

3 地震波不同入射方式下非一致波动输入方法 54

3.1 概述…… 54
3.2 人工边界面自由场分解方案对计算精度的影响…… 56
3.2.1 自由场分解方案…… 56
3.2.2 自由场分解方案对计算精度的影响…… 59
3.3 单波空间斜入射波动输入及数值验证…… 63
3.3.1 P 波空间斜入射波动输入 …… 63
3.3.2 P 波空间斜入射波动输入数值验证…… 65
3.3.3 SV 波空间斜入射波动输入 …… 67
3.3.4 SV 波空间斜入射波动输入数值验证 …… 69
3.3.5 SH 波空间斜入射波动输入 …… 71
3.3.6 SH 波空间斜入射波动输入数值验证 …… 72
3.4 P 波、SV 波和 SH 波三维组合斜入射波动输入及数值验证 …… 73
3.4.1 波动输入建立…… 74
3.4.2 波动输入数值验证…… 74
3.5 建立适用于非线性成层覆盖层地基的波动输入…… 76
3.5.1 黏弹性人工边界单元…… 76
3.5.2 等效结点荷载…… 77
3.5.3 非线性波动输入流程…… 78
3.5.4 非线性波动输入验证…… 80
3.6 本章小结…… 84

4 基岩地基上沥青混凝土心墙土石坝地震响应特性 85

4.1 概述…… 85
4.2 工程概况及有限元模型…… 85
4.3 研究方案…… 87
4.3.1 P 波、SV 波和 SH 波空间三维斜入射 …… 87
4.3.2 P 波、SV 波和 SH 波三维组合斜入射 …… 88
4.4 P 波空间三维斜入射 …… 89
4.4.1 河谷表面差异性地震动…… 89
4.4.2 沥青混凝土心墙加速度…… 95
4.4.3 沥青混凝土心墙应力…… 97
4.4.4 坝体单元抗震安全性 …… 103
4.4.5 坝体地震残余变形 …… 106
4.5 SV 波三维斜入射…… 107
4.5.1 河谷表面差异性地震动 …… 107
4.5.2 沥青混凝土心墙加速度 …… 113
4.5.3 沥青混凝土心墙应力 …… 115

4.5.4 坝体单元抗震安全性 …… 120
4.6 SH 波三维斜入射 …… 121
4.6.1 河谷表面差异性地震动 …… 122
4.6.2 沥青混凝土心墙动位移 …… 123
4.6.3 过渡料与心墙之间脱开和位错 …… 124
4.6.4 沥青混凝土心墙应力 …… 125
4.6.5 坝体单元抗震安全性 …… 128
4.7 基于两向设计地震动的 P 波和 SV 波组合斜入射 …… 129
4.7.1 组合斜入射角对心墙地震的影响 …… 130
4.7.2 设计地震动与坝轴线的距离对心墙响应的影响 …… 131
4.8 基于三向设计地震动的 P 波、SV 波和 SH 波组合斜入射 …… 133
4.8.1 河谷表面差异性地震动 …… 133
4.8.2 沥青混凝土心墙加速度 …… 135
4.8.3 沥青混凝土心墙应力 …… 137
4.8.4 坝体地震残余变形 …… 139
4.9 本章小结 …… 139
5 深厚覆盖层上沥青混凝土心墙土石坝地震响应特性 141
5.1 概述 …… 141
5.2 工程概况及有限元模型 …… 141
5.3 P 波和 SV 波组合垂直入射系统加速度 …… 143
5.3.1 覆盖层侧向边界条件对系统加速度的影响 …… 143
5.3.2 不同输入地震动确定方法下加速度反应 …… 147
5.3.3 透射效应影响因素对加速度反应的影响 …… 148
5.4 P 波和 SV 波组合斜入射下坝体响应 …… 151
5.4.1 加速度反应 …… 152
5.4.2 坝顶位错与脱开 …… 155
5.4.3 心墙应力和防渗墙损伤 …… 156
5.4.4 坝体竖向震陷 …… 157
5.5 本章小结 …… 159
6 结论与展望 161
6.1 主要结论 …… 161
6.2 展望 …… 163
参考文献 164

概　　述

1.1 研究背景与意义

电力是主要的能源形式，在“清洁低碳、绿色高效”的电力发展主基调背景下，火电装机占比从 2010 年的 81%降到 2020 年末的 50%以下，以风、光、水为主的清洁电力已经超过了一半[1]。然而，目前电力结构产生的碳排放距习近平总书记在联合国大会上作出的 2030 年前“碳达峰”和 2060 年前“碳中和”承诺仍然有一段艰难的路程。近期，国家发展改革委某智库披露：到 2050 年，整个国家用电总量中，风力发电占比为 50%，太阳能发电占比为 23%，水力发电占比为 12%，核能和火力发电占比分别为 6%[2]。中国水力发电工程学会理事会前副秘书长张博庭教授认为 2050 年中国水电占比可以达到 20%（高于目前的 18%），到 2050 年，火力发电可以完全退出，全面实现可再生能源发电是完全可行的[2]。因此，在未来 30 年，我国需要进一步挖掘水电能源。

我国 80%左右的水电能源分布在西南和西北地区[3]。同时，西南和西北地区强震频发，并且不少河流河床深厚覆盖层发育，如雅鲁藏布江、怒江、金沙江、大渡河和塔里木河等河流，均有不同深度覆盖层发育，大坝选址难以避让。同时，西部地区海拔高、地形地质条件复杂，交通运输不便，在这种恶劣环境下，能够利用当地材料填筑的土石坝具有较好的适应性。以沥青混凝土心墙作为防渗体，上、下游土石料作为支撑体的沥青混凝土心墙土石坝具有防渗性能优、抗震性能好、适应大变形能力强和裂缝自愈能力强等优势，是强震频发和地形地质条件复杂地区的适宜坝型，第 16 届国际大坝委员会（ICOLD）会刊 84 号公报指出：沥青混凝土心墙坝是未来最高坝适宜坝型[4]。强震作用以及覆盖层动力非线性和大变形问题，给西部地区沥青混凝土心墙坝安全稳定运行带来严峻的挑战，因此开展地震作用下沥青混凝土心墙坝抗震安全研究具有重要意义。

1949 年葡萄牙建成世界上第一座沥青混凝土心墙土石坝，坝高为 45m，随后沥青混凝土心墙土石坝在世界范围内兴建。如奥地利的 Finstertal 沥青混凝土心墙坝，坝高为 150.0m；我国三峡茅坪溪沥青混凝土心墙坝，坝高为 104.0m；黄金坪沥青混凝土心墙坝，坝高为 102.0m，覆盖层最大深度为 136.0m；冶勒沥青混凝土心墙坝，坝高为 124.5m，而覆盖层最大深度超过 400m，超深厚覆盖层地质条件极大增加了大坝设计和建设难度。至今，世界上已建沥青混凝土心墙坝达 200 多座，其中百米级以上 20 余座。2017 年，中国建成世界上最高的沥青混凝土心墙坝——去学坝，坝高为 174m，心墙高为 132.0m[5]。我国西南和西北地区水电开发中修建了不少沥青混凝土心墙坝，许多沥青混凝土心墙坝正在建设或规划中[6]，如桑德、尼雅等，坝高均在150m左右。图1-1所示为我国沥青混凝土心墙土石坝发展趋势，高坝数量越来越多，工程难度越来越大。

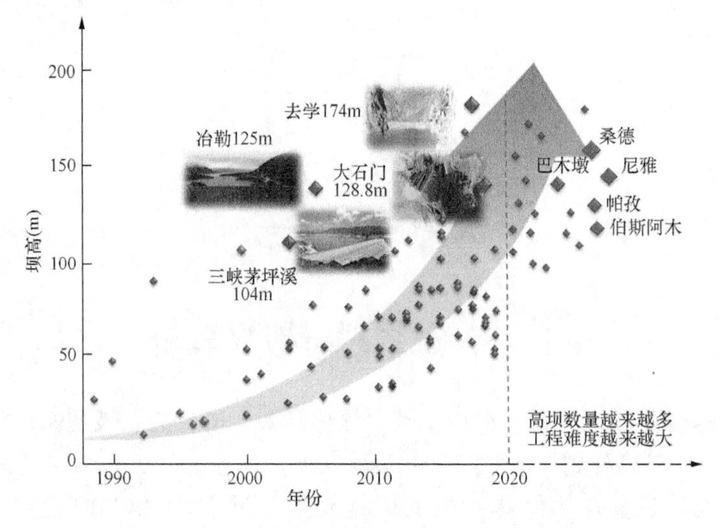

图1-1　我国沥青混凝土心墙土石坝发展趋势

沥青混凝土心墙土石坝体型庞大、跨度大，受河谷表面和深厚覆盖层上非一致地震动激励影响显著。具体表现为地基-坝体动力相互作用突出，坝体不同位置地震响应差异性变大，心墙受非协调运动作用明显，心墙内部应力激增，坝体和心墙破坏程度加剧。然而，目前关于非一致性地震动激励下沥青混凝土心墙坝响应特性和心墙破坏模式不明确。从而引出几个关键科学问题。

（1）合理准确描述坝址河谷场地和覆盖层场地上空间非一致地震场。

（2）建立与空间非一致地震动场相配套的且精度较高的地震动输入方法。

（3）明确空间非一致地震动作用下沥青混凝土心墙土石坝响应特性。

为此，本书拟基于波函数组合法构建基岩地基上非一致自由场，通过波势函数求解非线性深厚成层覆盖层地基上非一致自由场；拟采用等效结点荷载结合黏弹性人工边界条件建立适用于弹性基岩地基和非线性覆盖层地基的波动输入方法；拟开展空间非一致地震动作用下沥青混凝土心墙坝响应特性研究，分析心墙差异性响应形成机理，揭示心墙拉伸破坏机理，明确沥青混凝土心墙坝抗震薄弱部位。为西部强震区沥青混凝土心墙坝抗震设计和安全评价提供理论基础。

1.2　国内外研究现状

地壳内部应力累积到一定程度后岩体发生断裂，断层破裂，能量以地震波的形式向地表辐散。地震波经过若干岩层面的反射、透射和散射，在近地表地质和地形影响下形成场地地震动场。为获得场地地震记录，进而分析场地地震动特性，世界各地布置了一些强震观测台网，其中比较典型的台网包括中国台湾SMART-1台阵、中国海城台阵、日本荒川台阵和美国LSST台阵等台阵，近30年的强震事件中这些台阵获得了宝贵的地震动记录，为分析场地地震动特性提供了基础资料。随着强震记录数据库越来越丰富，场地地震动空间非一致性逐渐成为共识[7-9]，非一致性具体表现在幅值、相位、持时和频谱特性上。例如，2011 年 Tohoku 地震，相距仅为 800m 的 Tatsumi 和 Hachieda 台站记录到的地震动加速度差异明显，在峰值上，东西、南北和竖直向的差异分别为 61%、－22%和 123%[10-11]。Zhang 等[12]分析了世界上首座坝高超过 150m 的混凝土面板堆石坝（紫平铺面板坝）经受Ⅸ度地震作用后的震害情况，指出坝体和两岸坝肩存在明显的动力相互作用，坝体出现非一致残余变形，上游面板出现明显的位错，左岸面板破坏程度比右岸更严重，主要由河谷两岸差异性地震动造成。强震观测台网记录的强震资料和汶川地震紫坪铺面板坝震害均表明场地地震动具有明显的空间差异性，对于跨度较大的水工结构而言，坝址非一致地震动的影响不容忽视。本节从场地非一致地震场构建、地震动输入机制和沥青混凝土心墙土石坝地震响应研究进展等方面进行综述。

1.2.1 非一致地震动场构建研究进展

在局部场地范围内，场地差异性运动对油管、水箱和房屋建筑等跨度小的结构影响较小，对大坝这类大跨度和大体积水工结构影响大，引起大坝发生显著的差异性地震响应。与一致地震动激励相比，空间非一致地震动激励结构一些响应偏大、一些响应偏小[13-15]。要得到与实际相符的地震反应，结构底部地震动输入必须考虑地震动的空间非一致性，这也是我国工程结构未来抗震设计的趋势。为获得具体工程结构底部差异性地震动，前提是确定坝址局部场地上地震动参数，包括地震动峰值加速度、加速度反应谱、地震动加速度时程和持时，进而依据坝址地震动参数构建坝址小范围内空间差异性地震动场。

工程场地地震动与震源破裂机制、传播介质和场地地形地质条件密切相关，中国地震局工程力学研究所廖振鹏院士和金星教授[16]提出从地震动形成物理机制出发评估场地地震动参数。Motazedian 和 Atkinson[17]应用随机有限断层法合成场地地震动。张翠然和陈厚群等[18]以影响大岗山水电工程场地的关键近断层为目标，利用随机有限断层法预测坝址场地最大可信地震动，在此基础上，张翠然[19]在震源、传播路径和场地效应等参数已有的研究条件下，重构了汶川地震中沙牌拱坝坝址极端地震动。Ghasemi 等[20]采用随机有限断层法模拟了 2008 年汶川地震中强震记录，对比了断层均匀滑动和随机滑动两种破裂模式对模拟结果的影响。随机有限断层法能够近似考虑震源、传播介质和场地效应等因素，是近场大震中坝址地震动参数评估的发展方向。

为了刻画场地地震动的空间差异性，众多学者[21-26]以强震台网监测资料为基础，通过傅里叶变换在频域内分析监测点间地震动相干系数随频率变化关系，采用数学回归法拟合频率曲线，获得拟合参数，提出相应的相干函数模型。依据不同的相干函数模型形成互功率谱矩阵，进而合成多点地震动时程[21,27]。通常合成多点地震动的思路是依据工程场地地震动参数人工合成控制点地震动，下一点地震动表示成两项三角级数之和，并考虑两点之间的相关性，第 n 点地震动合成时将其表示成 n 项三角级数之和，同时考虑第 n 点地震动与前 n-1 点地震动的相关性。通过相干函数来描述场地地震动空间差异性侧重于经验性，适用于与台阵场地条件相似的场地[28]，但模型参数在不同地震事件中不同，同一台阵场地模型参数需要根据不同地震事件确定。另外，同一模型在不同地震事件中台站间地震动相干函数值也有较大区别，地震动不同分量相干函数值也是不同的。而拟建工程场地往往没有遭受地震作用，即使发生过地震也没有可用的地震记录来确定模型参数。确定经验相干函数模型参数具有很强的随意性，很难选出一个较准确的相干函数模型。

为满足大坝坝址地震动输入的需求，地震工程和坝工等领域专家和学者们在坝址相对较小范围内（相对震源影响范围）构建无坝时河谷表面差异性地震动场，即河谷自由场模型。河谷差异性自由场求解可分为三类：第一类是解析方法，依据地震动参数区划图、工程场地地震危险性分析结果或随机有限断层法确定水平平坦基岩地表的地震动参数，根据地表地震动先反演后正演计算河谷自由场，或者根据基岩中入射地震波，考虑不规则河谷地形对地震波的散射效应求解河谷自由场，获得大坝底部输入地震动；第二类是数值方法，可以模拟任意河谷形状自由场；第三类是实测记录法，基于极少数遭受过实际地震的坝体和河谷表面实测地震动记录，通过内插和外推的方法获得整个河谷表面地震动，进而得到大坝底部输入。

最初，国内外专家和学者只考虑地震波行波效应的影响，不同空间点位置初至时间不同，即相位差的影响，忽略地震动幅值和波形的影响。Dibaj[29]考虑了基岩中行进波相位对土石坝地震反应的影响。随后，沈珠江等[30]分析了入射波与地表法线存在夹角时地震动作用下土石坝地震液化和永久变形。陈厚群等[7]和赵文光等[31]在地震波垂直向上入射的假定下将地表地震动简化为一个出平面水平振动和一个平面内竖向和水平振动，依据坝址附近平坦基岩地表地震动，在频域内反演深部基岩底部运动，然后正演计算不规则河谷空间变化自由场，考虑河谷-拱坝相互作用分析了坝体动力反应。以上地震动正演计算没有考虑河谷散射效应，并且对于远域地基的处理是在河谷附近截断，固定河谷地基边界，导致坝体引起的散射波被固定边界反射回计算域，从而使得坝体反应偏大。

为吸收截断边界上的散射波，Deek 等[32]提出、Liu 等[33]和杜修力等[34]发展了黏弹性吸收人工边界，杜修力等[35]推导了外源波动输入下基于黏弹性人工边界条件的河谷地基边界有限元结点运动方程，当黏弹性人工边界完全吸收外行散射波时，河谷自由场求解即是半空间自由场求解的结论。根据地震波波动理论构建不同波型和入射方式下均质弹性半空间自由场。以半空间自由场作为输入，结合黏弹性人工边界条件，即可数值求解不同地形场地上的地震动场。随后，众多专家和学者[36-41]构建了地震波垂直入射下线弹性均质半空间自由场，将其转化为地基边界结点上的等效荷载，应用黏弹性人工边界分析了拱坝地震反应。李同春等[42]、李明超等[43-44]和张燎军等[45]等采用黏弹性人工边界结合等效结点荷载的地震动输入方法分析了重力坝的地震反应。邹德高和孔宪京等[46]将黏性吸收边界引入土石坝抗震计算中，结合自由场输入分析了双江口心墙坝加速度反应。岑威钧等[47]、孔宪京等[48]和魏匡民等[49]应用自由场波动输入方法，分析了紫坪铺、猴子岩、大石峡、古水和拉哇面板坝加速度、位移和应力反应。

上述研究分析大坝在设计地震动作用下地震响应和抗震安全性能时，将平坦基岩地表地震动简化为出平面水平振动（SH 波振动）以及平面内水平振动（SV 波振动）和竖向振动（P 波振动）[50-51]，在一维空间内反演深部基岩入射波，然后根据地震波波动理论构建半空间自由场，转化为河谷地基边界上等效结点荷载，从而实现河谷差异性地震动输入。实际上，当震源距坝址场地较近时，在地表以下一定深度地震波不是垂直入射，而是倾斜向上入射[43,52-54]。在三维空间中，地震波入射方向具有任意性[55-56]，Jin 等[57]和 Takahiro[58]通过发生在美国和日本大量的实测地震记录，采用数学回归分析证实了这一点。

Liu 等[59-60]在保证基岩中斜入射波引起的河岸基准面上主要考察方向幅值系数为 1 的前提下，把标准设计时程进行调幅后作为入射波，将斜入射波时程分解为若干个简谐波，在频域内求解每个简谐波在河谷表面引起的动力反应，叠加所有简谐波动力反应，然后进行FFT逆变换获得拱坝河谷表面时域反应。苑举卫等[61]采用相同的思路，考虑设计地震动由斜入射P波和SV波共同作用，建立斜入射波时程与设计地震分量的关系，反演了随入射角变化的入射波时程，进而构建了半空间非一致自由场。鉴于苑举卫在求解入射P波和SV波时分别假定水平向和竖向自由场为零的不足，何卫平等[62]、Cen等[63]和Wang等[64-65]基于水平向和竖向两向设计地震动联立求解斜入射P波和SV波时程。

对于线弹性基岩地基，自由场可以依据连续介质力学解析计算[37]。对于覆盖层地基，其在强震作用下表现出明显的非线性特性[66]，不同空间位置地震动幅值、波形和持时以及频谱特性存在显著的空间差异性，自由场无法通过连续介质力学模型解析计算。为满足强震作用下深厚覆盖层上土石坝地震响应分析需求，楼梦麟等[67]、杨正权等[68]和王飞等[64]在覆盖层侧向延伸足够长计算范围，达到覆盖层中部自由场与近似精确解接近的目标，进而分析覆盖层上土石坝地震响应。这样做的后果势必会带来庞大计算量，尤其是超深厚覆盖层上的高土石坝三维有限元动力分析。

基于实测地震动记录的河谷表面地震动忽略大坝和地基相互作用对自由场的影响，依据坝-基交界面处和坝体中少数实测地震动记录，通过内插和外推方法推求坝-基交界面上其他点运动，获得河谷非一致自由场。Mojtahedi等[69]和Alves等[70]基于1994年Northridge地震获得的拱坝坝体和河谷表面加速度记录，近似推求了河谷表面非一致自由场，分析了Pacoima拱坝的非线性地震响应。在Mojtahedi和Alves等人研究的基础上，Chopra和Wang[71]基于1994年Northridge地震和1996年Valpellined地震获得的坝体和坝-基交界面处实测加速度记录，研究了美国Pacoima拱坝和瑞士Mauvoisin拱坝的线弹性地震反应。Wang等[72]研究了河谷表面差异性自由场、地震动输入机制、推力墩和库水位对Pacoima拱坝的损伤的影响，分析认为地震动的空间差异性对拱坝应力幅值和损伤的影响最突出。这种模型以坝体和坝-基交界面中测站记录到的地震动加速度为基础，对没有布置测站和正在规划设计的土石坝难以推广应用。另外，由于坝体和坝-基交界面布置的测站有限，并且在地震过程中只有少数测站能够获得有效的记录，在强震作用下结构进入强非线性状态，通过线性插值的方法推求其他点自由场运动可能会偏离实际。

上述研究大多基于地震波垂直入射或二维组合斜入射构建坝址场地非一致自由场，以及基于地表两向地震动反演基岩中斜入射波时程，进而构建组合波二维斜入射下非一致自由场，此外对于非线性覆盖层场地自由场研究不足。距震源距离适度远坝址场地，基岩中地震波入射方向具有很强的任意性，入射方向相对河谷顺河向可能平行、垂直或斜交，入射方向相对水平地表法线往往倾斜向上，因此有必要构建地震波空间斜入射三维河谷场地非一致自由场。基于两向设计地震动反演深部基岩处入射波时程只能考虑两向地震动对大坝的影响，随着高坝逐渐往300m级高度建设，高坝大库三维地震响应分析是必不可少的。为较为准确预测高土石坝地震响应，有必要开展基于三向设计地震动的三维时域反演研究，进而构建三维河谷场地非一致自由场。另外，西南地区大江大河上深厚覆盖层往往发育，土石坝不得不修建在深厚覆盖层地基上，因此亟须构建不同类型地震波和不同入射方式下非线性覆盖层场地上非一致自由场。

1.2.2 地震动输入机制研究进展

地震动输入是大坝地震响应分析和抗震安全评价的前提，建立合理的地震动输入方法至关重要。著名结构抗震专家 Clough 教授[73]将地震动输入归为 4 种模型：

1）标准基底模型。该模型假设地基底部为刚性，在地基底部直接输入地表地震动加速度，该模型中地基质量在地震波传播过程中对地震动有放大效应，最终造成地表地震动与自由场运动不一致。

2）无质量地基模型。无质量地基模型是 Clough 教授针对标准基底模型不足而提出的，这种模型忽略地基质量、考虑地基弹性作用，导致地震波波速无穷大，地基底部和建基面地震动相同，虽然消除地基质量的放大效应，但不能反映地表和深部基岩地震动的差异，并且截断人工边界处的外行散射波会反射回近域结构，增大近域结构的地震反应。

3）反演输入模型。基于地表地震动反演地基基底处输入地震动，将反演后的地震动作用于标准基底模型，反演输入模型获得的地表地震反应仍然达不到与自由场运动一致的要求。

4）自由场输入模型。依据地表地震动反演地基基底入射波，或者依据远域传播而来的入射波，根据地震波传播理论正演计算二维河谷地震反应，将二维地震反应作为三维河谷-大坝的地震动输入[74]；在有限元数值计算中，当前常用的做法是在河谷截断边界设置吸收人工边界条件，依据波动理论求解弹性半空间各边界上自由场，以此作为河谷地基的地震动输入。

自由场输入模型不仅可以反映地震波行波效应，而且可以考虑各种入射波型和入射方式，从而模拟不同坝址场地地震动空间差异性以及坝体地震响应。自由场输入模型便于与多种人工边界条件相结合，人工边界用于模拟远域介质的辐射阻尼效应，常用的人工边界有透射边界[75]、黏性边界[76]和黏弹性边界[32-34]。透射边界利用多次透射公式模拟外行散射波在人工边界穿透的过程，需要经过多次透射才能得到较为满意的结果，并且存在高频振荡失稳问题[77-78]。黏性边界由离散分布的阻尼器构成，阻尼器吸收人工边界上的外行散射波，其原理简单，易于实现，但是在低频波作用下，存在数值漂移失稳问题，也无法考虑远域介质对近域结构的弹性恢复作用。黏弹性人工边界由弹簧和阻尼器并联组成，分别与人工边界结点每个自由度连接，另一端固定，如图 1-2 所示，由于吸收外行散射波的效果好，被广泛应用在内源振动和外源波动输入中[37,38,79-83]。

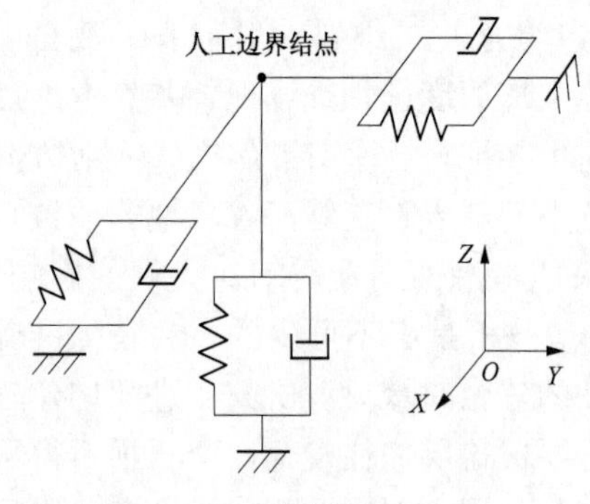

图 1-2　黏弹性人工边界

当地基截断边界面上弹簧和阻尼器完全吸收外行散射波时，边界面上结点承受的地震荷载为自由场运动，这时地基边界面上的自由场被转化为人工边界结点上的等效结点荷载[77]。孔宪京等[84,85]将黏弹性人工边界结合等效结点荷载的波动输入方法引入高土石坝地震反应分析中，分析了面板堆石坝响应规律，认为在高频含量较多的地震波作用下，波动输入与传统一致输入坝体加速度反应的差异较大。魏匡民[49]、岑威钧[86]对比分析了波动输入和一致输入下的面板堆石坝坝体加速度、动位移和残余变形等动响应，均得出了波动输入结果显著区别于一致输入的结论。杜修力[54]、陈健云[87]分别分析了波动输入下小湾和白鹤滩拱坝-河谷地基系统地震响应规律和坝体抗震性能。李明超[43]基于波动输入方法，研究了地震波斜入射下混凝土重力坝的塑性损伤响应。

上述文献主要应用波动输入方法研究了基岩上混凝土坝和土石坝地震响应，而随着西南地区水电工程进一步开发，较优的地质条件越来越少，坝基不得不向深厚覆盖层地质条件转移。由于覆盖层的存在以及覆盖层土体在强震作用下表现明显的非线性特性，上述输入地震动确定方法和地震动输入方法对于覆盖层地基明显不适用。目前大坝抗震设计中，一般工程坝址区地震动参数按中国地震动参数区划图[88]确定，对于特别重要的工程，地震动参数则要求根据地震部门提供的工程场地地震危险性分析结果确定[89]。通常把地震动峰值加速度作为表征工程场地地震动强度的主要参数。工程场地地震危险性分析结果中给出的设计地震动峰值加速度是指工程场地所在地区半无限空间均质岩体在平坦地表的最大水平向地震动峰值加速度，中国地震动参数区划图[88]中的峰值加速度也是指基岩场地地震动峰值加速度[90-91]。平坦基岩地表的地震动是由同相位、等幅值的入射波和反射波叠加合成的[92]。当覆盖层存在时，地震波从基岩向上入射至覆盖层土层内其幅值和频谱特性会发生显著的变化，加之覆盖层与基岩分界面的存在，因此不能直接套用基岩基底输入地震动确定方法获得覆盖层底部输入地震动。

当前，覆盖层地基地震动输入大多采用 Clough 等[93]提出的一致地震动输入结合固定边界的方法，即在地基边界所有结点上施加同一条加速度时程。固定边界的处理方法使得外行散射波无法向无限远域地基辐射，而被反射回近域结构，使得结构的响应增大[36,79]。为计算方便以及减弱截断边界对覆盖层上结构地震响应的影响，通常将覆盖层地基在水平方向延伸足够远，以耗散外行散射波能量，实际应用中究竟在水平方向延伸多大范围，有专家和学者开展了这方面的研究。楼梦麟等[67]认为弹性均质土层地震响应分析时，覆盖土层的长深比大于 7 即可避免侧向截断边界对计算结果的影响。隋翊等[94]和 Bolisetti[95]对核岛厂房的深厚覆盖层地基计算范围进行了研究，隋翊认为当覆盖层地基四周延伸范围取 6 倍核岛厂房基础宽度即可获得满意的结果。余翔等[84]分析了地震波垂直入射时非线性均质覆盖层地基的加速度反应，当覆盖层长深比为 10 时即可忽略侧向截断边界条件对土石坝加速度的影响。王翔南等[96]在距坝体较远处将覆盖层侧向截断，然后施加固定边界，采用地震动一致输入法研究了土石坝的地震响应。

为了减弱侧向截断边界对结构地震响应的干扰又不增加庞大的计算量，人工边界条件[32-33,76,97-99]被引入吸收截断边界处的外行散射波。为此，杨正权等[68]在截断边界处施加随土体动剪切模量变化的集中黏弹性人工边界，在覆盖层地基边界所有结点上输入相同加速度时程，即以等效地震惯性力的形式一致输入地震动，以此计算结果为参考，随后分析了侧向边界固定时，侧向延伸不同范围下土石坝地震响应，建议当覆盖层侧向延伸 3～5 倍坝高加覆盖层厚度时可以满足工程计算精度的要求。这种在覆盖层侧向设置黏弹性人工边界的做法减少了计算规模，对覆盖层地基的波动输入做了开创性工作，但固定边界和黏弹性边界结合等效地震惯性力的一致输入方法均不能在边界节点实现较为准确地震动输入，无法反映地震波的波动特性，从而影响土石坝的地震响应。并且，覆盖层地基侧向延伸 3～5 倍坝高加覆盖层厚度后施加固定边界，对于深厚覆盖层-高土石坝系统的三维动力有限元分析，其计算规模将是非常庞大的。

与黏弹性边界最匹配的地震动输入方法是将地基边界面上自由场转化为人工边界结点上等效荷载[33]，这种地震动输入方法的关键是确定人工边界参数以及边界上自由场运动。对于覆盖层地基，土体在强震作用下表现出明显的非线性特性[66]，需要考虑人工边界参数和自由场运动随土体非线性瞬时动响应的变化，因此无法通过弹性连续介质力学解析求解。

Zou 等[100]发展了 Zienkiewicz[101]提出的自由场计算简化数值模型-剪切箱模型，数值求解了地震波垂直入射下覆盖层自由场。剪切箱模型在地震波垂直入射下可以简单高效地获得覆盖层的非线性地震动响应，但对于求解地震波斜入射下的自由场却显得无能为力。Liu 和 Wang[102]提出了平面波斜入射下弹性水平成层半空间自由场时域计算的一维化有限元法。Zhao 等[103]在 Liu 和 Wang 工作的基础上，建立了更为精确的模拟基岩半空间辐射阻尼的人工边界条件，提高了地震波斜入射下一维化有限元法的计算精度。然而，这种方法只能模拟地震波正演问题，无法根据基岩或覆盖层表面地震动反演水平成层覆盖层中的自由场运动，并且该方法不容易被掌握。通常，土体表面的地震动很容易被记录到，而地基内部的地震动难以获得[104]。因此，大多数情况下需要根据土体表面的地震动记录反演覆盖层中自由场运动。Zhao 等[105]和 Zhang 等[106]在频域中根据波势函数推导了地震波斜入射下弹性水平成层覆盖层的幅值矩阵，通过傅里叶逆变换求解了弹性水平多层覆盖层的自由场时域解。

当前，覆盖层地基的地震动输入机制大多还停留在固定边界结合一致输入的方式，为节约计算资源，获得较为准确的输入，反映地震波在覆盖层地基-坝体系统内的传播特性，有少数学者引入了黏弹性人工边界。但自由场计算时没能全面考虑覆盖层成层特性和强非线性，尤其是在地震波斜入射下非线性成层覆盖层自由场计算方法少有报道。为较为准确获得深厚覆盖层上土石坝地震响应和抗震性能，有必要开展建立适用于非线性深厚成层覆盖层地基的波动输入方法研究。

1.2.3 沥青混凝土心墙土石坝地震响应特性研究进展

沥青混凝土心墙土石坝地震响应分析是抗震设计和安全评价的基础，关于沥青混凝土心墙坝地震响应分析，国内外专家和学者开展了许多有价值的工作。Feizi-Khankandi[107]采用弹塑性模型和等效线性模型模拟坝体堆石和心墙，分析了沥青混凝土心墙坝加速度放大系数和坝体地震残余变形，认为地震会引起心墙发生不利的开裂。Salemi[108]利用非线性三维有限差分法分析了坝高为 60m 的伊朗 Meyjaran 沥青混凝土心墙坝的动力反应，认为在强震作用下沥青混凝土心墙满足安全性要求。朱晟[109]从心墙加速度、动应力、应力水平和坝体残余变形等角度，分析了龙头石沥青混凝土心墙坝的抗震性能。Akhtarpour 等[110]以伊朗最高的沥青混凝土心墙土石坝（Shur River 坝，坝高为 85m）为研究对象，采用有限元法分析了 Shur River 坝在最大设计地震（地震动峰值加速度为 0.8g）作用下的非线性动力响应，结果表明地震引发心墙上部发生开裂并且渗透性变大。孔宪京等[111]分析了坝高、沥青混凝土动剪切模量系数、地震动峰值加速度等因素对沥青混凝土心墙变形和最大动剪应变的影响规律。Wu 等[112]分析了地震动强度对坝体加速度和动位移影响规律，研究了沥青混凝土心墙的抗剪切安全性能。李炎隆等[113]以坝体裂缝作为变形破坏的判断指标，建立了沥青混凝土心墙堆石坝地震变形可靠度分析方法。孙奔博等[114]以大石门沥青混凝土心墙坝为研究对象，以坝顶震陷率为评价指标探究了地震动持时对心墙坝抗震性能的影响。杨鸽等[115]考虑了坝体堆石料力学参数的空间差异性，对比了堆石料参数随机分布和确定性分布下坝体永久变形。

上述研究均假定地震波垂直入射并且采用一致输入方法分析了沥青混凝土心墙土石坝地震响应和抗震性能。而 2008 年汶川 8.0 级大地震后，国内专家和学者[12,116-119]对遭受远高于设防烈度的156m高的紫坪铺混凝土面板堆石坝进行了震害调查和分析，调查分析表明：紫坪铺大坝坝轴线为东西向，紫坪铺大坝主要受到北川-映秀断层的影响，该断层引起的主震方向近似与坝轴线平行，地震波从大坝右侧向左侧传播，引起河谷表面地震动场具有显著的空间差异性，上游面板受到强烈挤压破坏。因此，地震波入射方向对河谷地震动场的影响不容忽视。

国内外专家和学者从地震波相对河谷横河向的入射方向，以及入射方向与水平地表法线的夹角两个方面分析入射方向对河谷地震动场的影响。Trifunac[120]、Wong和Trifunac[121]在频域内考虑了地震波散射问题，解析求解了平面SH波作用下二维半圆形河谷和半椭圆形河谷表面非一致地震动场，结果表明，河谷表面位移幅值放大系数以及分布规律与入射角度以及河谷半径与波长的比值有关。周国良等[122]和孙维宇等[123]分别利用透射边界和黏弹性边界模拟河谷散射效应，采用有限元法分析了平面SV波垂直和斜入射下二维河谷表面地震动场，认为斜入射引起河谷表面地震动呈现非对称分布，入射角对地震动放大系数有显著的影响。Dakoulas等[124-125]分析了SH波入射方向与坝轴向一致，解析求解了SH波不同入射角下半圆形和矩形河谷上土石坝地震响应，结果表明，半圆形河谷上土石坝坝顶最大加速度随入射角增大而增大，矩形河谷上土石坝坝顶最大加速度在30°角时达到最大。Seiphoori[126]应用比例边界有限元法计算梯形河谷表面地震动场，研究了P波、SV波和SH波入射方向与坝轴线一致，不同入射角下混凝土面板堆石坝的非一致地震响应。然而，Yao等[11,127]采用半解析的波函数组合法获得了河谷表面地震动场，应用有限元法分析了P波、SV波入射方向与坝轴线方向垂直，SH波入射方向与坝轴线方向一致时，地震波斜入射下混凝土面板堆石坝非一致地震响应。张树茂等[128]和岑威钧等[47]研究了P波和SV波入射方向与坝轴线垂直，在波振动平面内，分析了不同入射角下土石坝加速度反应，建议在面板堆石坝的抗震设计中应该考虑倾斜入射方式的影响。在其他水工结构方面，Li等[44]、Song等[129]和Wang等[130]假定地震波入射方向与水流向平行，分别研究了地震波斜入射引起的河谷非一致地震动场对混凝土重力坝、水电站厂房地震响应的影响。另外，Zhao等[105]、Huang等[131-132]、Li等[133]和Sun等[134]也针对地震波倾斜入射引起的地下结构非一致地震响应规律开展了相关研究。

地震波入射方向和入射角度对河谷表面地震动空间变化有显著的影响，从而改变大坝的地震响应的差异性。上述研究在地震波入射方向与坝轴线方向平行或垂直的基础上，分析了入射角度对河谷和大坝地震响应的影响，但没有得到对大坝不同响应指标最不利的入射方式，研究不够系统。在三维空间内地震波入射方向具有很强的任意性，通过对实测地震动记录采用数学回归分析法证实了这一点[57-58]。地震波入射方向与大坝坝轴线方向存在斜交的可能性，现有的研究大都忽略了这种可能性，从而不能全面反映大坝的薄弱部位和抗震性能。此外，关于地震波入射方向和斜入射角度对三维河谷-沥青混凝土心墙土石坝系统的研究少有报道。与混凝土面板坝不同的是，沥青混凝土心墙被上、下游堆石料裹持在坝体中部，心墙内部不存在类似于面板的结构缝和垂直缝，在空间斜入射地震波作用下河谷两侧非协调运动造成心墙内部发生挤压和拉伸，心墙内部应力激增，容易发生压缩和拉伸破坏，而入射方向和入射角度对心墙动力响应和破坏模式的影响尚不明确。

上述研究均为基岩地基上土石坝地震响应研究，在大江大河上修建土石坝，往往会遇到覆盖层这种不良地质条件，如西南地区的金沙江、怒江、雅鲁藏布江、大渡河和新疆地区的塔里木河等河流上覆盖层普遍发育，覆盖层厚度从几十米到几百米不等，因覆盖层深厚，不可能完全挖除，为节省工期和投资，常常利用覆盖层修筑土石坝。河床深厚覆盖层不仅在中国分布，在世界许多国家河流中都有分布。表 1-1 收集了世界上深度超过 100m 的部分覆盖层地基上建坝的情况，从表 1-1 可以看出，深厚覆盖层上土石坝型很多为沥青混凝土心墙土石坝，主要得益于沥青混凝土心墙坝适应大变形能力较强。

表 1-1　　部分覆盖层上筑坝情况[107,135-137]

<table>
<tr><th>大坝工程</th><th>国家</th><th>覆盖层厚度（m）</th><th>坝型</th><th>坝高（m）</th></tr>
<tr><td>塔贝拉</td><td>巴基斯坦</td><td>230</td><td>土斜墙堆石坝</td><td>147.0</td></tr>
<tr><td>阿斯旺</td><td>埃及</td><td>250</td><td>土斜墙堆石坝</td><td>122.0</td></tr>
<tr><td>马尼克 3 号坝</td><td>加拿大</td><td>126</td><td>黏土心墙土石坝</td><td>107.0</td></tr>
<tr><td>谢尔蓬松</td><td>法国</td><td>120</td><td>心墙堆石坝</td><td>12.0</td></tr>
<tr><td>佐科罗</td><td>意大利</td><td>100</td><td>沥青混凝土斜墙土石坝</td><td>117.0</td></tr>
<tr><td>普卡罗</td><td>智利</td><td>420</td><td>混凝土面板砂砾石坝</td><td>83.0</td></tr>
<tr><td>弗莱斯特列兹</td><td>奥地利</td><td>＞100</td><td>沥青混凝土面板堆石坝</td><td>22.0</td></tr>
<tr><td>埃贝尔拉斯特</td><td>奥地利</td><td>＞124</td><td>沥青混凝土心墙土石坝</td><td>26.0</td></tr>
<tr><td>马特马克</td><td>瑞士</td><td>100</td><td>土斜墙堆石坝</td><td>115.0</td></tr>
<tr><td>赛斯奎勒</td><td>哥伦比亚</td><td>100</td><td>心墙堆石坝</td><td>52.0</td></tr>
<tr><td>泸定</td><td rowspan="10">中国</td><td>148.6</td><td>黏土心墙堆石坝</td><td>79.5</td></tr>
<tr><td>冶勒</td><td>＞420.0</td><td>沥青混凝土心墙土石坝</td><td>125.0</td></tr>
<tr><td>黄金坪</td><td>102.0</td><td>沥青混凝土心墙土石坝</td><td>136.0</td></tr>
<tr><td>狮子坪</td><td>110.0</td><td>砾石土心墙堆石坝</td><td>147</td></tr>
<tr><td>巴底</td><td>130.0</td><td>沥青混凝土心墙土石坝</td><td>100.0</td></tr>
<tr><td>硬梁包</td><td>116.0</td><td>闸坝、面板堆石坝</td><td>38.0</td></tr>
<tr><td>米林</td><td>＞420.0</td><td>土质心墙/沥青混凝土心墙土石坝</td><td>150.0</td></tr>
<tr><td>旁多</td><td>424.0</td><td>沥青混凝土心墙坝</td><td>72.3</td></tr>
<tr><td>下坂底</td><td>148.0</td><td>沥青混凝土心墙坝</td><td>78.0</td></tr>
</table>

强震频发和河床覆盖层深厚是西南和西北地区修建土石坝难以避让的问题，强震作用下覆盖层土体进入强非线性状态，土体大变形问题突出，覆盖层上土石坝地震反应和抗震安全性能明显不同于基岩上土石坝。杨正权等[138]分析了覆盖层地基内部有无软弱细砂层、覆盖层厚度、土层沿水平向结构变化和河谷地形以及新建坝体对覆盖层非线性地震响应的影响。王翔南等[96]采用等效线性黏弹性模型分析了一座深厚覆盖层上心墙堆石坝的地震动响应，计算了坝体残余变形、残余孔压和加速度反应。余翔等[139]研究了覆盖层厚度和土体动剪切模量系数、地震动强度和地震波频谱特性对覆盖层-土石坝系统加速度的影响。余挺等[137]分析了 500m 级的超深厚覆盖层加速度反应，研究了覆盖层厚度和覆盖层中软弱土层厚度对深厚覆盖层表面加速度放大系数的影响，随后提出了含软弱土层覆盖层地基的加速度放大系数表。王为标和 Höeg[140]分析了深厚覆盖层上沥青混凝土心墙堆石坝的动力响应，结果表明坝体和坝基材料模量或质量相差较大时，心墙容易发生剪切破坏。Song 等[141]模拟了覆盖层

地基材料参数的空间随机分布对沥青混凝土心墙坝加速度和残余变形的影响。冯蕊等[142]分析了百米级厚度覆盖层上沥青混凝土心墙坝防渗系统的抗震安全性。沈振中等[143]和余翔等[136]研究了沥青混凝土心墙底部基座与覆盖层内防渗墙连接型式对坝体应力、变形以及基座与周围土体变形协调的影响。

沥青混凝土心墙和混凝土防渗墙作为沥青混凝土心墙坝的防渗体，其抗震安全性至关重要，上述研究大多从加速度、应力和抗剪安全系数等角度分析了沥青混凝土心墙的抗震性能。Wang 和 Ning 等[144-145]近期开展的试验研究表明，荷载应变速率越高，水工沥青混凝土拉伸强度和压缩强度越大，应变速率变化对沥青混凝土拉伸强度影响较大。而在结构层面上，现有研究并未考虑地震荷载应变速率对沥青混凝土心墙拉伸强度和压缩强度的影响，因此有必要从应变速率的角度对心墙的拉伸和压缩安全性进行评价。此外，沥青混凝土心墙坝坝址地震动输入大多为传统的一致输入，没有考虑地震波入射方向以及覆盖层动力非线性对建基面空间差异性地震动的影响，从而不能合理地反映深厚覆盖层与沥青混凝土心墙坝的动力相互作用，进而影响沥青混凝土心墙坝的地震响应特性。因此，有必要开展空间非一致波动输入下深厚覆盖层上沥青混凝土心墙坝地震响应特性研究。

1.3 研究内容与技术路线

沥青混凝土心墙土石坝因其较优的防渗性能、较强的抗震性能和良好的适应大变形能力，被广泛应用于西南和西北强震区。沥青混凝土心墙坝跨度大，坝址地震动空间非一致特性显著，然而沥青混凝土心墙坝在空间非一致地震动作用下的表现行为、抗震性能以及安全性缺少清晰认识。为此，在国家自然科学基金重点项目“沥青混凝土心墙土石坝安全控制理论与技术”的支持下，开展空间非一致波动输入下沥青混凝土心墙土石坝地震响应特性研究，主要研究内容如下。

（1）构建单波空间斜入射和多种类型波组合斜入射下弹性基岩和深厚覆盖层场地上非一致自由场。同时考虑入射方位角和斜入射角，构建平面 P 波、SV 波和 SH 波空间三维斜入射下弹性半空间非一致自由场。基于地表两向和三向设计地震动分量反演基岩中斜入射波时程，基于地震波组合效应构建平面 P 波和 SV 波二维组合斜入射和平面 P 波、SV 波和 SH 波三维组合斜入射下半空间非一致自由场。采用数值模型求解地震波垂直入射下非线性深厚成层覆盖层自由场，引入等效线性化方法并结合波势函数解析求解地震波斜入射下非线性深厚成层覆盖层自由场。

（2）建立单波空间斜入射和多种类型波组合斜入射下适用于弹性基岩地基和深厚覆盖层地基的非一致波动输入方法。分析地震波斜入射下地基边界面自由场分解方案对波动输入方法计算精度的影响。建立同时考虑入射方位角和斜入射角的平面 P 波、SV 波和 SH 波空间三维斜入射的波动输入方法，在此基础上叠加三种类型入射波引起的等效结点荷载，结合集中黏弹性人工边界，建立 P 波和 SV 波二维组合斜入射和 P 波、SV 波和 SH 波三维组合斜入射波动输入方法。在 ABAQUS 软件中二次开发人工边界参数随土体动剪应变非线性变化的等效黏弹性人工边界单元，分别建立适合地震波垂直入射和地震波斜入射下非线性深厚成层覆盖层地基的波动输入方法。验证各种波动输入方法的正确性。

（3）研究空间非一致波动输入下基岩地基上沥青混凝土心墙坝响应特性。分析P波、SV波和SH波空间三维斜入射下河谷表面空间差异性地震动，分析地震波不同入射方式下心墙加速度和动应力分布特性，深入研究引起心墙内部主应力激增的原因。建立沥青混凝土瞬时抗拉强度随应变速率变化的经验公式，依据瞬时拉应力和瞬时抗拉强度进行单元抗拉破坏判别，明确不同入射方式下心墙抗拉薄弱区和破坏区分布特征。以单元抗震安全系数并定义动剪切破坏指数评价不同入射方式下坝体最大剖面单元抗震安全性。分析平面P波、SV波和SH波三维组合斜入射与组合垂直入射下河谷表面地震动、心墙加速度放大系数和应力以及坝体地震残余变形的差异，论证平面P波、SV波和SH波三维组合斜入射的必要性。

（4）研究空间非一致波动输入下深厚覆盖层上沥青混凝土心墙坝地震响应特性。分析地震波垂直入射下覆盖层侧向取不同边界条件时覆盖层-心墙坝系统加速度反应与参考解的偏差，从而论证非一致波动输入方法的高效性和高精度，分析覆盖层底部输入地震动确定方法对系统加速度反应的影响，深究基岩-覆盖层分层面透射放大效应影响因素对系统加速度反应的影响。研究地震波入射角度、非一致波动输入和一致输入对深厚覆盖层与沥青混凝土心墙坝动力相互作用的影响，研究心墙地震动放大效应随入射角的变化规律，分析上、下游过渡料与心墙之间的竖向位错和水平脱开，通过心墙应力、防渗墙损伤和坝体地震残余变形等响应指标评价深厚覆盖层地基上沥青混凝土心墙土石坝的抗震性能。

技术路线如图1-3所示。构建不同波型、不同入射方式以及不同地质条件下非一致自由场，进而建立弹性基岩地基和非线性覆盖层地基的波动输入方法，研究非一致波动输入下基岩地基和覆盖层地基上沥青混凝土心墙土石坝地震响应特性。

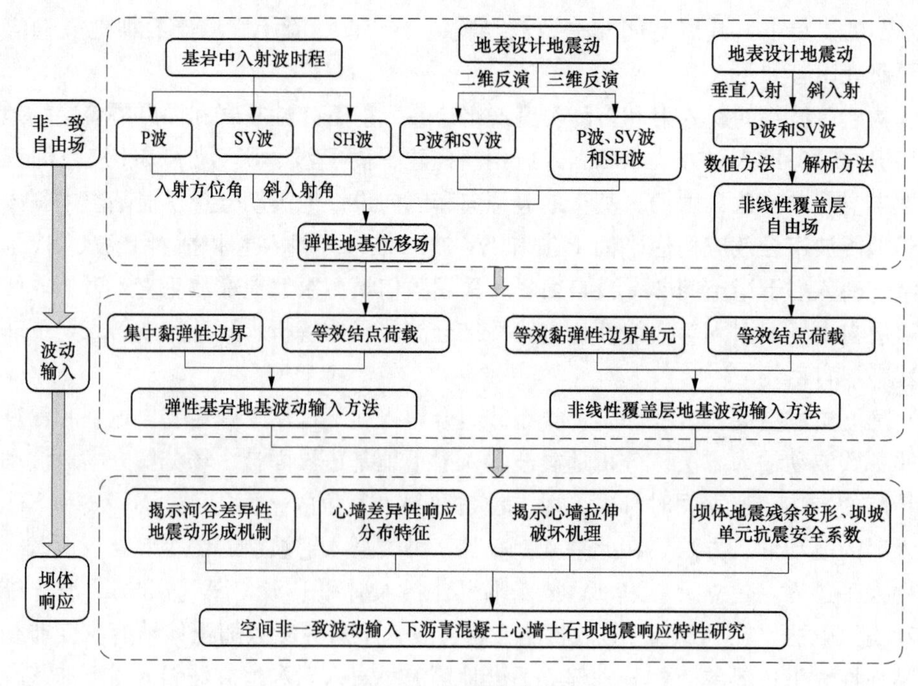

图1-3　技术路线图

1.4 主要创新点

（1）提出了基岩场地多波组合斜入射下非一致自由场构建及波动输入方法。

在单波空间斜入射基础上，基于波场叠加原理，建立了P波、SV波和SH波组合斜入射波与地表设计地震动的内在关系，提出了基岩场地组合入射波时程反演方法；考虑P波、SV波和SH波入射方位角和斜入射角的任意性，建立了多波组合斜入射下空间非一致自由场；推导了多波组合斜入射下黏弹性边界上等效结点荷载，实现了基岩场地空间非一致波动输入方法。

（2）提出了地震波斜入射下非线性成层覆盖层自由场构建及波动输入方法。

基于波势函数在频率内推导了地震波斜入射下成层土层内幅值矩阵，通过IFFT变换，结合等效线性化法反演了地震波组合斜入射下非线性成层覆盖层自由场；建立了弹性和阻尼系数随土体动剪应变动态实时变化的等效黏弹性人工边界单元，建立了适用于非线性成层覆盖层地基的波动输入方法；揭示了覆盖层土体非线性对自由场非一致性的形成机理，解决了地震波斜入射下非线性覆盖层自由场无法解析求解的难题。

（3）揭示了非一致波动输入下沥青混凝土心墙响应特性及破坏机理。

阐明了入射方位角、斜入射角对沥青混凝土心墙加速度、应力空间差异性分布影响规律，揭示了空间斜入射相对垂直入射造成心墙局部主拉应力激增导致心墙破坏机理；基于试验结果建立了沥青混凝土瞬时抗拉强度随应变速率变化的经验公式，提出了依据瞬时拉应力和瞬时抗拉强度进行单元抗拉破坏判别的心墙安全评价新方法，阐明了不同入射方式下的心墙拉伸薄弱区和破坏区分布特征。

（4）阐明了深厚覆盖层-沥青混凝土心墙土石坝动力相互作用机制。

揭示了覆盖层侧向人工边界条件、覆盖层底部输入地震动确定方法、软弱夹层、阻抗比、覆盖层泊松比、覆盖层下卧基岩弹性模量等因素对系统加速度响应影响机制；阐明了P波和SV波组合斜入射下，深厚覆盖层-沥青混凝土心墙坝相互作用导致坝-基交界面地震动显著衰减的原因，明晰了入射角度对心墙与过渡料之间的位错、心墙拉伸破坏和防渗墙损伤的影响规律。

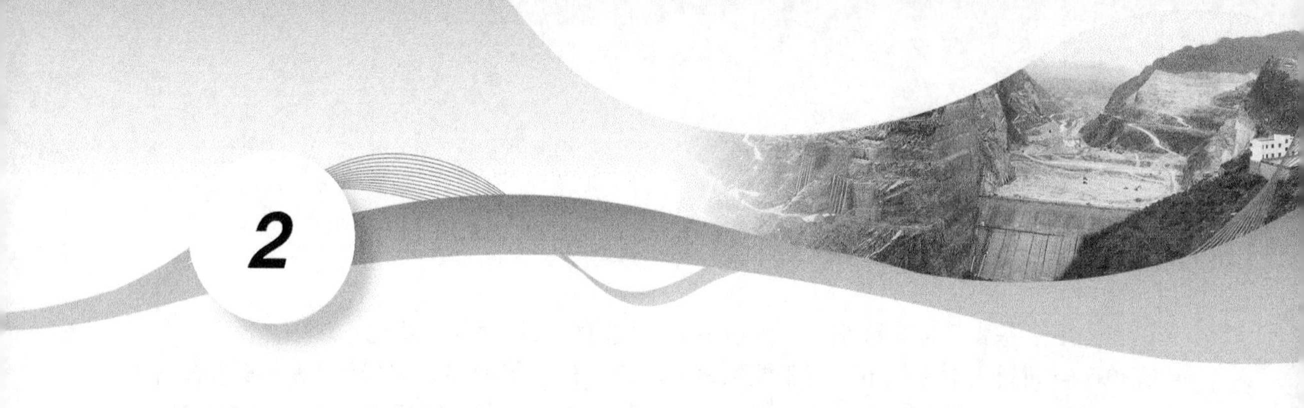

地震波不同入射方式下空间非一致自由场构建

2.1 概　述

地震波在局部场地地形影响下，其传播路径会发生复杂变化，发生衍射和散射现象。对于圆形、椭圆形和半椭圆形等较为规则的地形可以解析[123,149-152]求解场地非一致地震动场，复杂场地地形需要借助于数值方法，有限元法可以模拟任意场地地形，被广泛应用于不规则场地非一致地震动场分析[122-123,150-151]。有限元法需要从无限域中截取一定范围的近场有限域，在有限域截断边界上作用地震荷载，无限域对近场的作用通过人工边界条件模拟，人工边界条件吸收截断边界上外行散射波，达到模拟无限远域辐射阻尼的作用，从而实现不同场地地震动场模拟。

距近场结构一定远处介质满足线弹性性质，波场叠加原理适用，可以通过波场分解技术来获得截断边界上的输入地震动场。波场分解中将已知或者可以通过解析手段求解的作为输入的波场统称为输入场，未知的需要由人工边界条件确定的波场统称为辐射场[152]。总波场分解方案不唯一，以实现地震动输入便利为原则。这里将人工边界上总波场$\boldsymbol{U}^{\mathrm{B}}$（上标 B 表示边界总场）分解为自由场$\boldsymbol{U}^{\mathrm{F}}$（上标 F 表示自由场）和散射场$\boldsymbol{U}^{\mathrm{S}}$（上标 S 表示散射场），如图 2-1 所示。自由场是指地震波在半无限或成层半空间内产生的地震动场，根据地震波传播规律和叠加原理解析获得，散射场由局部地形引起地震波发生衍射和散射而产生的地震动场，由人工边界条件确定。

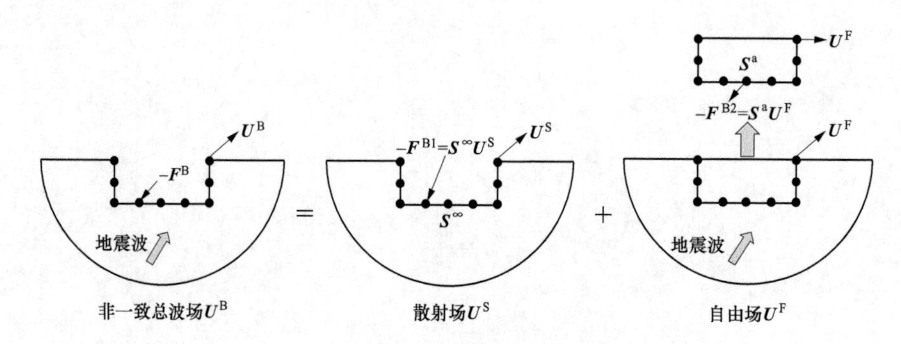

图 2-1　不规则地形场地总波场分解方案

$\boldsymbol{S}^{\infty}$—远场无限域的动力刚度矩阵，即人工边界条件的动力刚度矩阵；$\boldsymbol{S}^{\mathrm{a}}$—该介质体的边界动力刚度矩阵，为满阵，可以通过边界元法构造，其不同于该介质体的有限元动力刚度矩阵；$\boldsymbol{F}^{\mathrm{B1}}$—散射场$\boldsymbol{U}^{\mathrm{S}}$引起的相互作用力，由人工边界条件计算，即$-\boldsymbol{F}^{\mathrm{B1}}=\boldsymbol{S}^{\infty}\boldsymbol{U}^{\mathrm{S}}$；$\boldsymbol{F}^{\mathrm{B2}}$—自由场引起的相互作用力，即$-\boldsymbol{F}^{\mathrm{B2}}=\boldsymbol{S}^{\mathrm{a}}\boldsymbol{U}^{\mathrm{F}}$

人工边界上结点 l 自由度 i 的有限元集中质量总波场运动平衡方程为[153]

$$m_l\ddot{u}_{li}+\sum_{k=1}^{n_e}\sum_{j=1}^{n}c_{likj}\dot{u}_{kj}+\sum_{k=1}^{n_e}\sum_{j=1}^{n}k_{likj}u_{kj}=A_l\sigma_{li}^{\mathrm{B}} \tag{2-1}$$

式中：m_l为结点 l 的集中质量；$\ddot{u}_{li}$ 为结点 l 自由度 i 的加速度；c_{likj} 和 k_{likj} 分别为相邻结点 k 自由度 j 对结点 l 自由度 i 的阻尼和刚度系数；$\dot{u}_{kj}$ 和 u_{kj} 分别结点 k 自由度 j 的速度和位移；A_l 为结点 l 的影响面积；σ_{li} 为远域介质对近域边界结点 l 自由度 i 的应力；n_e为相邻结点个数；n 为结点自由度数，二维情况 $n=2$，i、$j=1$、2，三维情况 $n=3$，i、$j=1$、2、3；人工边界结点上的总波场 $\boldsymbol{U}^{\mathrm{B}}$分解为自由场 $\boldsymbol{U}^{\mathrm{F}}$和散射场 $\boldsymbol{U}^{\mathrm{S}}$，则结点 l 自由度 i 上存在如下关系式，即

$$u_{li}^{\mathrm{B}}=u_{li}^{\mathrm{F}}+u_{li}^{\mathrm{S}} \tag{2-2}$$

$$\sigma_{li}^{\mathrm{B}}=\sigma_{li}^{\mathrm{F}}+\sigma_{li}^{\mathrm{S}} \tag{2-3}$$

散射场由黏弹性人工边界吸收，人工边界结点 l 自由度 i 的散射场应力表示为

$$\sigma_{li}^{\mathrm{S}}=-K_{li}u_{li}^{\mathrm{S}}-C_{li}\dot{u}_{li}^{\mathrm{S}} \tag{2-4}$$

式中：K_{li} 和 C_{li} 用来模拟无限域对近域的作用效应，分别为边界结点 l 自由度 i 的弹簧和阻尼系数。

将根据式（2-2）求得的散射场位移及其导数代入式（2-4），同时把式（2-3）代入式（2-1），在此基础上，最后把式（2-4）代入式（2-1），得到可以模拟无限域辐射阻尼和实现外源波动输入的人工边界结点集中质量有限元运动平衡方程为

$$\begin{aligned}m_l\ddot{u}_{li}+\sum_{k=1}^{n_e}\sum_{j=1}^{n}(c_{likj}+\delta_{lk}\delta_{ij}A_lC_{li})\dot{u}_{kj}+\sum_{k=1}^{n_e}\sum_{j=1}^{n}(k_{likj}+\delta_{lk}\delta_{ij}A_lK_{li})u_{kj}\\=A_l(\sigma_{li}^{\mathrm{F}}+c_{li}\dot{u}_{li}^{\mathrm{F}}+K_{li}u_{li}^{\mathrm{F}})\end{aligned} \tag{2-5}$$

式中：当 $i=j$ 时，$\delta_{ij}=1$；当 $i\neq j$ 时，$\delta_{ij}=0$。

式（2-5）为基于黏弹性人工边界的等效结点荷载地震动波动输入方法，相比式（2-1），式（2-5）等号左侧给边界结点 l 自由度 i 增加的两项表示弹簧和阻尼器，以考虑远域对近域结构的弹性恢复作用和辐射阻尼效应。等号右侧为边界结点 l 自由度 i 上施加的等效结点荷载力，第一项表示在结点 l 自由度 i 上产生自由场运动而抵抗介质所需要的力，第二项和第三项分别为在结点 l 自由度 i 上产生自由场运动需要克服阻尼器和弹簧的结点力。

当弹簧和阻尼器能够完全吸收人工边界上的外行散射波时，人工边界结点承受的地震荷载只有自由场运动，这时地震动输入问题就转化为在人工边界结点上作用自由场运动问题[153]，然后根据地震波传播规律和波场叠加原理求解边界上自由场位移运动。

对于半无限空间地震动场的模拟，黏弹性人工边界有非常高的精度，对于局部不规则地形场地，由于黏弹性人工边界的局限性，不能完全吸收人工边界上的外行散射波[77,84]，当无量纲数 $\eta=2fa/c_{\mathrm{S}}\leqslant2$（$f$ 为地震波位移频率，Hz；$2a$ 为河谷的宽度，m，c_{S}为介质中剪切波波速，m/s），黏弹性人工边界仍然有较高的精度[36,154]，常规远场或无速度脉冲效应地震波作用下的河谷场地满足 $\eta\leqslant2$，依然被广泛应用于不规则河谷场地上混凝土坝、土石坝等地震响应分析中[35,40-41,48-49,155]。因此，不规则河谷地形截断人工边界上地震动输入的关键是确定半空间自由场反应，接下来主要构建地震波不同入射方式下半空间非一致自由场。

本章主要开展三个方面的研究：一是同时考虑地震波入射方向与水流向之间夹角以及入射方向与地表法线的夹角，构建平面 P 波、SV 波和 SH 波任意入射方位和入射角下均质弹

性半空间三维非一致自由场；二是基于平坦基岩地表上两向和三向设计地震动反演组合斜入射波信息，进而基于地震波组合效应构建平面P波和SV波二维组合斜入射以及平面P波、SV波和SH波三维组合斜入射下三维空间非一致自由场；三是通过数值方法和解析方法分别求解地震波垂直入射和斜入射下非线性深厚成层覆盖层差异性自由场。

2.2 单波空间斜入射下半空间自由场

2.2.1 P波空间斜入射

图2-2所示为P波三维斜入射半空间自由场组成，坐标 x、y 轴表示两个水平方向，z 轴表示竖直方向。P波入射方向与坐标 x 轴之间的夹角为 γ，为入射方位角，入射方向与坐标 z 轴之间的夹角为 α，为斜入射角。为便于分析不同人工边界上波场组成，对不同人工边界面进行了命名，边界面外法线方向与坐标 x 轴正方向一致命名为 XP 面，反之命名为 XN 面；边界面外法线方向与坐标 y 轴正方向一致命名为 YP 面，反之命名为 YN 面；底部边界面为 Z 面。

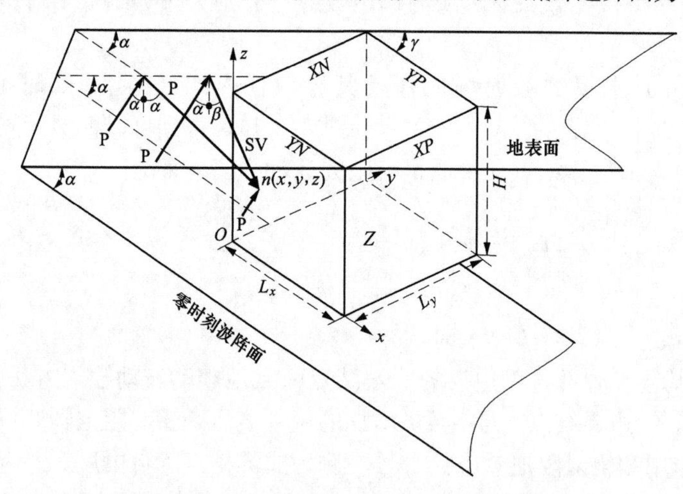

图2-2　P波三维斜入射半空间自由场组成

P波斜入射下弹性半空间底部和侧向边界上自由场均由入射波场和反射波场组成，以图2-2中 XN 边界面点 $n(x,y,z)$ 为例，点 $n(x,y,z)$ 自由场位移由入射角为 α 的P波、反射角为 α 的P波和反射角为 β 的SV波构成。分别将点 $n(x,y,z)$ 处入射P波、反射P波和反射SV波产生的位移沿坐标轴正方向分解，在坐标轴正方向叠加各个波型产生的位移，进而获得自由场位移三分量。

假设地震波零时刻波阵面与坐标原点相交，零时刻波阵面处入射P波位移为 $g_{\mathrm{P}}^{\mathrm{i}}(t)$，则点 $n(x,y,z)$ 处入射P波引起的位移为 $g_{\mathrm{P}}^{\mathrm{i}}(t-\Delta t_1)$，反射P波引起的位移为 $A_1 g_{\mathrm{P}}^{\mathrm{r}}(t-\Delta t_2)$，反射SV波引起的位移为 $A_2 g_{\mathrm{SV}}^{\mathrm{r}}(t-\Delta t_3)$。可求得点 $n(x,y,z)$ 位置处自由场位移分量为

$$\begin{Bmatrix} u_{\mathrm{nB}}(x,y,z,t) \\ v_{\mathrm{nB}}(x,y,z,t) \\ w_{\mathrm{nB}}(x,y,z,t) \end{Bmatrix} = \begin{bmatrix} \sin\alpha\cos\gamma & \sin\alpha\cos\gamma & \cos\beta\cos\gamma \\ \sin\alpha\sin\gamma & \sin\alpha\sin\gamma & \cos\beta\sin\gamma \\ \cos\alpha & -\cos\alpha & \sin\beta \end{bmatrix} \begin{Bmatrix} g_{\mathrm{P}}^{\mathrm{i}}(t-\Delta t_1) \\ A_1 g_{\mathrm{P}}^{\mathrm{r}}(t-\Delta t_2) \\ A_2 g_{\mathrm{SV}}^{\mathrm{r}}(t-\Delta t_3) \end{Bmatrix} \tag{2-6}$$

式中：Δt_1、Δt_2 和 Δt_3 分别为入射 P 波、反射 P 波和反射 SV 波自零时刻波阵面至点 $n(x, y, z)$ 的时间延迟，由几何关系计算，分别如式（2-7）～式（2-9）所示，即

$$\Delta t_1 = \frac{y\sin\gamma\sin\alpha + z\cos\alpha}{c_P} \tag{2-7}$$

$$\Delta t_2 = \frac{y\sin\gamma\sin\alpha + (2H - z)\cos\alpha}{c_P} \tag{2-8}$$

$$\Delta t_3 = \frac{y\sin\gamma\sin\alpha + H\cos\alpha - (H - z)\sin\alpha\tan\beta}{c_P} + \frac{H - z}{c_S\cos\beta} \tag{2-9}$$

反射角 β 由 Snell 定律获得[156]

$$\frac{\sin\alpha}{c_P} = \frac{\sin\beta}{c_S} \tag{2-10}$$

式中：H 为有限域高度；c_P 和 c_S 分别为 P 波和 SV 波波速。

A_1、A_2分别为反射 P 波振幅和反射 SV 波振幅与入射 P 波振幅之比，如式（2-11）和式（2-12）所示[157]，即

$$A_1 = \frac{c_S^2\sin 2\alpha\sin 2\beta - c_P^2\cos^2 2\beta}{c_S^2\sin 2\alpha\sin 2\beta + c_P^2\cos^2 2\beta} \tag{2-11}$$

$$A_2 = \frac{2c_S c_P\sin 2\alpha\cos 2\beta}{c_S^2\sin 2\alpha\sin 2\beta + c_P^2\cos^2 2\beta} \tag{2-12}$$

XN 面上其他结点自由场位移按式（2-6）构建，XN 面上不同结点对应的时间延迟根据相应坐标按式（2-7）～式（2-9）计算，XP 面、ZN 面、ZP 面和 Z 面上的自由场位移计算公式同式（2-6），只是各个边界面上地震波时间延迟函数形式不同。

与传统垂直入射（$\gamma=0°$和 $\theta=0°$）相比，截断边界上入射 P 波、反射 P 波和反射 SV 波时间延迟函数求解复杂，造成任意入射方位和斜入射角下的半无限空间自由场构建难度增加。这里，通过构造辅助线的方法，利用几何理论反推不同边界入射波和反射波的时间延迟函数，各个面上地震波时间延迟函数如下。

2.2.1.1 XP 面

入射 P 波为

$$\Delta t_4 = \Delta t_1 + \frac{L_x\cos\gamma}{c_P} \tag{2-13}$$

反射 P 波为

$$\Delta t_5 = \Delta t_2 + \frac{L_x\cos\gamma}{c_P} \tag{2-14}$$

反射 SV 波为

$$\Delta t_6 = \Delta t_3 + \frac{L_x\cos\gamma}{c_P} \tag{2-15}$$

式中：L_x和L_y分别为半空间有限域在 x 和 y 方向的长度。

2.2.1.2 YN 面

入射 P 波为

$$\Delta t_7 = \frac{x\sin\alpha\cos\gamma + z\cos\alpha}{c_P} \tag{2-16}$$

反射 P 波为

$$\Delta t_8=\frac{x\sin\alpha\cos\gamma+(2H-z)\cos\alpha}{c_{\mathrm{P}}} \tag{2-17}$$

反射 SV 波为

$$\Delta t_9=\frac{x\sin\alpha\cos\gamma+H\cos\alpha-(H-z)\tan\beta\sin\alpha}{c_{\mathrm{P}}}+\frac{H-z}{c_{\mathrm{S}}\cos\beta} \tag{2-18}$$

2.2.1.3 *YP* 面

入射 P 波为

$$\Delta t_{10}=\Delta t_7+\frac{L_y\sin\gamma}{c_{\mathrm{P}}} \tag{2-19}$$

反射 P 波为

$$\Delta t_{11}=\Delta t_8+\frac{L_y\sin\gamma}{c_{\mathrm{P}}} \tag{2-20}$$

反射 SV 波为

$$\Delta t_{12}=\Delta t_9+\frac{L_y\sin\gamma}{c_{\mathrm{P}}} \tag{2-21}$$

2.2.1.4 *Z* 面

入射 P 波为

$$\Delta t_{13}=\frac{(x\cos\gamma+y\sin\gamma)\sin\alpha}{c_{\mathrm{P}}} \tag{2-22}$$

反射 P 波为

$$\Delta t_{14}=\frac{(x\cos\gamma+y\sin\gamma)\sin\alpha+2H\cos\alpha}{c_{\mathrm{P}}} \tag{2-23}$$

反射 SV 波为

$$\Delta t_{15}=\frac{(x\cos\gamma+y\sin\gamma)\sin\alpha+H\cos\alpha-H\tan\beta\sin\alpha}{c_{\mathrm{P}}}+\frac{H}{c_{\mathrm{S}}\cos\beta} \tag{2-24}$$

这里，对 P 波任意入射方位和斜入射角下半空间表面自由场强度进行讨论，为沥青混凝土心墙坝地震响应随入射方位和斜入射角的变化提供参考。半空间介质密度、弹性模量和泊松比分别为 2700kg/m^3、8GPa 和 0.24。当入射 P 波位移峰值为 1[$u_{0\max}(t)=1$] 时，表面水平 x 向和 y 向、竖直 z 向位移峰值随入射方位角 γ 和斜入射角 α 的变化规律如图 2-3 所示。图 2-3 表明，水平 x 向位移峰值随入射方位角 γ 增大而减小，随斜入射角 α 增大先增大后减小，在 $\alpha=60°$时，x 向位移峰值达到最大。y 向位移峰值随入射方位角 γ 增大而增大，随斜入射角 α 增大先增大后减小，同样在 $\alpha=60°$时，y 向位移峰值达到最大。入射方位角 γ 增大，竖直 z 向位移峰值不变，倾斜入射角 α 增大，z 向地震动强度减小。

在所有入射方式中，平面 P 波入射方向与坐标 x 轴平行且入射方向与坐标 z 轴的夹角为 60°时，水平 x 向地震动强度最大；平面 P 波入射方向与坐标 x 轴垂直且入射方向与坐标 z 轴的夹角为 60°时，水平 y 向地震动强度最大；竖直 z 向地震动强度只与入射方向与坐标 z 轴的夹角有关，并且夹角为 0°时，z 向地震动强度最大。

2.2.2 SV 波空间斜入射

图 2-4 所示为 SV 波以任意入射方位角 γ 和任意入射角 θ 作用下半空间自由场组成，同

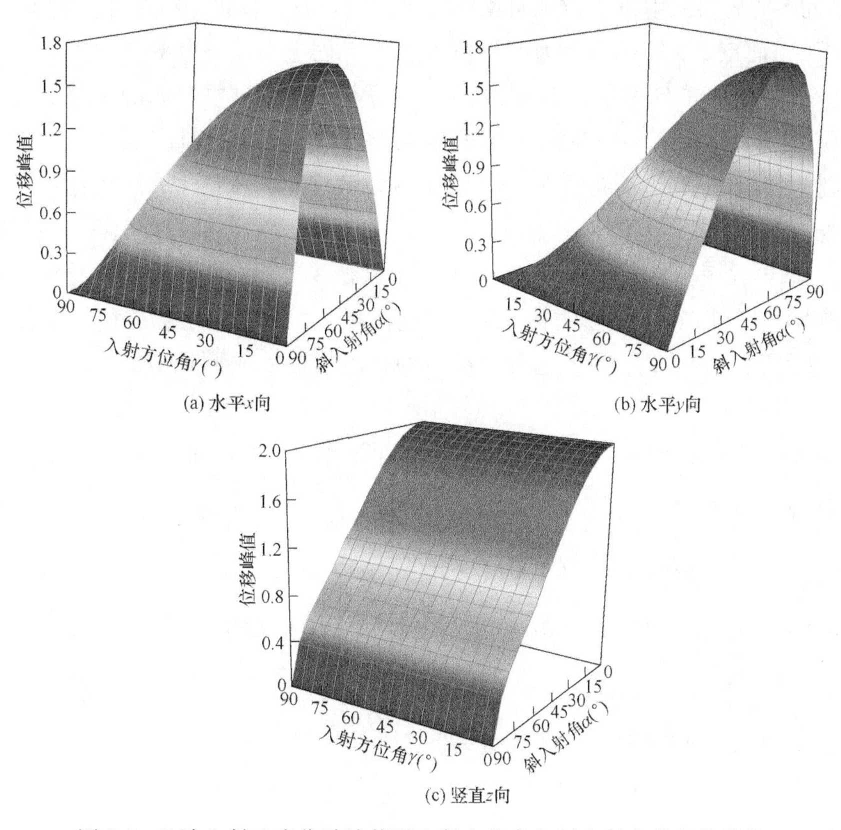

(a) 水平x向

(b) 水平y向

(c) 竖直z向

图 2-3　P 波入射地表位移峰值随入射方位角和斜入射角的变化规律

样构造辅助线，利用几何理论反推不同边界入射波和反射波的时间延迟函数。采用波场分离技术，将自由波场分解为入射波场和反射波场，然后根据地震波叠加原理计算不同边界结点上各方向自由场。

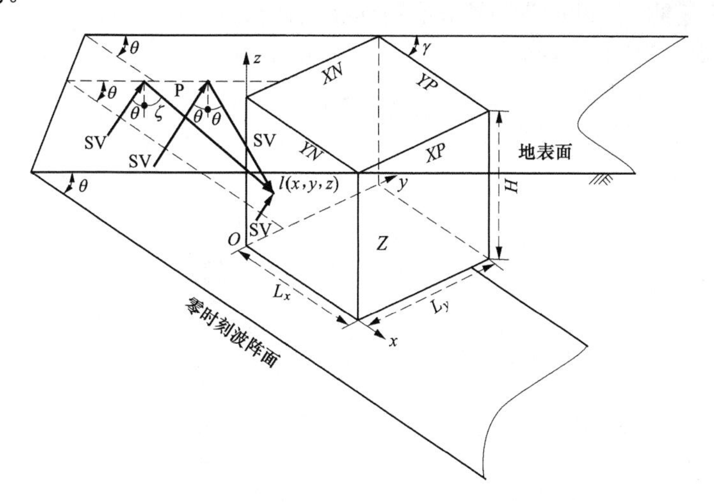

图 2-4　SV 波三维斜入射半空间自由场组成

入射 SV 波零时刻波阵面与坐标原点 O 相交，零时刻波阵面上入射 SV 波位移时程为

$f^{i}_{SV}(t)$。平面SV波斜入射下半空间自由场由入射SV波、反射SV波和反射P波引起的波场构成，以XN面点$l(x, y, z)$为例分析人工边界面上自由场构建方法，点$l(x, y, z)$的自由场由入射角为θ的SV波、反射角为θ的SV波和反射角为ζ的P波构成。入射SV波、反射SV波和反射P波从零时刻波阵面至点$l(x, y, z)$的时间延迟分别为Δt_{16}、Δt_{17}和Δt_{18}，则点$l(x, y, z)$处入射SV波位移为$f^{i}_{SV}(t-\Delta t_{16})$，反射SV波位移为$B_1 f^{r}_{SV}(t-\Delta t_{17})$，反射P波位移为$B_2 f^{r}_{P}(t-\Delta t_{18})$，$B_1$、$B_2$分别为反射SV波振幅和反射P波振幅与入射SV波振幅之比。分别将各波在点$l(x, y, z)$处产生的位移沿坐标轴x、y和z方向分解，将分解项分别沿三个坐标方向进行叠加，获得自由场位移三分量。XN边界上其他点以及XP、YN、YP和Z边界上结点的自由场运动按照点$l(x, y, z)$自由场计算方法构建。

点$l(x, y, z)$处自由场位移三向分量如式（2-25）所示，即

$$\begin{cases} u_{xB}(x,y,z,t)=[f^{i}_{SV}(t-\Delta t_{16})-B_1 f^{r}_{SV}(t-\Delta t_{17})]\cos\theta\cos\gamma-B_2 f^{r}_{P}(t-\Delta t_{18})\sin\zeta\cos\gamma \\ v_{yB}(x,y,z,t)=[f^{i}_{SV}(t-\Delta t_{16})-B_1 f^{r}_{SV}(t-\Delta t_{17})]\cos\theta\sin\gamma-B_2 f^{r}_{P}(t-\Delta t_{18})\sin\zeta\sin\gamma \\ w_{zB}(x,y,z,t)=-[f^{i}_{SV}(t-\Delta t_{16})+B_1 f^{r}_{SV}(t-\Delta t_{17})]\sin\theta+B_2 f^{r}_{P}(t-\Delta t_{18})\cos\zeta \end{cases} \tag{2-25}$$

Δt_{16}、Δt_{17}和Δt_{18}如式（2-26）～式（2-28）所示，即

$$\Delta t_{16}=\frac{y\sin\theta\sin\gamma+z\cos\theta}{c_S} \tag{2-26}$$

$$\Delta t_{17}=\frac{y\sin\theta\sin\gamma+(2H-z)\cos\theta}{c_S} \tag{2-27}$$

$$\Delta t_{18}=\frac{y\sin\theta\sin\gamma+H\cos\theta-(H-z)\sin\theta\tan\zeta}{c_S}+\frac{H-z}{c_P\cos\zeta} \tag{2-28}$$

式中：H为地基高度；c_S和c_P为压缩波和剪切波波速。

反射角ζ由Snell定律求解，即

$$\frac{\sin\theta}{c_S}=\frac{\sin\zeta}{c_P} \tag{2-29}$$

B_1和B_2[150]计算式为

$$B_1=\frac{c_S^2\sin2\theta\sin2\zeta-c_P^2\cos^2 2\theta}{c_S^2\sin2\theta\sin2\zeta+c_P^2\cos^2 2\theta} \tag{2-30}$$

$$B_2=\frac{-2c_S c_P\sin2\theta\cos2\theta}{c_S^2\sin2\theta\sin2\zeta+c_P^2\cos^2 2\theta} \tag{2-31}$$

由几何关系求得平面SV波斜入射下XP、YN、YP和Z边界上地震波时间延迟函数。

2.2.2.1 XP面

入射SV波为

$$\Delta t_{19}=\Delta t_{16}+\frac{L_x\sin\theta\cos\gamma}{c_S} \tag{2-32}$$

反射 SV 波为

$$\Delta t_{20}=\Delta t_{17}+\frac{L_x\sin\theta\cos\gamma}{c_S} \tag{2-33}$$

反射 P 波为

$$\Delta t_{21}=\Delta t_{18}+\frac{L_x\sin\theta\cos\gamma}{c_S} \tag{2-34}$$

2.2.2.2　*YN* 面

入射 SV 波为

$$\Delta t_{22}=\frac{x\cos\gamma\sin\theta+z\cos\theta}{c_S} \tag{2-35}$$

反射 SV 波为

$$\Delta t_{23}=\frac{x\cos\gamma\sin\theta+(2H-z)\cos\theta}{c_S} \tag{2-36}$$

反射 P 波为

$$\Delta t_{24}=\frac{x\cos\gamma\sin\theta+H\cos\theta-(H-z)\tan\zeta\sin\theta}{c_S}+\frac{H-\mathrm{z}}{\cos\zeta c_P} \tag{2-37}$$

2.2.2.3　*YP* 面

入射 SV 波为

$$\Delta t_{25}=\Delta t_{22}+\frac{L_y\sin\gamma\sin\theta}{c_S} \tag{2-38}$$

反射 SV 波为

$$\Delta t_{26}=\Delta t_{23}+\frac{L_y\sin\gamma\sin\theta}{c_S} \tag{2-39}$$

反射 P 波为

$$\Delta t_{27}=\Delta t_{24}+\frac{L_y\sin\gamma\sin\theta}{c_S} \tag{2-40}$$

2.2.2.4　*Z* 面

入射 SV 波为

$$\Delta t_{28}=\frac{(x\cos\gamma+y\sin\gamma)\sin\theta}{c_S} \tag{2-41}$$

反射 SV 波为

$$\Delta t_{29}=\frac{(x\cos\gamma+y\sin\gamma)\sin\theta+2H\cos\theta}{c_S} \tag{2-42}$$

反射 P 波为

$$\Delta t_{30}=\frac{(x\cos\gamma+y\sin\gamma)\sin\theta+H\cos\theta-H\tan\zeta\sin\theta}{c_S}+\frac{H}{\cos\zeta c_P} \tag{2-43}$$

为揭示平面 SV 波入射方位角 γ 和斜入射角 θ 对半空间表面自由场强度的影响，根据式（2-25）求解表面位移峰值，半空间介质密度、弹性模量和泊松比 2700kg/m^3、8GPa 和 0.24。图 2-5 给出了入射 SV 波位移峰值为 1 时半空间表面水平 x 向、y 向和竖直 z 向位移峰值变化规律。这里，当 SV 波入射角 θ 大于临界入射角 θ_{cr}（$\theta_{cr}=\arcsin(c_S/c_P)$），反射 SV

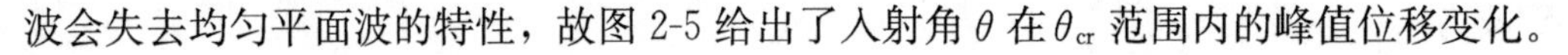

波会失去均匀平面波的特性，故图 2-5 给出了入射角 θ 在 θ_{cr} 范围内的峰值位移变化。

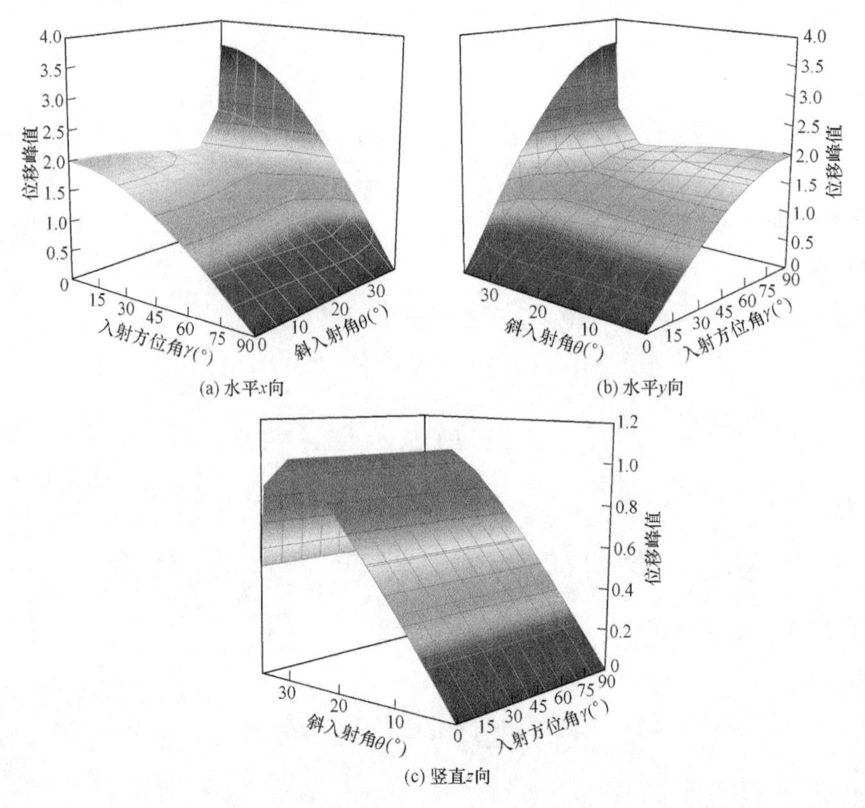

图 2-5　SV 波入射地表位移峰值随入射方位和斜入射角的变化规律

图 2-5 表明，垂直入射方式下，即 $\gamma=0°$，$\theta=0°$，x 向位移峰值为入射波位移峰值的 2 倍，y 向和 z 向无自由场。与垂直入射相比，其他入射方式下表面位移峰值存在不同程度的放大和缩小。入射角 θ 相同时，x 向位移峰值随入射方位角 γ 增大而减小，y 向位移峰值随入射方位角 γ 增大而增大，z 向位移峰值不随入射方位角 γ 变化。入射方位角 γ 相同时，x 向和 y 向位移峰值随入射角 θ 增大先减小后增大，z 向位移峰值随入射角 θ 增大先增大后减小；在 $\theta=35°$时，x 向和 y 向位移峰值最大；在 $\theta=30°$时，z 向位移峰值最大。

入射方向与 x 向和 z 向夹角分别为 0°和 35°时，x 向地震强度达到最大，大约是入射波强度的 3.5 倍；入射方向与 y 向和 z 向夹角分别为 90°和 35°时，y 向地震强度达到最大，大约是入射波强度的 3.5 倍；z 向地震动强度只与入射方向与 x 向的夹角有关，当夹角为 30°时，地震动强度与入射波强度接近。由此可以推断出，当平面 SV 波入射方向与坝轴线垂直或平行，以及入射方向与竖向夹角超过 30°时，地震波会显著增大大坝地震反应。

2.2.3　SH 波空间斜入射

图 2-6 所示为平面 SH 波三维斜入射下均质弹性半空间内自由场组成，半空间自由场由直接入射的 SH 波和地表反射的 SH 波构成，其中 SH 波入射方向与 x 向和 z 向夹角分别为 γ 和 φ。同样，平面 SH 波斜入射自由场构建思路为分别求解入射波和反射波在半空间引起的波场，然后在坐标轴正方向分解各类型波场，最后在坐标轴正方向叠加各类型波场，获得

自由场分量。

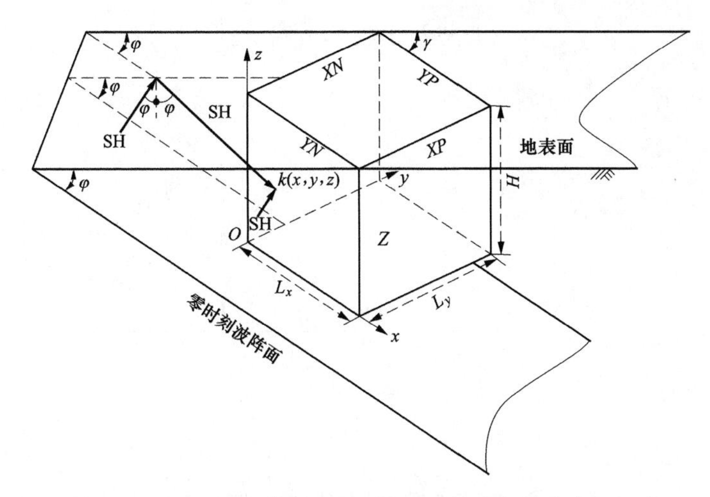

图 2-6 平面 SH 三维斜入射下均质弹性半空间自由场组成

入射 SH 波零时刻波阵面与坐标原点 O 相交，零时刻波阵面处入射 SH 波位移时程为 $h_{\mathrm{SH}}^{\mathrm{i}}(t)$。以 XN 边界面上的结点 $k(x,\ y,\ z)$ 为例，分析半空间截断边界上的自由场构建方法。XN 边界面上点 $k(x,\ y,\ z)$ 自由场位移分量为

$$\begin{cases} u_{\mathrm{xB}}(x,y,z,t)=[-h_{\mathrm{SH}}^{\mathrm{i}}(t-\Delta t_{31})-h_{\mathrm{SH}}^{\mathrm{r}}(t-\Delta t_{32})]\sin\gamma \\ v_{\mathrm{yB}}(x,y,z,t)=[h_{\mathrm{SH}}^{\mathrm{i}}(t-\Delta t_{31})+h_{\mathrm{SH}}^{\mathrm{r}}(t-\Delta t_{32})]\cos\gamma \\ w_{\mathrm{zB}}(x,y,z,t)=0 \end{cases} \tag{2-44}$$

式（2-44）表明，竖直 z 向自由场恒为零，Δt_{31} 和 Δt_{32} 分别为入射 SH 波和反射 SH 波自零时刻波阵面至结点 $k(x,\ y,\ z)$ 的时间延迟，Δt_{31} 和 Δt_{32} 计算式为

$$\Delta t_{31}=\frac{y\sin\varphi\sin\gamma+z\cos\varphi}{c_{\mathrm{S}}} \tag{2-45}$$

$$\Delta t_{32}=\frac{y\sin\varphi\sin\gamma+(2H-z)\cos\varphi}{c_{\mathrm{S}}} \tag{2-46}$$

XN 边界面上其他位置和其他边界面上的自由场分量同式（2-44），只需将各自的时间延迟函数代入，即可获得不同边界面上不同位置处的自由场，不同边界面上时间延迟函数如下。

2.2.3.1 XP 面

入射 SH 波为

$$\Delta t_{33}=\frac{(L_x\cos\gamma+y\sin\gamma)\sin\varphi+z\cos\varphi}{c_{\mathrm{S}}} \tag{2-47}$$

反射 SH 波为

$$\Delta t_{34}=\frac{(L_x\cos\gamma+y\sin\gamma)\sin\varphi+(2H-z)\cos\varphi}{c_{\mathrm{S}}} \tag{2-48}$$

2.2.3.2 XN 面

入射 SH 波为

$$\Delta t_{35}=\frac{x\cos\gamma\sin\varphi+z\cos\varphi}{c_{\mathrm{S}}} \tag{2-49}$$

反射 SH 波为

$$\Delta t_{36}=\frac{x\cos\gamma\sin\varphi+(2H-z)\cos\varphi}{c_{\mathrm{S}}} \tag{2-50}$$

2.2.3.3 *YN* 面

入射 SH 波为

$$\Delta t_{37}=\frac{(L_y\sin\gamma+x\cos\gamma)\sin\varphi+z\cos\varphi}{c_{\mathrm{S}}} \tag{2-51}$$

反射 SH 波为

$$\Delta t_{38}=\frac{(L_y\sin\gamma+x\cos\gamma)\sin\varphi+(2H-z)\cos\varphi}{c_{\mathrm{S}}} \tag{2-52}$$

2.2.3.4 *YP* 面

入射 SH 波为

$$\Delta t_{39}=\frac{(L_y\sin\gamma+x\cos\gamma)\sin\varphi+z\cos\varphi}{c_{\mathrm{S}}} \tag{2-53}$$

反射 SH 波为

$$\Delta t_{40}=\frac{(L_y\sin\gamma+x\cos\gamma)\sin\varphi+(2H-z)\cos\varphi}{c_{\mathrm{S}}} \tag{2-54}$$

2.2.3.5 Z 面

入射 SH 波为

$$\Delta t_{41}=\frac{(x\cos\gamma+y\sin\gamma)\sin\varphi}{c_{\mathrm{S}}} \tag{2-55}$$

反射 SH 波为

$$\Delta t_{42}=\frac{(x\cos\gamma+y\sin\gamma)\sin\varphi+2H\cos\varphi}{c_{\mathrm{S}}} \tag{2-56}$$

为揭示平面 SH 波三维斜入射半空间自由表面地震动强度随入射方位角 γ 的变化规律，图 2-7 分析了入射 SH 波位移峰值为 1 时，半空间自由表面水平 x 向和 y 向位移峰值随入射方位角的变化规律。

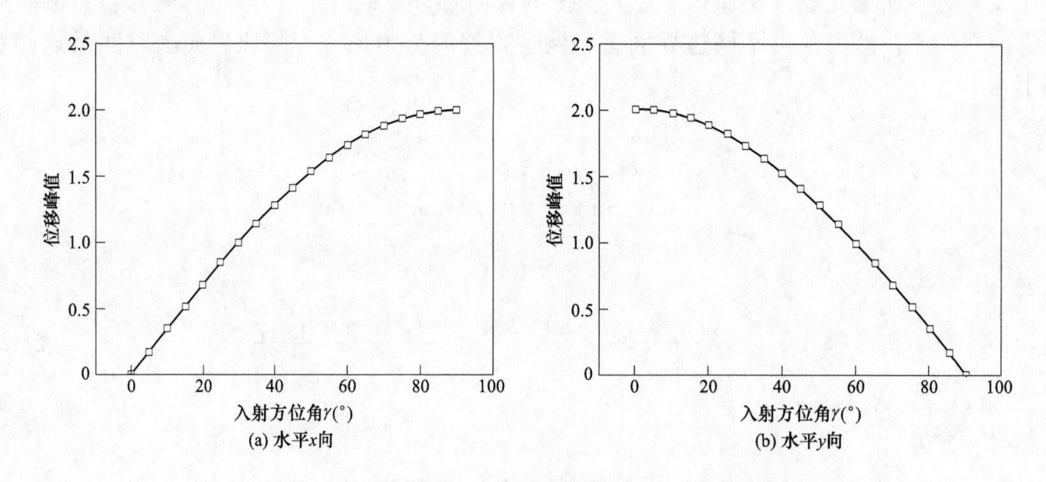

图 2-7 平面 SH 波斜入射地表位移峰值随入射方位角变化

图 2-7 表明，自由表面水平 x 向位移峰值随入射方位角 γ 增大而增大，入射方位角为 90°时位移峰值最大，放大倍数达到入射位移峰值的 2 倍。水平 y 向位移峰值在入射方位角为 0°时最大，放大倍数同样为入射位移峰值的 2 倍，随后随入射方位角 γ 增大而减小。由以上分析可以推断出：若平面 SH 波入射方向与水流向一致，大坝坝轴向地震反应最大，在坝轴向心墙可能发生挤压破坏；若平面 SH 波入射方向与坝轴向方向一致，大坝水流向地震反应最大。

2.3　平面 P 波和 SV 波二维组合斜入射下半空间自由场

对于大坝等跨度较大的水工结构，需要考虑土一结构相互作用，通常在地基深度/侧向边界方向截取较大的范围，地表实测地震动和设计地震动不能直接作为坝基底部的输入地震动，而一般情况下坝基一定深度处的地震动是未知的，需要通过地震动反演或反卷积方法反推深部基岩处的地震动。本节基于地表两向设计地震动在时域内反演基岩中斜入射波时程，根据波场叠加原理构建基于两设计地震动的半空间内自由场。

2.3.1　P 波和 SV 波组合斜入射时程二维时域反演

2.3.1.1　*方法 1*

通常情况下，基岩平坦地表地震动假定由垂直地表的入射波和同相位等幅值的反射波叠加组成[90]，该假定对于距震源较远场地上是合理的。在局部小范围且完整、质量较好的岩体中，阻尼对地震波幅值的影响几乎可以忽略[158]，那么，基岩地基底部入射波可按平坦自由地表设计地震动时程 1/2 调幅获得。

P 波或 SV 波入射角为 0°时，平坦地表自由场地震动幅值和波形与设计地震动吻合。但当震源距离坝址较近时，入射波传播方向与水平地表并非垂直，而是与水平地表的法向存在不确定性夹角。根据作者前期的研究结论[157]：平面 P 波斜入射，平坦地表水平向地震动强度随入射角增大先增大后减小，竖向地震动强度随入射角增大而减小；平面 SV 波斜入射，水平向地震动强度随入射角增大而增大，竖向地震动强度随入射角增大先增大后减小。分析基于设计地震动的斜入射地震波对结构地震响应的影响，仍按方法 1 确定斜入射波时程，由于没考虑斜入射波时程随入射角度的变化，因此随着入射角增大，平坦地表地震动幅值和波形将逐渐偏离设计地震动。

2.3.1.2　*方法 2*

近地表入射地震波成分复杂，基岩平坦地表设计地震动不能假定仅由某一类型体波组成。而应该考虑多种体波的共同作用。平面 P 波和 SV 波斜入射至自由地表均会产生反射 P 波和 SV 波，如图 2-8 所示，粗箭头表示地震波的传播方向，细箭头表示质点振动方向。坐标原点 O 为控制点，设计地震动水平分量为 $u_x(t)$，竖向分量为 $u_y(t)$。入射 P 波位移波函数为 $g(t)$，振动矢量 $m^{(0)}=(\sin\alpha,\ \cos\alpha)$；入射 SV 波位移波函数为 $f(t)$，振动矢量 $n^{(0)}=(\cos\gamma,\ -\sin\gamma)$。半无限均质弹性空间任意点自由场由两种体波（P 波和 SV 波）的入射波场、反射波场共同叠加组成[61]。

半空间自由表面水平向自由场为

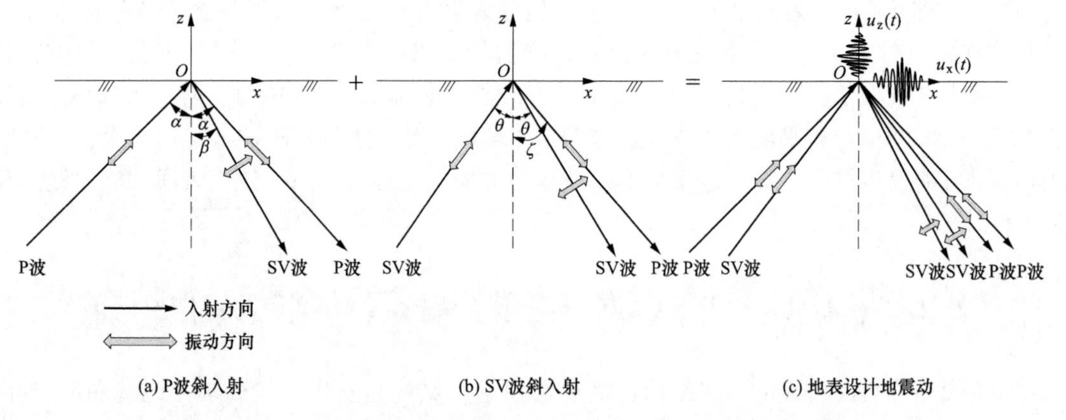

图 2-8　平面 P 波和 SV 波组合斜入射半无限空间自由场组成

$$\begin{aligned}
& g\left(t-\frac{x\sin\alpha+z\cos\alpha}{c_{\mathrm{P}}}\right)\sin\alpha+A_1 g\left(t-\frac{x\sin\alpha-z\cos\alpha}{c_{\mathrm{P}}}\right)\sin\alpha \\
& -A_2 g\left(t-\frac{x\sin\beta-z\cos\beta}{c_{\mathrm{S}}}\right)\cos\beta+f\left(t-\frac{x\sin\theta+z\cos\theta}{c_{\mathrm{S}}}\right)\cos\theta \\
& -B_1 f\left(t-\frac{x\sin\theta-z\cos\theta}{c_{\mathrm{S}}}\right)\cos\theta+B_2 f\left(t-\frac{x\sin\zeta-z\cos\zeta}{c_{\mathrm{P}}}\right)\sin\zeta
\end{aligned} \tag{2-57}$$

半空间自由表面竖向自由场为

$$\begin{aligned}
& g\left(t-\frac{x\sin\alpha+z\cos\alpha}{c_{\mathrm{P}}}\right)\cos\alpha-A_1 g\left(t-\frac{x\sin\alpha-z\cos\alpha}{c_{\mathrm{P}}}\right)\cos\alpha \\
& -A_2 g\left(t-\frac{x\sin\beta-z\cos\beta}{c_{\mathrm{S}}}\right)\sin\beta-f\left(t-\frac{x\sin\theta+z\cos\theta}{c_{\mathrm{S}}}\right)\sin\theta \\
& -B_1 f\left(t-\frac{x\sin\theta-z\cos\theta}{c_{\mathrm{S}}}\right)\sin\theta-B_2 f\left(t-\frac{x\sin\zeta-z\cos\zeta}{c_{\mathrm{P}}}\right)\cos\zeta
\end{aligned} \tag{2-58}$$

在水平自由地表，z 为一常数且等于零，结合 Snell 定律，水平自由地表任意点自由场可进一步表示如下。

水平向为

$$g\left(t-\frac{x\sin\alpha}{c_{\mathrm{P}}}\right)(\sin\alpha+A_1\sin\alpha-A_2\cos\beta)+f\left(t-\frac{x\sin\theta}{c_{\mathrm{S}}}\right)(\cos\theta-B_1\cos\theta+B_2\sin\zeta) \tag{2-59}$$

竖向为

$$g\left(t-\frac{x\sin\alpha}{c_{\mathrm{P}}}\right)(\cos\alpha-A_1\cos\alpha-A_2\sin\beta)-f\left(t-\frac{x\sin\theta}{c_{\mathrm{S}}}\right)(\sin\theta-B_1\sin\theta-B_2\cos\zeta) \tag{2-60}$$

假设在整个时间历程中水平自由地表任意点的运动由入射 P 波和 SV 波共同作用，即 P 波和 SV 波同时传播至水平自由地表，则下式成立，即

$$\frac{\sin\alpha}{c_{\mathrm{P}}}=\frac{\sin\theta}{c_{\mathrm{S}}} \tag{2-61}$$

取任意点为控制点 $O(x=0,\ y=0)$，则需要满足的条件是该点的自由场水平向和竖向分量与设计地震动对应的两向分量相同，根据式（2-59）和式（2-60），可得到下面两个方程。

水平向为

$$ag(t)+bf(t)=u_x(t) \tag{2-62}$$

竖向为

$$cg(t)-df(t)=u_y(t) \tag{2-63}$$

式中：$a=(\sin\alpha+A_1\sin\alpha-A_2\cos\beta)$、$b=(\cos\theta-B_1\cos\theta+B_2\sin\zeta)$、$c=(\cos\alpha-A_1\cos\alpha-A_2\sin\beta)$、$d=(\sin\theta-B_1\sin\theta-B_2\cos\zeta)$，当设计地震动两分量和半空间介质信息已知时，联立式（2-62）和式（2-63），可以建立P波和SV波时程关于入射角的函数关系式，进而可求解不同入射角下的组合入射波时程。为方便起见，将本小节建立的考虑斜入射P波和SV波对设计地震动的组合贡献、根据入射角度确定入射波时程的方法称为方法2。

2.3.2 P波和SV波二维组合斜入射下自由场

从平面半无限均质空间截取长度为400m（$2L$）、深度为200m（H）的有限域地基，如图2-9所示。地基弹性模量为1.3GPa，密度为2000kg/m^3，泊松比为0.25。P波波速为883m/s，SV波波速为510m/s。地表控制点O设计地震动水平和竖向位移时程均如式（2-64）所示，位移波形如图2-10所示，位移峰值为2.60m。基于设计地震动时程，按照方法1确定P波或SV波单波斜入射时程，按照方法2确定与入射角度相关的P波和SV波组合斜入射时程。假定单波或组合波均从地基左侧斜向上入射，分析不同斜入射波时程确定方法对O点自由场的影响，则

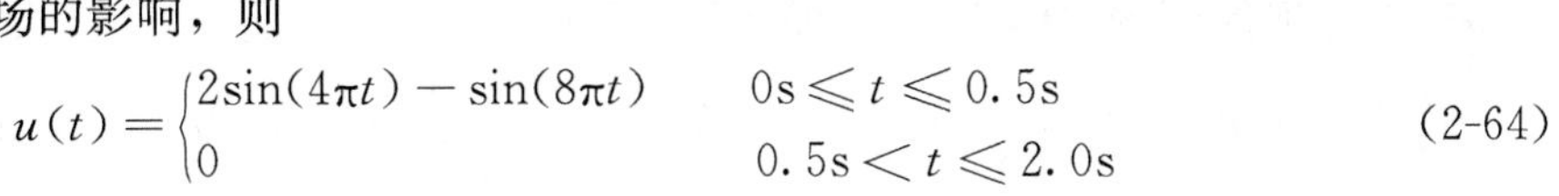

$$u(t)=\begin{cases}2\sin(4\pi t)-\sin(8\pi t) & 0\text{s}\leqslant t\leqslant 0.5\text{s}\\ 0 & 0.5\text{s}<t\leqslant 2.0\text{s}\end{cases} \tag{2-64}$$

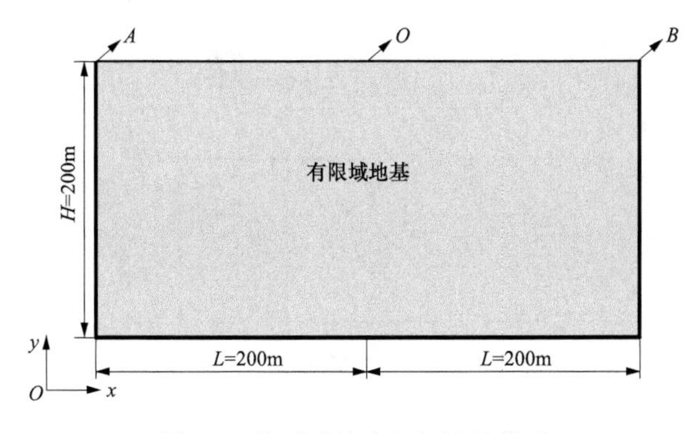

图2-9 均质弹性半空间计算模型

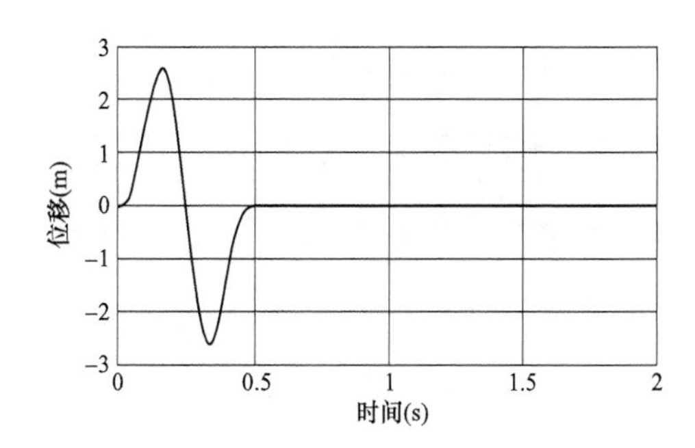

图2-10 设计地震动时程位移波形

方法1和方法2均是先给定P波斜入射角，然后按照式（2-61）确定SV波斜入射角，表2-1给出了不同入射角度下入射波位移峰值、地表O点水平和竖向自由场位移峰值及其相对设计地震动峰值的误差。表2-1表明，方法1任意入射角度下，入射P波或SV波位移峰值均是设计地震动水平向峰值的1/2，即为1.30m。方法2中入射P波位移峰值随入射角度增大而增大，入射SV波位移峰值随入射角增大而减小。不管哪种组合斜入射下，方法2中O点水平和竖向位移峰值均与设计地震动吻合，而方法1获得的地表O点自由场响应与设计地震动差异显著：其中P波入射角为45°时，O点水平向和竖向位移峰值分别比设计地震动减小了23.85%和31.63%；SV波入射角为24.1°时，O点水平向和竖向位移峰值分别比设计地震动减小了2.31%和62.69%。

表 2-1　　不同入射波时程确定方法下点 O 位移峰值及其相对设计地震动误差

方法	斜入射波类型	入射角（°）	入射波位移峰值（m）	点 O 位移峰值及相对设计地震动误差			
				水平向位移峰值（m）	误差（%）	竖向位移峰值（m）	误差（%）
方法 1	P 波	0	1.30	0.00	−100.00	2.60	0.00
		15		0.77	−70.38	2.49	−4.23
		30		1.46	−43.84	2.20	−15.38
		45		1.98	−23.85	1.77	−31.63
	SV 波	0	1.30	2.60	0.00	0.00	−100.00
		8.6		2.59	−0.38	0.43	−83.46
		16.8		2.57	−1.15	0.78	−70.00
		24.1		2.54	−2.31	0.97	−62.69
方法 2	P 波和 SV 波组合斜入射	0（0）	1.30（1.30）	2.60	0.00	2.60	0.00
		15（8.6）	1.50（0.85）	2.60	0.00	2.60	0.00
		30（16.8）	1.67（0.36）	2.60	0.00	2.60	0.00
		45（24.1）	1.85（−0.11）	2.60	0.00	2.60	0.00

注　括号中的数字代表方法 2 中 SV 波的数值。

图 2-11 和图 2-12 分别为不同入射角下地表 O 点水平向和竖向位移时程曲线，由图可

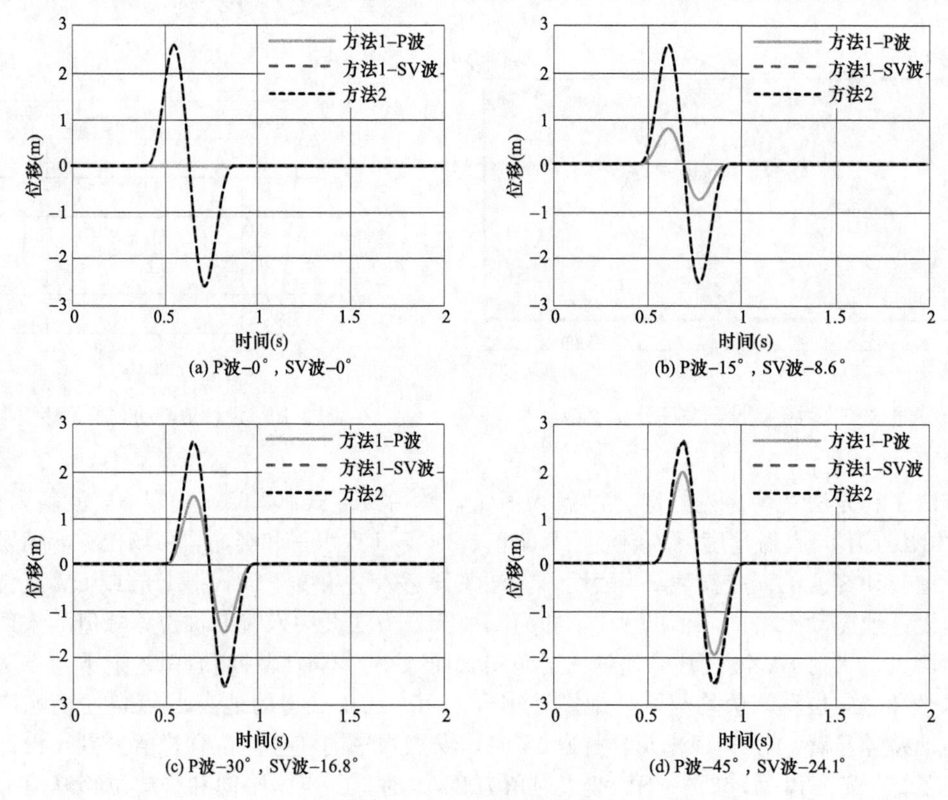

图 2-11　点 O 水平向位移时程

见，方法 2 中 P 波、SV 波组合斜入射下地表点 O 水平向和竖向位移波形与设计地震动完全吻合，该斜入射波时程确定方法能够反映设计地震动作用下半无限空间自由场响应。方法 1 中，P 波斜入射或者 SV 波斜入射时，点 O 位移波形均与设计地震动有较大差异。

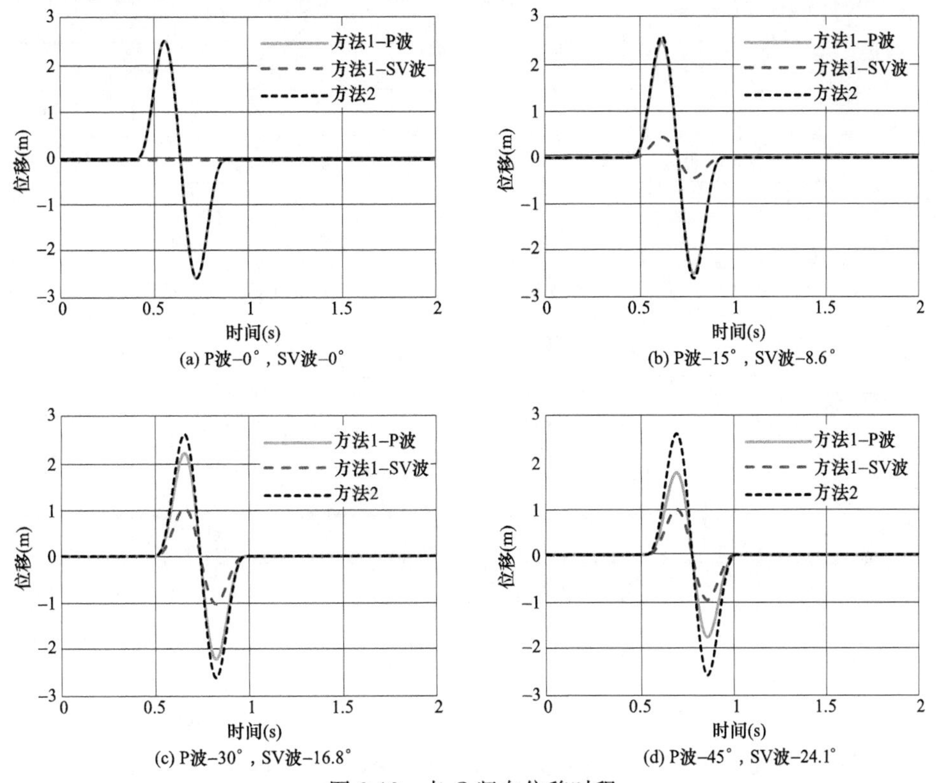

图 2-12 点 O 竖向位移时程

图 2-13～图 2-15 分别为 P 波入射角为 45°、SV 波入射角为 24.1°以及 P 波（45°）和 SV 波（24.1°）组合斜入射地表点 O 和左上角点 A、右上角点 B 的水平向和竖向位移时程曲线。图 2-13～图 2-15 表明，地震波斜入射引起地表空间点发生非一致运动，任意两点开始振动的时间间隔随入射角的增大而增大。方法 1 表现的非一致运动峰值与设计地震动峰值有较大的误差，方法 2 表现的非一致运动波形和峰值$|\mu|_{max}$均与设计地震动吻合，方法 2 能够反映设计地震动下的地表非一致运动。

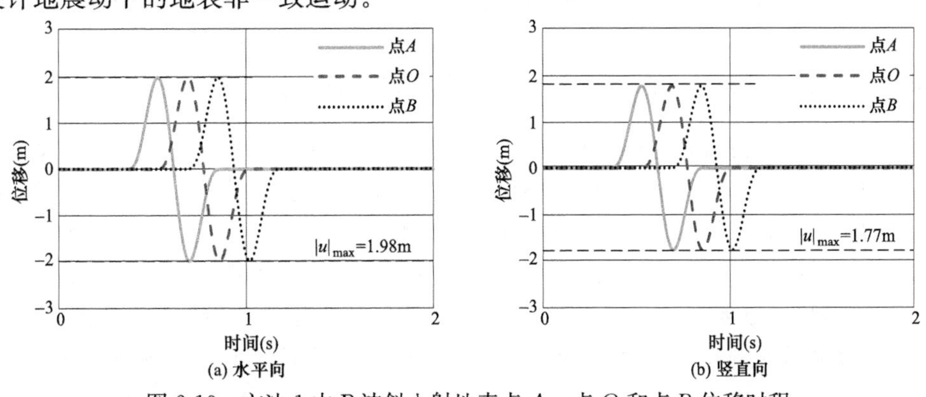

图 2-13 方法 1 中 P 波斜入射地表点 A、点 O 和点 B 位移时程

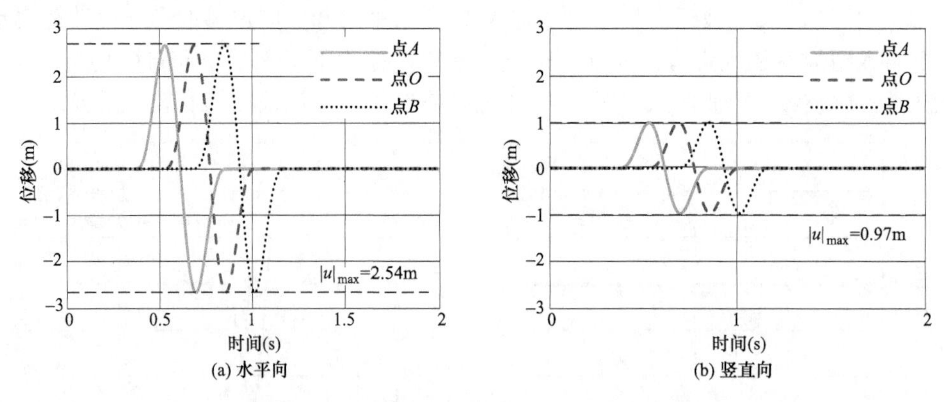

图 2-14　方法 1 中 SV 波斜入射地表点 A、点 O 和点 B 位移时程

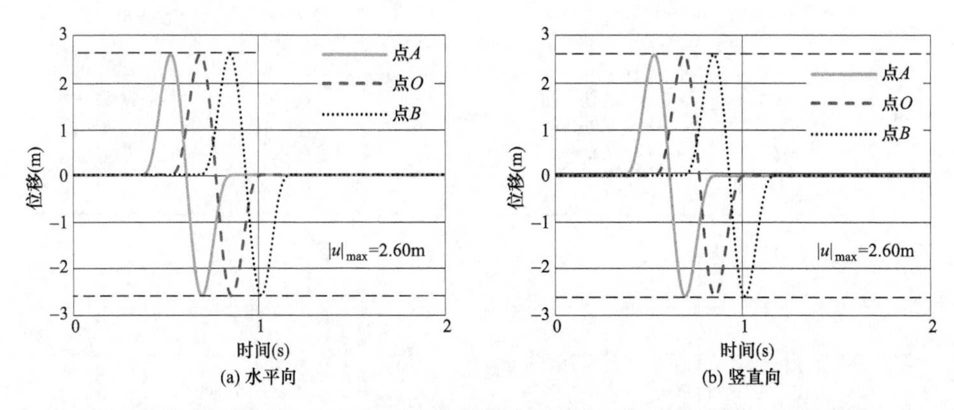

图 2-15　方法 2 中 P 波和 SV 波组合斜入射地表点 A、点 O 和点 B 位移时程

斜入射波幅值取设计地震动幅值的 1/2 且只包含一种体波（P 波、SV 波），地表自由场运动与设计地震动误差较大，难以反映设计地震动下的斜入射波作用下结构的地震响应。考虑 P 波和 SV 波对半无限空间自由场的共同作用，按入射角确定入射 P 波和 SV 波时程，获得的地表自由场运动与设计地震动吻合，并且各点地震动呈现出明显的非一致性，能够合理反映设计地震动下的斜入射波作用下结构的非一致地震响应。

2.4　平面 P 波、SV 波和 SH 波三维组合斜入射下半空间自由场

2.4.1　P 波、SV 波和 SH 波组合斜入射时程三维时域反演

基岩中入射波时程反演思路：利用未知的入射波时间序列和假定的入射方位角和斜入射角，建立未知入射波时间序列与有限域内任意空间点自由场运动的函数关系，基于控制点设计地震动与自由场运动相同的原则，反演入射波时程。

图 2-16 中，均质弹性有限域内自由场运动由斜入射 P 波、SV 波和 SH 波以及三者反射波组成，自由表面控制点 O 水平 x 向、y 向和竖直 z 向地震动位移分量分别为 $u(t)$、$v(t)$ 和 $w(t)$，可为实测地震动或人工合成的设计地震动。为了简化波动问题的复杂性，假定斜入射 P 波、SV 波和 SH 波对控制点 O 的整个运动过程均有贡献，即斜入射 P 波、SV 波和

SH 波同时到达控制点 O。斜入射 P 波、SV 波和 SH 波位移时程分别为 $g(t)$、$f(t)$ 和 $h(t)$，斜入射 P 波、SV 波和 SH 波的入射方向与水平 x 方向之间的夹角均为 γ，斜入射 P 波、SV 波和 SH 波入射方向与竖直 z 向的夹角分别为 α、θ 和 φ。在控制点 O 位置处，分别将三种类型入射波及它们的反射波产生的位移沿坐标轴正向分解，叠加计算有限域内任意一点自由场位移分量。根据控制点自由场运动分量分别与设计地震动对应分量相同的原则，在确定的场地条件和给定的入射方位角 γ 和入射角 α、θ 和 φ 下，可以反演求得斜入射 P 波、SV 波和 SH 波时间序列 $g(t)$、$f(t)$ 和 $h(t)$。

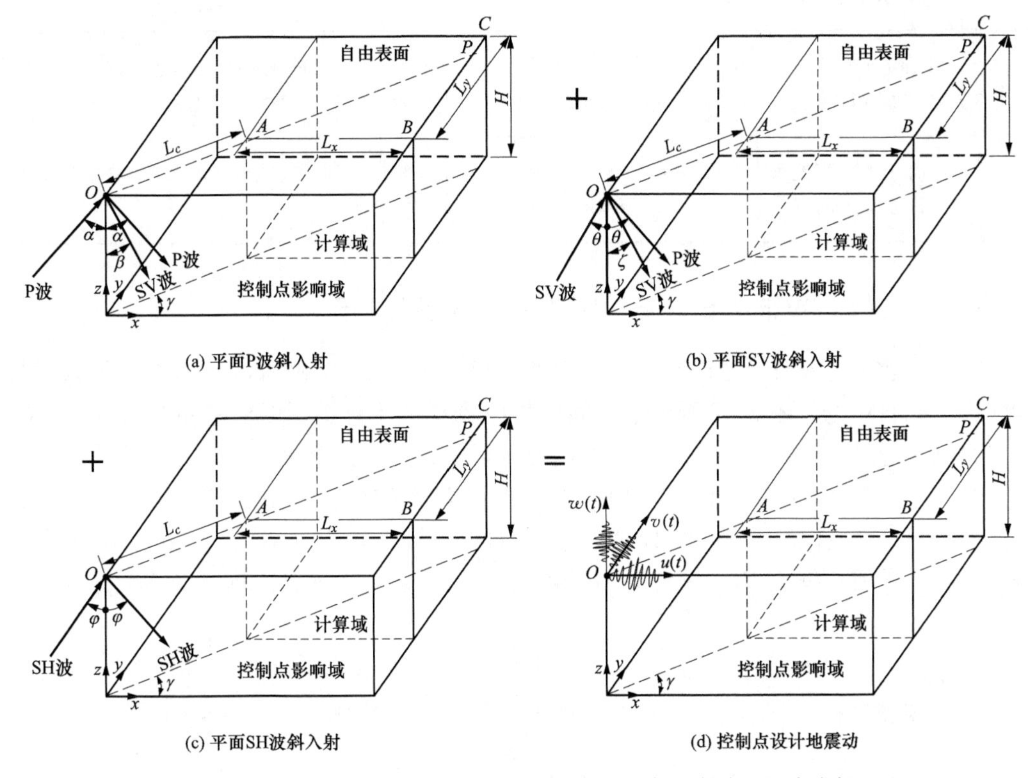

图 2-16　平面 P 波、SV 波和 SH 波三维组合斜入射半空间自由场

在控制点 O 处，入射 P 波、SV 波和 SH 波时间序列，入射方位角 γ，斜入射角 α、θ、φ 与设计地震动的函数关系可以表示成矩阵形式，即

$$\begin{bmatrix} (\sin\alpha+A_1\sin\alpha+A_2\cos\beta)\cos\gamma & (\cos\theta-B_1\cos\theta-B_2\sin\xi)\cos\gamma & -2\sin\gamma \\ (\sin\alpha+A_1\sin\alpha+A_2\cos\beta)\sin\gamma & (\cos\theta-B_1\cos\theta-B_2\sin\xi)\sin\gamma & 2\cos\gamma \\ \cos\alpha-A_1\cos\alpha+A_2\sin\beta & -\sin\theta-B_1\sin\theta+B_2\cos\xi & 0 \end{bmatrix}\cdot\begin{bmatrix} g(t) \\ f(t) \\ h(t) \end{bmatrix}=\begin{bmatrix} u(t) \\ v(t) \\ w(t) \end{bmatrix} \tag{2-65}$$

当场地介质参数已知时，在给定的角 γ、角 α、角 θ 和角 φ 下，能够确定式（2-65）左边的系数矩阵，式（2-65）右侧位移向量已知，然后对系数矩阵求逆，可以反演得到斜入射 P 波、SV 波和 SH 波时程。

式（2-65）表示地震动三维反演情况下，基岩入射波与控制点自由场运动的函数关系。当式（2-65）中 $0°\leqslant\gamma\leqslant 90°$、$\alpha=\theta=\varphi=0°$时，退化为地震动一维反演问题，当 $0°\leqslant\gamma$，$\alpha\leqslant$

90°、0°$\leqslant\theta\leqslant$arcsin（c_S/c_P），且考虑平面 P 波和 SV 波作用时，退化为地震动二维反演问题，地震动一维和二维反演是地震动三维反演的特例。表 2-2 所示为地震动一维、二维和三维反演方法的概括。

表 2-2　　地震动一维、二维和三维反演方法的概括

方法	入射方式	γ、α、θ 和 φ 取值范围	控制点地震动组成
一维	平面 P 波、SV 波和 SH 波垂直入射	0°$\leqslant\gamma\leqslant$90°、$\alpha=\theta=\varphi=0$°	x 向、y 向和 z 向地震动分别由 SV 波、SH 波和 P 波产生
二维	平面 P 波和 SV 波组合斜入射	0°$\leqslant\gamma$、$\alpha\leqslant$90°、0°$\leqslant\theta\leqslant$arcsin（c_S/c_P）	水平主震方向（x 向和 y 向合成）和 z 向地震动由 SV 波和 P 波共同产生
三维	平面 P 波、SV 波和 SH 波组合斜入射	0°$\leqslant\gamma$、α，$\varphi\leqslant$90、0°$\leqslant\theta\leqslant$arcsin(c_S/c_P)	x 向、y 向和 z 向地震动由 SH 波、SV 波和 P 波共同产生

2.4.2　P 波、SV 波和 SH 波三维组合斜入射下自由场

上节基于控制点设计地震动反演了入射波时程 $g(t)$、$f(t)$ 和 $h(t)$，本节依据入射波时程构建半空间自由场。图 2-17 所示半空间内自由场构成示意图，以地基左侧边界点 $n(x, y, z)$ 为例，边界点 $n(x, y, z)$，自由场由入射 P 波及其反射波－P 波系、入射 SV 波及其反射波－SV 波系，以及 SH 波及其反射波－SH 波系构成。利用几何关系推求 3 个波系自控制点 O 至边界结点的时间延迟函数，然后对每个波系在边界结点产生的自由场沿坐标轴方向分解，最后根据地震波叠加原理获得结点 $n(x, y, z)$ 处自由场三个正交分量。

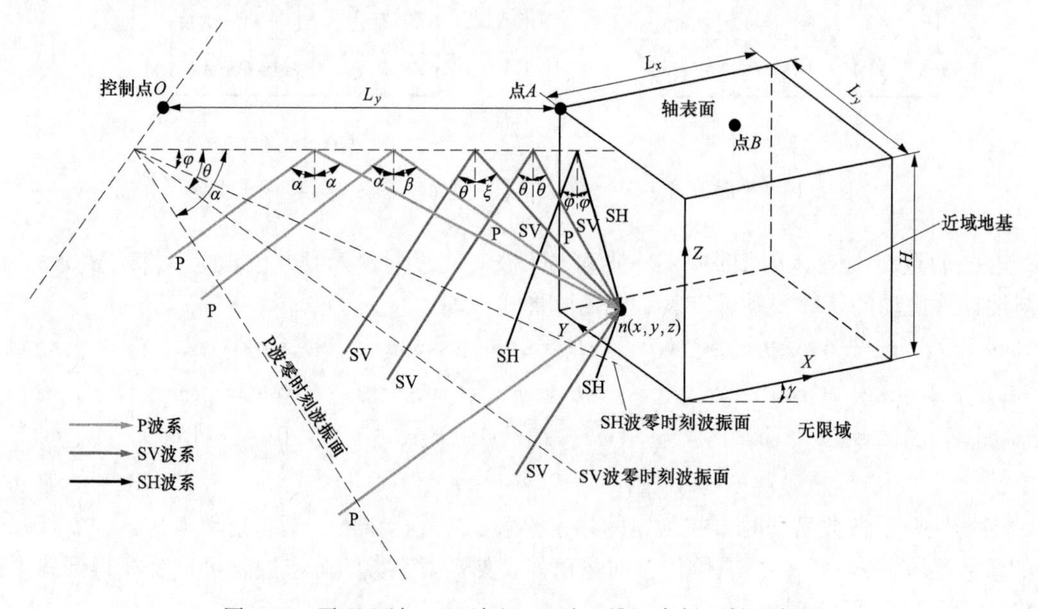

图 2-17　平面 P 波、SV 波和 SH 波三维组合斜入射示意图

结点 $n(x, y, z)$ 自由场位移分量关系为

$$\begin{cases} u(t,x,y,z)=[g(t-\Delta t_1)+A_1g(t-\Delta t_2)]\sin\alpha\cos\gamma+A_2g(t-\Delta t_3)\cos\beta\cos\gamma \\ +[f(t-\Delta t_{16})-B_1f(t-\Delta t_{17})]\cos\theta\cos\gamma-B_2f(t-\Delta t_{18})\sin\xi\cos\gamma \\ -[h(t-\Delta t_{31})+h(t-\Delta t_{32})]\sin\gamma \\ v(t,x,y,z)=[g(t-\Delta t_1)+A_1g(t-\Delta t_2)]\sin\alpha\sin\gamma+A_2g(t-\Delta t_3)\cos\beta\sin\gamma \\ +[f(t-\Delta t_{16})-B_1f(t-\Delta t_{17})]\cos\theta\sin\gamma-B_2f(t-\Delta t_{18})\sin\xi\sin\gamma \\ +[h(t-\Delta t_{31})+h(t-\Delta t_{32})]\cos\gamma \\ w(t,x,y,z)=[g(t-\Delta t_1)-A_1g(t-\Delta t_2)]\cos\alpha+A_1g(t-\Delta t_3)\sin\beta \\ -[f(t-\Delta t_{16})+B_1f(t-\Delta t_{17})]\sin\theta+B_2f(t-\Delta t_{18})\cos\xi \end{cases} \tag{2-66}$$

式中：Δt_1、Δt_2 和 Δt_3 分别为 P 波系自零时刻波阵面至点 $n(x, y, z)$ 的时间延迟函数；Δt_{16}、Δt_{17} 和 Δt_{18} 分别为 SV 波系自零时刻波阵面至点 $n(x, y, z)$ 的时间延迟函数；Δt_{31} 和 Δt_{32} 分别为 SH 波系自零时刻波阵面至点 $n(x, y, z)$ 的时间延迟函数。这里的时间延迟函数物理意义分别与 2.2.1～2.2.3 中三个波系物理含义相同，但是考虑了控制点地震动相对坝址的空间距离 L_c，三个波系时间延迟函数表达式均增加了两项，一项是控制点距离 L_c 与波系中斜入射角正弦的乘积，另一项是有限域深度 H 与波系中斜入射角余弦乘积的负数。例如平面 P 波三维斜入射，入射 P 波至点 $n(x, y, z)$ 的时间延迟为式（2-67），而对于平面 P 波、SV 波和 SH 波组合斜入射，入射 P 波至点 $n(x, y, z)$ 的时间延迟为式（2-68），即

$$\Delta t_1=\frac{y\sin\gamma\sin\alpha+z\cos\alpha}{c_P} \tag{2-67}$$

$$\Delta t_1=\frac{(y\sin\gamma+L_C)\sin\alpha-(H-z)\cos\alpha}{c_P} \tag{2-68}$$

图 2-17 中计算域边长 $L_x=L_y=1000$m，深度 $H=200$m，控制点 O 与点 A 的距离 $L_c=500$m。有限域介质的弹性模量为 2GPa，密度为 2700kg/m^3，泊松比为 0.24。以 1940 年发生在美国的 Imperial Valley-02 地震中 El Centro Array9 号台站记录到的水平两个方向位移（I_I-ELC180 和 I_I-ELC180）和竖向位移（I_I-ELC-UP）记录分别作为控制点 O 处 x 向、y 向和竖直 z 向的位移分量，控制点 O 处的 x 向、y 向和 z 向实测位移分量如图 2-18 所示。控制点 O 的地震动由 $\gamma=30°$、$\alpha=60°$的入射 P 波，$\gamma=30°$、$\theta=10°$的入射 SV 波，$\gamma=30°$、$\varphi=10°$的入射 SH 波以及它们的反射波组成。根据式（2-65）推求控制点 O 处的入射 P 波、SV 波和 SH 波时间序列，计算入射 P 波、SV 波和 SH 波自控制点至任意位置的时间延迟，然后利用地震波叠加原理构建了基于地震动一维、二维和三维反演方法下 AP 段、点 B 和点 C 的自由场位移。

2.4.2.1 AP 段自由场位移分析

图 2-19 所示为基于地震动一维和二维反演获得的自由表面 AP 段位移峰值相对地震动三维反演的误差，地震动一维反演中 $\gamma=30°$、$\alpha=\theta=\varphi=0°$，地震动二维反演中 $\gamma=30°$、$\alpha=60°$、$\theta=10°$，地震动三维反演中 $\gamma=30°$、$\alpha=60°$、$\theta=\varphi=10°$。图 2-19 表明，距离控制点 O 的距离越远，基于地震动三维反演构建的自由场位移峰值与点 O 的差异性越大，x 向位移峰值逐渐减小，y 向位移峰值逐渐增大，z 向位移峰值先增大后减小，在波形和持时上也不同于控制点，基于地震动三维反演构建的场地上地震动场呈现空间非一致性。基于地震

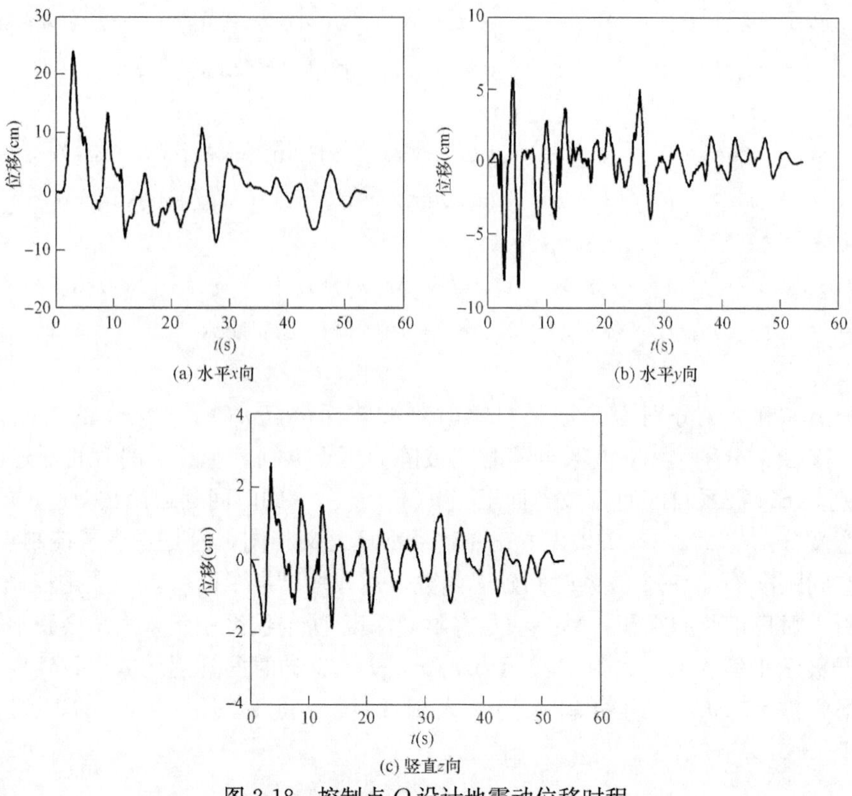

图 2-18 控制点 O 设计地震动位移时程

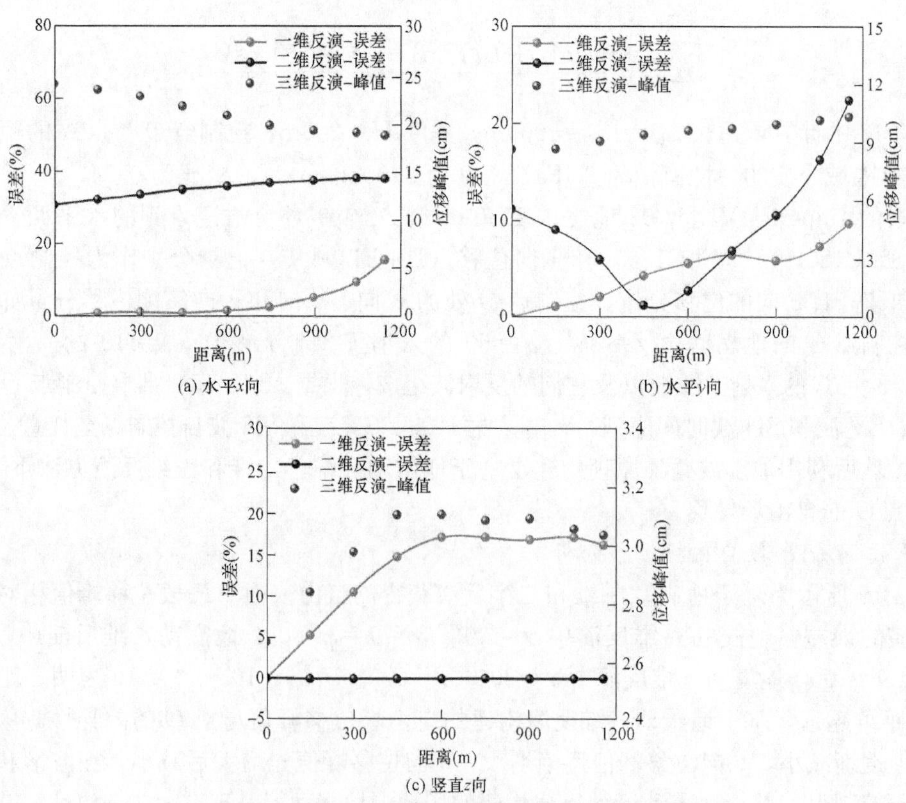

图 2-19 AP 段位移峰值相对地震动三维反演的误差

动一维和二维反演获得的位移峰值相对误差偏大，基于地震动一维反演的最大误差接近20%，基于地震动二维反演最大误差可达40%左右。

2.4.2.2 自由场位移幅值、持时和波形分析

图 2-20 和图 2-21 分别为基于地震动一维和三维反演方法构建的点 B 和点 C 处自由场位移。图 2-20 和图 2-21 表明，在同一点处，基于地震动一维反演获得的自由场位移在峰值、波形和持时上与基于地震动三维反演方法获得的结果存在显著差异。以点 C 为例，与基于地震动三维反演相比，基于地震动一维反演获得的水平 x 向位移峰值增加了 15.5%，水平 y 向和竖直 z 向位移峰分别减小了 21.5%和 10.0%，三向位移运动持时均缩短了 2.24s。

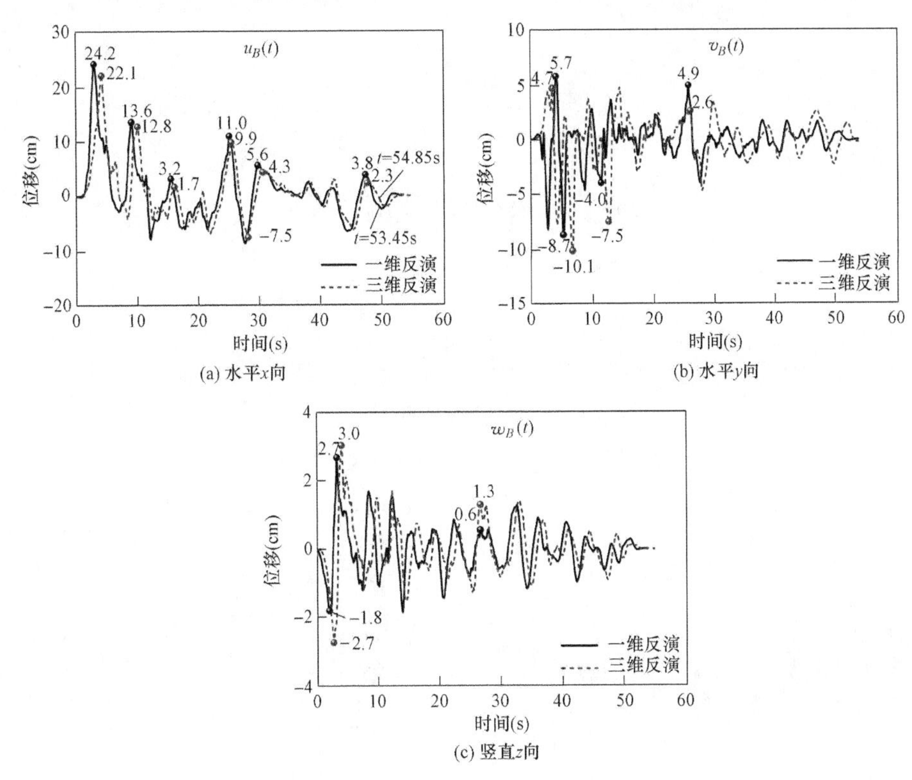

图 2-20 基于地震动一维和三维反演方法构建的点 B 处自由场位移

图 2-22 所示为基于地震动三维反演构建的点 O、点 B 和点 C 自由场位移。图 2-21 表明，基于地震动三维反演方法构建的点 B 和点 C 自由场位移运动在峰值、波形和持时上明显不同于控制点地震动，基于地震动三维反演构建的局部场地上地震动呈现空间非一致性。基于地震动一维反演方法中，自由表面各点自由场位移在峰值、波形和持时上均一致，并且各点自由场运动与控制点地震动相同。

图 2-23 和图 2-24 所示为基于地震动二维反演和三维反演构建的点 B 和点 C 处自由场位移。图 2-23 和图 2-24 表明，基于地震动二维反演获得的位移结果明显不同于基于地震动三维反演获得的结果，以点 C 为例，与地震动三维反演相比，基于地震动二维反演获得的水平 x 向和 y 向位移峰值分别减小了 44.6%和 35.8%，持时均增加了 1.33s，竖直 z 向位移峰值、波形和持时没有发生变化。与地震动三维反演相比，基于地震动二维反演获得的水平向位移结果误差较大。误差的主要原因是：将控制点水平 x 向和 y 向地震动在主震方向

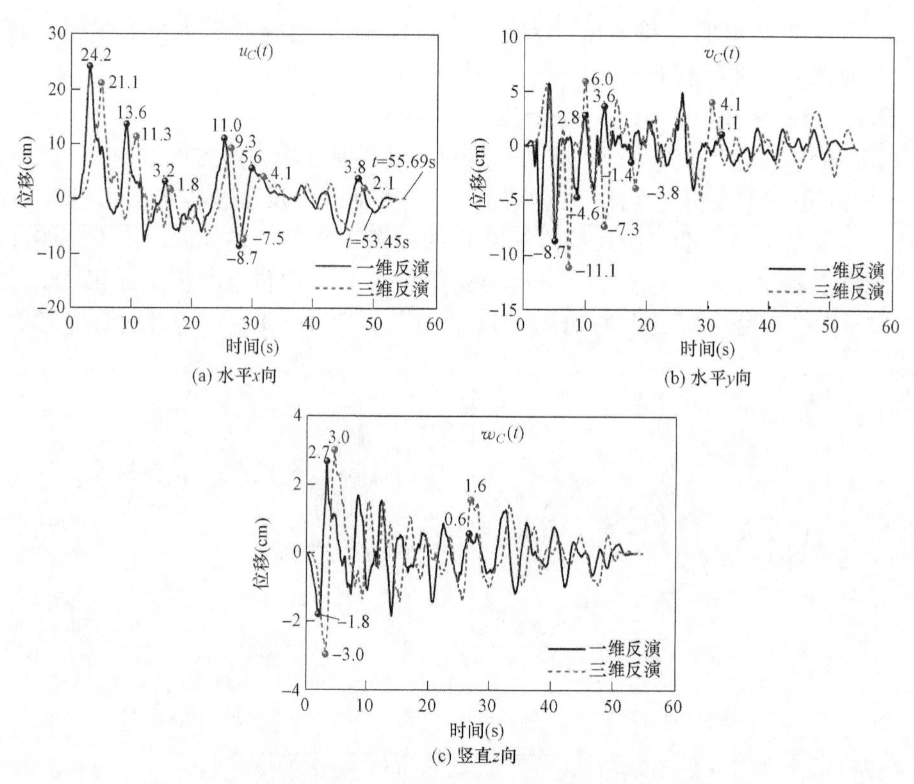

(a) 水平x向　(b) 水平y向　(c) 竖直z向

图 2-21　基于地震动一维和三维反演方法构建的点 C 处自由场位移

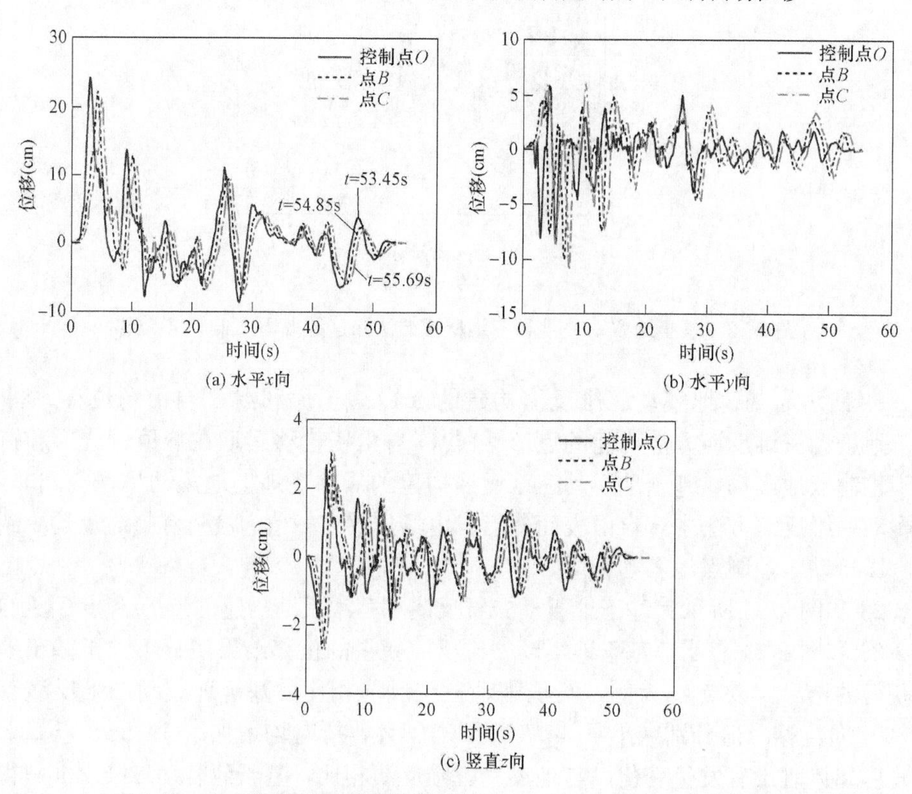

(a) 水平x向　(b) 水平y向　(c) 竖直z向

图 2-22　基于地震动三维反演构建的点 O、点 B 和点 C 自由场位移

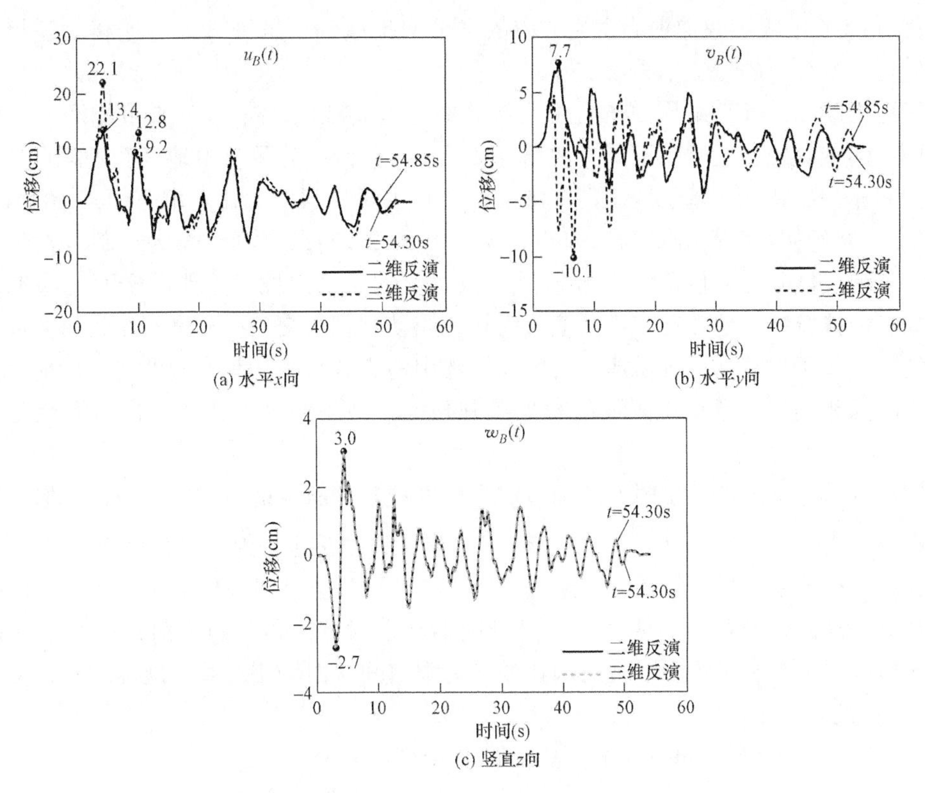

图 2-23 基于地震动二维和三维反演构建的点 B 处自由场位移

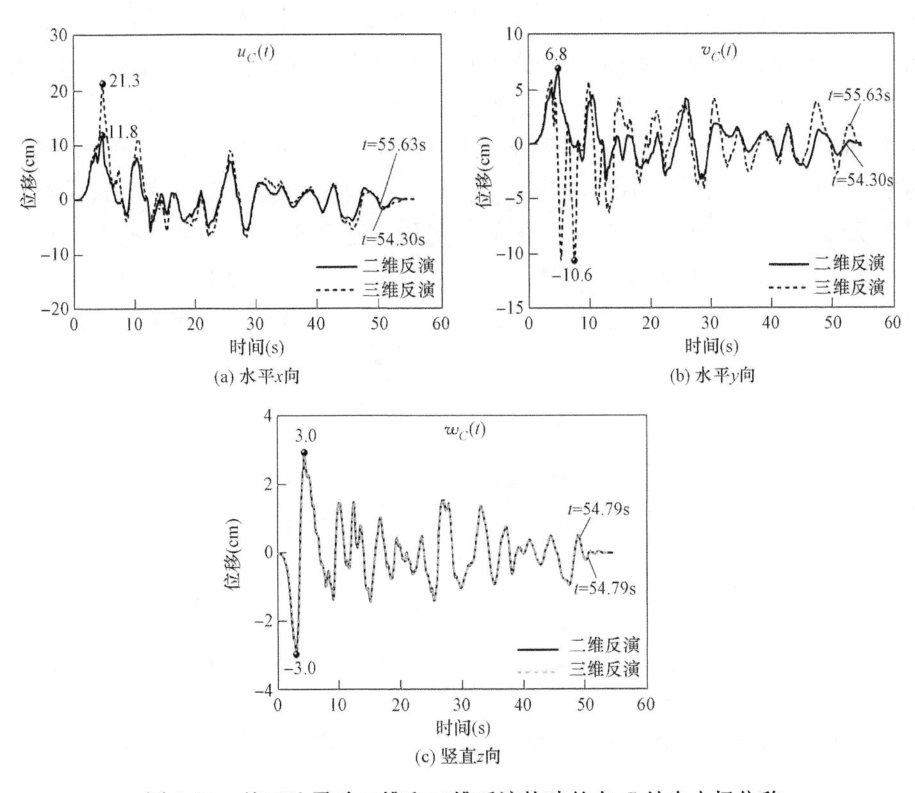

图 2-24 基于地震动二维和三维反演构建的点 C 处自由场位移

（入射方位角 γ）的投影叠加视为主震方向的水平向地震动，这种人为将地震动互相正交的三分量转化为两分量的做法不符合实际。

基于地震动二维和三维反演的自由场构建中，地震波（P 波、SV 波和 SH 波）到达自由地表面不同位置的初至时间不同，波场叠加机制不一致，导致自由地表面任意点自由场运动存在空间非一致特性。基于地震动三维反演的自由场构建中，在自由表面点 B 处，P 波、SV 波和 SH 波的初至时间分别为 1.358s、0.760s 和 2.237s。基于地震动三维反演的自由场构建考虑了地震波入射方位角 γ 和入射角 α、θ、φ 的不确定性，更能够全面反映地震波的入射方式和传播特性。地震动二维反演人为将地震动互相正交的三分量转化为两分量，不符合实际情况。基于地震动一维反演的自由场构建中地震波自底部基准面到达平坦地表面任意点的初至时间相同，任意点位置处的叠加机制相同，平坦的表面任意点自由场运动不存在差异。

不同位置处地震波的初至时间与地震波入射方位角和斜入射角度以及波速（取决于介质参数）有关。由于 $c_S/c_P=\sqrt{(1-2v)/(2-2v)}$，$v$ 为泊松比，因此 P 波和 S 波初至时间的差异与介质泊松比 υ 有关，泊松比 υ 越大，P 波和 S 波初至时间差异越大，任意点位移运动与控制点地震动的差异可能越明显。下面讨论不同入射方位角和斜入射角以及泊松比情况下，基于地震动一维和二维反演方法构建的半无限空间自由场相对基于地震动三维反演方法构建自由场的误差。

2.4.2.3 入射方位角和斜入射角对点 C 自由场的影响

图 2-25 所示为 $\gamma=30°$ 时基于地震动一维和二维反演获得的点 C 位移峰值相对基于地震动三维反演的误差随入射角（α、θ、φ）的变化，这里假定 $\alpha=\theta=\varphi$，其中地震动一维反演中入射角 $\alpha=\theta=\varphi=0°$，即图 2-25（a）分析基于入射角 $\alpha=\theta=\varphi=0°$ 构建的位移峰值相对其他不同入射角度的误差；地震动二维反演过程中入射角 $\alpha=\theta$，即图 2-25（b）分析基于二维反演入射角 $\alpha=\theta$ 构建的位移峰值相对三维反演入射角 $\alpha=\theta=\varphi$ 的误差。图 2-25（a）表明，入射方位角 γ 不变，入射角较小时，基于地震动一维反演得到的自由表面位移峰值相对误差小。入射角 $\alpha=\theta=\varphi=30°$ 时，位移峰值的相对误差达到最大。三个方向中竖直 z 向相对误差最大，点 C 竖直 z 向最大相对误差为 46.9%。图 2-25（b）表明，基于地震动二维反演获得的水平 x 向位移峰值相对误差较大，各点水平 x 向位移峰值相对误差均在 30% 以上，

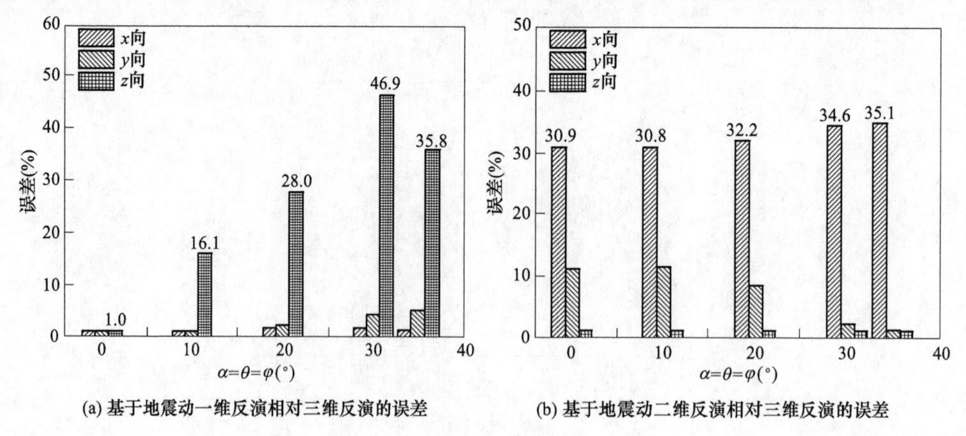

图 2-25　$\gamma=30°$ 时位移相对误差随入射角（α、θ、φ）的变化

水平 y 向在 10%左右，竖直 z 向位移峰值与基于地震动三维反演获得的值接近。

进一步分析表明，当平面 P 波、SV 波和 SH 波入射方向与竖向的夹角均相等时，平面 P 波、SV 波和 SH 波斜入射角主要影响基于地震动一维反演获得的竖直 z 向自由场分量，以及基于地震动二维反演获得的水平 x 向自由场分量。

在确定的场地条件下，入射方位角和斜入射角是影响局部场地上地震动的主要因素。由于 P 波波速大、S 波波速小，P 波和 S 波两者到达同一点的初至时间的差异性越大，该点地震动与控制点地震动的差异越大，也说明在该点基于一维反演构建的地震动与基于三维反演构建的误差越大。另外，SV 波存在入射临界角的问题，当斜入射角超过临界角时，SV 波会失去均匀平面波的特性，SV 波斜入射角的变化有限，因此可推断出入射方位角 γ 和 P 波斜入射角 α 对基于一维反演构建的位移峰值相对基于三维反演的误差的影响更大。

图 2-26 所示为基于地震动一维反演获得的点 C 位移峰值相对基于地震动三维反演的误差随入射方位角 γ 和入射角 α 的变化，其中地震动一维反演过程中 $\gamma=\alpha=\theta=\varphi=0°$，为了体现地震波斜入射，地震动三维反演过程中 $\theta=\varphi=10°$。图 2-26 表明，基于地震动一维反演获得点 C 的 x 向位移峰值相对误差随入射方位角 γ 增大而减小，随入射角 α 增大而增大，在 $\gamma=[0°, 60°]$ 和 $\alpha=[40°, 90°]$ 相交区域，位移峰值误差较大，均在 10%以上；$\gamma=10°$、

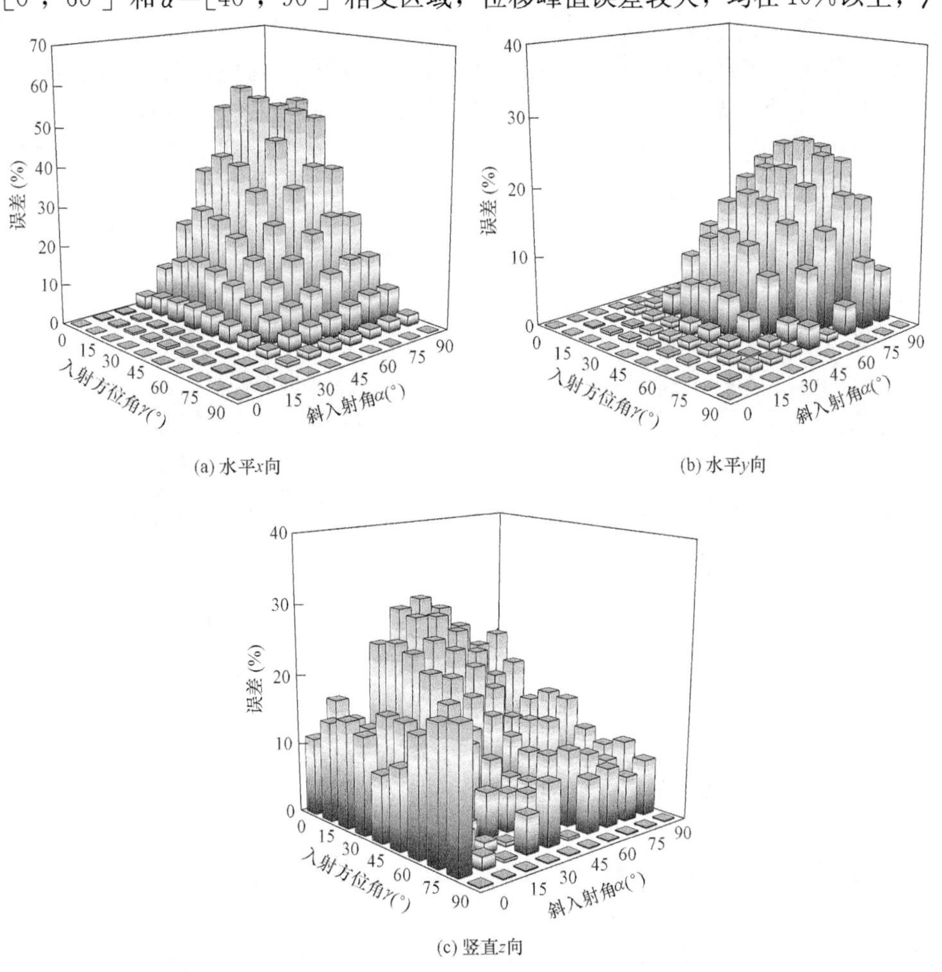

图 2-26　基于地震动一维反演的位移峰值相对三维反演的误差

$\alpha=70°$时误差最大，为55.8%。点C的y向位移峰值相对误差随入射方位角先增大后减小，随入射角α增大而增大，在$\gamma=[10°, 70°]$和$\alpha=[50°, 90°]$相交区域，位移峰值误差较大，均在10%以上，最大误差达25.3%。点C的z向位移峰值相对误差随入射方位角γ和入射角α的变化没有明显的规律，在$\gamma=[0°, 80°]$和$\alpha=[0°, 90°]$相交区域，位移峰值误差较大，最大误差接近30%。整体而言，平面P波、SV波和SH波入射方向与x轴方向夹角在10°～60°，且P波入射方向与竖直z向的夹角在50°～90°范围内，基于地震动一维反演获得的自由场误差较大。

图2-27所示为基于地震动二维反演获得点C的位移峰值相对基于地震动三维反演的误差随入射方位角γ和入射角α的变化，其中地震动二维反演过程中$\theta=10°$，地震动三维反演过程中$\theta=\varphi=10°$。图2-27表明，基于地震动二维反演获得点C的水平向位移峰值误差较大，竖向位峰值与基于地震动三维反演获得的值接近，相对误差峰值非常小，可忽略，故没有给出竖向误差变化图。当入射方位角$\gamma=90°$（即平面P波和SV波的入射方位与y轴平行）时，点C的x向位移峰值相对误差最大，达到100%，这种情况视为与y轴平行的二维平面振动问题。随着入射方位角γ减小，点C的x向位移峰值相对误差减小，入射角α对点C的相对误差影响小。当入射方位角$\gamma=0°$（即平面P波和SV波的入射方位与x轴平行）时，C点y向位移峰值相对误差最大，达到100%，这种情况视为与x轴平行的二维平面振动问题。随着入射方位角γ增大，点C的y向位移峰值相对误差减小，同样，入射角α对点C的y向相对误差影响小。导致点C的位移峰值相对误差较大的原因是地震动二维反演方法人为将水平两向地震动在主震方向合成，没有考虑地震动的另外一个方向的作用，这种做法不符合地震波传播规律，与实际情况不符。

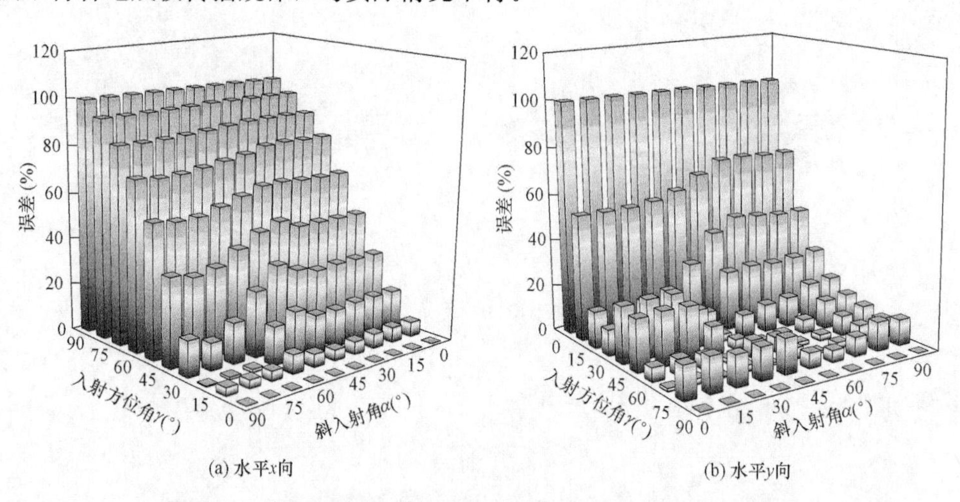

图2-27　基于地震动二维反演的位移峰值相对三维反演的误差

2.4.2.4　介质泊松比对点C自由场的影响

为揭示有限域空间介质泊松比对基于地震动一维和二维反演方法获得的相对误差的影响，图2-28所示为基于地震动一维反演和二维反演方法构建的点C位移峰值相对三维反演方法的误差随介质泊松比变化规律。图2-28（a）表明，在水平x向和y向，介质泊松比增大，基于地震动一维反演方法构建的点C位移峰值相对地震动三维反演方法的误差单调减小，泊松比从0.15增大到0.45时，x向误差从46%减小到3.0%，y向误差从20.9%减小到 1.3%，泊松比对 x 向和 y 向自由场的影响非常显著。泊松比对竖直 z 向相对误差的影响不明显，误差在 10%左右。图 2-28（b）表明，在 x 向，随着介质泊松比增大，基于地震动二维反演方法构建的点 C 位移峰值相对三维反演方法的误差增加，x 向最大误差为 36%。y 向最大误差为 25.8%，随着泊松比增大，y 向相对误差减小。泊松比不影响 z 向相对误差。

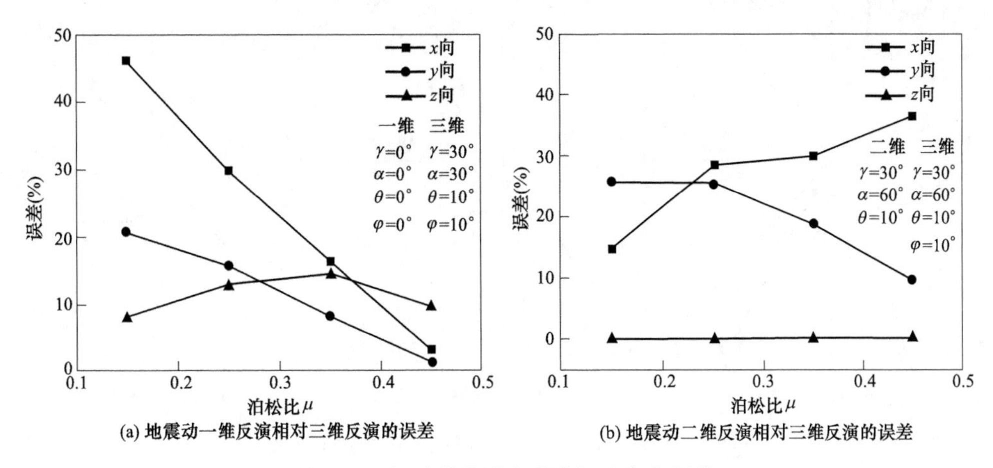

图 2-28 相对误差随介质泊松比变化规律

在大多数情况下，基于地震动一维和二维反演方法构建的位移峰值相对地震动三维反演有较大的误差，相对误差随入射方位角和入射角以及介质泊松比变化。地震动三维反演考虑了不同类型平面体波入射方位角和入射角的不确定性变化，能够反映工程场地地震动的空间差异性，更符合场地地震动形成的物理机制和地震波的传播特性，更为全面反映设计地震动控制下场地所有可能出现的地震动场的情况，因此有必要发展地震动三维反演方法。

2.5 平面 P 波和 SV 波组合垂直入射下覆盖层自由场

地震作用下覆盖层土体表现明显的非线性特性。地震波从基岩中向上传播，经过基岩-覆盖层分层面后，在非线性覆盖层的影响下，不同深度位置处地震动幅值、频谱和相位存在明显的差异[138]。由于覆盖层地基的非线性特性，难以追踪地震波的传播轨迹，因此，基岩地基的地震动反演方法和基于波场叠加理论的自由场构建方法不适用于覆盖层地基，需要通过数值方法求解覆盖层自由场。本节首先在岩体中反演了与覆盖层同等深度处的地震动，考虑了基岩-覆盖层分层面的透射放大系数，获得了覆盖层底部的输入地震动，然后采用简化的二维土柱模型模拟水平和竖直地震动双向输入下非线性覆盖层自由场，并通过近似精确解验证所采用的简化数值模型的合理性。

2.5.1 基岩-覆盖层分层面透射放大效应

2.5.1.1 透射系数

地震波入射至基岩-土分层面时会发生反射和透射，反射波往下向深部岩体内传播，透射波往上向覆盖层土体内传播。由于基岩和土体的波阻抗不同，导致反射波和透射波的振幅不同于入射波。图 2-29 所示为不同类型地震波在介质分层面处地震波传播特性示意图，ρ_1

和 ρ_2 分别表示基岩和土体密度，下标 s、r 和 t 分别表示入射波、反射波和透射波，下标 P、SV、和 SH 分别表示 P 波、SV 波和 SH 波，α、θ 和 φ 分别为 P 波、SV 波和 SH 波入射方向与分层面法线的夹角。

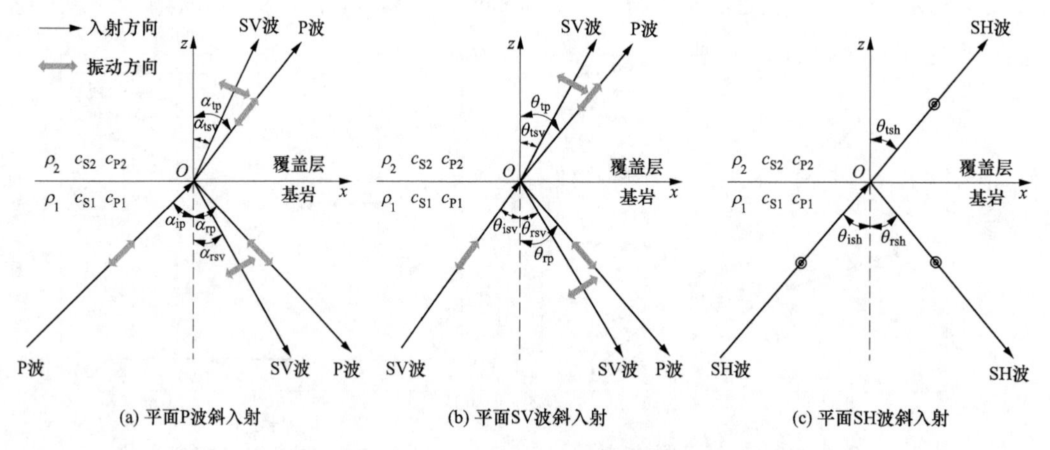

图 2-29 介质分层面处地震波传播特性示意图

以图 2-29（a）中平面 P 波斜入射为例，对介质分层面处反射系数和透射系数进行推导。根据介质分层面处应力平衡和位移协调条件，以及地震波入射角度与波速之间的 Snell 定律[102]，可得反射振幅和透射波振幅与入射波振幅之比方程组，即

$$\begin{bmatrix} \sin\alpha_{ip} & -\cos\alpha_{rsv} & \sin\alpha_{tp} & \cos\alpha_{tsv} \\ \cos\alpha_{ip} & \sin\alpha_{rsv} & -\cos\alpha_{tp} & \sin\alpha_{tsv} \\ \sin 2\alpha_{ip} & -\dfrac{c_{P1}}{c_{S1}}\cos 2\alpha_{rsv} & -\dfrac{\rho_2 c_{S2}^2 c_{P1}}{\rho_1 c_{S1}^2 c_{P2}}\sin 2\alpha_{tp} & -\dfrac{\rho_2 c_{S2} c_{P1}}{\rho_1 c_{S1}^2}\cos 2\alpha_{tsv} \\ \cos 2\alpha_{rsv} & \dfrac{c_{S1}}{c_{P1}}\sin 2\alpha_{rsv} & \dfrac{\rho_2 c_{P2}}{\rho_1 c_{P1}}\cos 2\alpha_{tsv} & -\dfrac{\rho_2 c_{S2}}{\rho_1 c_{P1}}\sin 2\alpha_{tsv} \end{bmatrix} \cdot \begin{bmatrix} A_{rp} \\ A_{tsv} \\ A_{tp} \\ A_{tsv} \end{bmatrix} = \begin{bmatrix} -\sin\alpha_{ip} \\ \cos\alpha_{ip} \\ \sin 2\alpha_{ip} \\ -\cos 2\alpha_{tsv} \end{bmatrix} \tag{2-69}$$

式中：c_{P2} 和 c_{S2} 分别表示覆盖层土体中 P 波波速和 SV 波波速；c_{P1} 和 c_{S1} 分别表示基岩中 P 波波速和 SV 波波速；A_{rp}、A_{rsv}、A_{tp} 和 A_{tsv} 分别为分层面处 P 波反射系数、SV 波反射系数、P 波透射系数和 SV 波透射系数，其余符号如图 2-29 所示。

当 P 波垂直入射时，即 $\alpha_{ip}=\alpha_{rp}=\alpha_{isv}=\alpha_{tp}=\alpha_{tsv}=0°$，则 P 波反射系数 A_{rp}、SV 波反射系数 A_{rsv}、P 波透射系数 A_{tp} 和 SV 波透射系数 A_{tsv} 为

$$\begin{cases} A_{rp}=\dfrac{\alpha_p-1}{\alpha_p+1} \\ A_{rsv}=0 \\ A_{tp}=\dfrac{2}{\alpha_p+1} \\ A_{tsv}=0 \end{cases} \tag{2-70}$$

式中：α_p 为覆盖层与基岩之间的 P 波阻抗比，即

$$\alpha_{\mathrm{p}}=\frac{\rho_2 c_{\mathrm{P2}}}{\rho_1 c_{\mathrm{P1}}}=\sqrt{\frac{(1-\mu_2)(1-2\mu_1)}{(1-\mu_1)(1-2\mu_2)}}\cdot\sqrt{\frac{G_2\rho_2}{G_1\rho_1}} \tag{2-71}$$

式中：μ_1 和 μ_2 分别表示基岩和覆盖层土体的泊松比；G_1 和 G_2 分别表示基岩和覆盖层土体的剪切模量。式（2-71）表明，P 波垂直入射分层面处的反射和透射系数与上、下层介质的密度、泊松比和剪切模量有关。

同样根据基岩-覆盖层分层面处位移协调和应力平衡条件，以及 Snell 定律，可以推出平面 SV 波和 SH 波垂直入射下基岩-覆盖层分层面处的反射系数和透射系数，即

$$\begin{cases} B_{\mathrm{rsv}}=C_{\mathrm{rsh}}=\dfrac{\alpha_{\mathrm{s}}-1}{\alpha_{\mathrm{s}}+1} \\ B_{\mathrm{rp}}=0 \\ B_{\mathrm{tsv}}=C_{\mathrm{tsh}}=\dfrac{2}{\alpha_{\mathrm{s}}+1} \\ B_{\mathrm{tp}}=0 \end{cases} \tag{2-72}$$

式中：B_{rsv}、B_{rp}、B_{tsv} 和 B_{tp} 分别为平面 SV 波垂直入射分层面处 SV 波反射系数、P 波反射系数、SV 波透射系数和 P 波透射系数；C_{rsv}、C_{tsh} 分别为平面 SH 波垂直入射分层面处 SH 波反射系数和 SH 波透射系数；α_{s} 为覆盖层与基岩之间的 S 波阻抗比，即

$$\alpha_{\mathrm{s}}=\frac{\rho_2 c_{\mathrm{S2}}}{\rho_1 c_{\mathrm{S1}}}=\sqrt{\frac{G_2\rho_2}{G_1\rho_1}} \tag{2-73}$$

式（2-73）表明，S 波垂直入射分层面处反射和透射系数与上、下层介质的密度和剪切模量有关。

2.5.1.2 地震波透射系数影响因素分析

实际工程中，土体和基岩密度以及基岩泊松比变化范围有限，可忽略两种介质密度和基岩泊松比变化对阻抗比的影响。重点讨论基岩和覆盖层动剪切模量和覆盖层泊松比对地震波透射系数的影响。基岩剪切模量由线弹性模量和泊松比求解，覆盖层土体剪切模量按沈珠江修正等效黏弹性模型[159]求解，等效黏弹性模型通过动剪切模量衰减和阻尼比变化来模拟土体应力-应变关系，采用等效线性化方法反映土体动态非线性和非弹性特性。动剪切模量和阻尼比与动剪应变的关系如下。[159]

动剪切模量为

$$G=\frac{k_2}{1+k_1\overline{\gamma}_{\mathrm{d}}}p_{\mathrm{a}}\left(\frac{\sigma'}{p_{\mathrm{a}}}\right)^n,G_{\max}=k_2 p_{\mathrm{a}}\left(\frac{\sigma'}{p_{\mathrm{a}}}\right)^n \tag{2-74}$$

阻尼比为

$$\lambda=\lambda_{\max}\frac{k_1\overline{\gamma}_{\mathrm{d}}}{1+k_1\overline{\gamma}_{\mathrm{d}}} \tag{2-75}$$

归一化剪应变为

$$\overline{\gamma}_{\mathrm{d}}=0.65\gamma_{\max}\left(\frac{\sigma'}{p_{\mathrm{a}}}\right)^{n-1} \tag{2-76}$$

式中：G 和 λ 分别为动剪切模量和阻尼比；k_1、k_2 和 n 均为试验参数；σ' 为初始围压；p_{a} 为大气压强；$\lambda_{\max}$ 为最大阻尼比；$\gamma_{\max}$ 为最大动剪应变。

由于采用等效线性化方法反映覆盖层土体的非线性特性，对于埋深较浅的覆盖层需要通

过迭代方式来获得覆盖层土体动剪切模量，进而求解基岩-覆盖层分层面处透射系数。深厚覆盖层底部土体在自重作用下初始围压较大，地震过程中土体剪切模量衰减幅度很小[160]，近似将深厚覆盖层底部土体看作线弹性材料，把式（2-74）中的最大动剪切模量当作式（2-71）和式（2-73）中的G_2，然后解析计算基岩-土体分层面处地震波透射系数。对于剪切波而言，其透射系数与土体的k_2、n和基岩的弹性模量有关。对于压缩波而言，其透射系数与土体的k_2、n和v以及基岩弹性模量有关。

为研究土体最大剪切模量系数和指数以及基岩弹性模量对地震波透射系数的影响机理，作者参考文献［84，96，136-139］中若干个实际工程覆盖层土体的k_2和n，在$\sigma'=1000$kPa（相当于150m左右深度覆盖层底部的初始围压）。图2-30为土体剪切模量G_2随k_2和n的变化规律，根据图2-30中土体剪切模量的变化范围和基岩的变化范围，图2-31和图2-32分别揭示了压缩波和剪切波透射系数随土体剪切模量和基岩弹性模量变化规律，另外，图2-33还讨论了透射系数随覆盖层土体泊松比的变化规律。

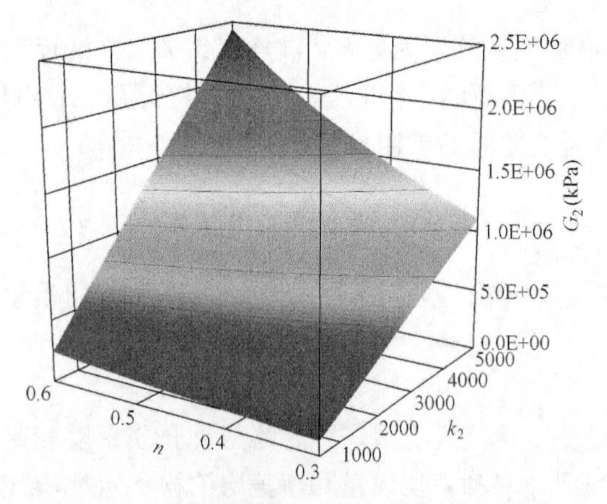

图2-30　土体剪切模量G_2随k_2和n的变化规律

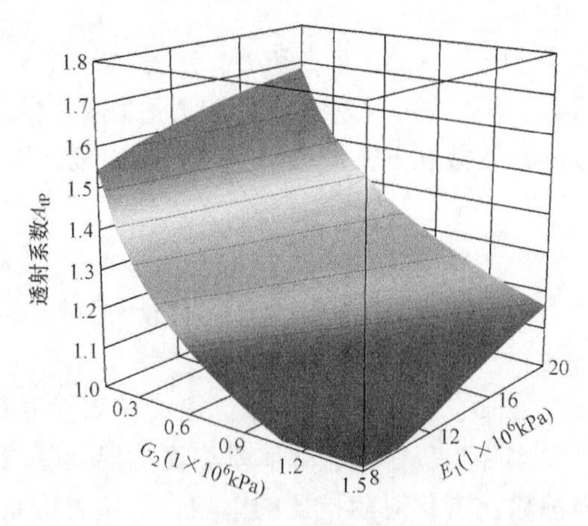

图2-31　压缩波透射系数A_{tp}随G_2和E_1的变化

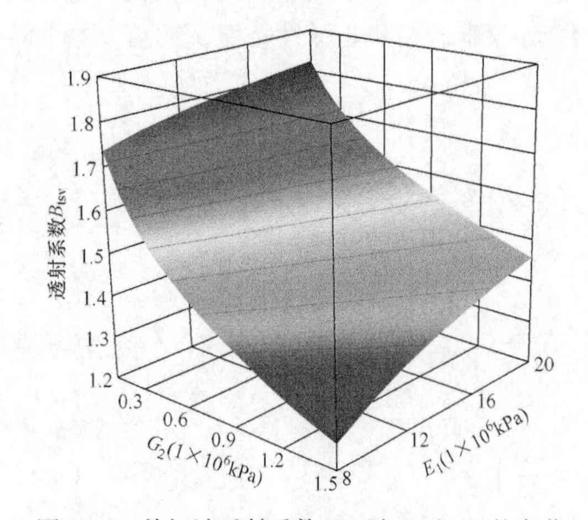

图2-32　剪切波透射系数B_{tsv}随G_2和E_1的变化

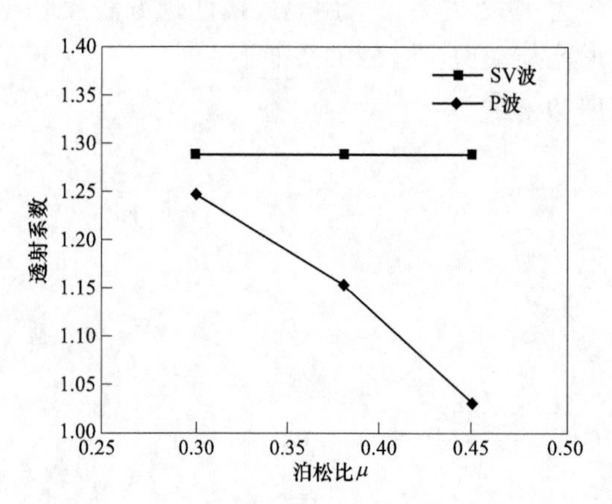

图2-33　透射系数随覆盖层土体泊松比的变化规律

图2-30表明覆盖层土体k_2和n越大，最大动剪切模量越大，其中n对最大剪切模量影

响较小。n 相同时，最大剪切模量随 k_2 的增大而显著增大。图 2-31 和图 2-32 表明，当地基弹性模量为确定值时，地震波的透射系数随土体剪切模量的减小而增大，即透射系数随 k_2 和 n 的减小而增大，说明覆盖层底部土体越软，从基岩中透过的地震动强度越大。由此可推断出，相比粗砂土-基岩分层面，细砂土-基岩分层面透过的地震动能量越强。当剪切模量由 1.2GPa 减小为 0.1GPa 时，压缩波透射系数由 1.006 增大为 1.686，剪切波透射系数由 1.308 增大为 1.826。当覆盖层底部土体最大剪切模量不变时，地震波透射系数随基岩弹性模量的增大而增大，即基岩越坚硬，介质分层面透过的地震动能量越强。覆盖层土体剪切模量对地震波透射系数的影响比基岩弹性模量的影响大。

图 2-33 表明 P 波透射系数随土体泊松比增加而减小，S 波透射系数不随土体泊松比变化。当土体泊松比由 0.3 增大为 0.45 时，P 波透射系数由 1.246 减小为 1.006。综上可见，土体和基岩力学参数对地震波的透射系数均有较大影响，且透射系数均大于 1，表明基岩-覆盖层分层面对地震波有透射放大效应，因此覆盖层底部的输入地震动不能直接取均质岩体在平坦地表的地震动或经折半再反演至与覆盖层底部同等深度岩体中的地震动。

2.5.1.3　*考虑透射放大效应的覆盖层底部输入地震动确定方法*

工程场地地震危险性分析结果中给出的设计地震动峰值加速度是工程场地所在地区半无限空间均质岩体在平坦地表的最大水平向地震动峰值加速度，同样，中国地震动参数区划图[91]中峰值加速度也是指基岩场地的地震动峰值加速度。另外，均质岩体在平坦地表的地震动是由等幅值、同相位的入射波和反射波构成，基岩上混凝土坝的输入地震动峰值加速度可取均质岩体在平坦地表地震动的幅值的 1/2[79,91]。对于深厚覆盖层地基，当把地基深度范围取至覆盖层底部时，不能简单将平坦地表地震动或者经折半，又或者反演后的地震动作为覆盖层底部的输入地震动，而需要考虑覆盖层土体-基岩分层面对地震波透射放大效应的影响。

由于工程场址地震危险性分析确定的场地波没有考虑局部地质地形条件[161-162]。为此，作者提出一种更为合理的覆盖层底部输入地震动确定方法。

（1）假定河床堆积的覆盖层为均质或成层土体，两岸为均质弹性岩体。

（2）采用地震动反演分析法推求与覆盖层底部同等深度位置岩体中的地震动，或者将半无限空间均质岩体在平坦地表的地震动进行折半，把折半后的地震动当作与覆盖层底面同等深度位置岩体中的地震动。

（3）根据覆盖层土体-基岩分层面处的波阻抗比求解地震波透射系数，将反演后的或折半后的地震动乘以透射系数，获得覆盖层底部的输入地震动。

覆盖层底部输入地震动确定流程如图 2-34 所示。

依据中国地震动参数区划图[88]确定土石坝坝址场地地震动参数，根据水工建筑物抗震设计标准[89]获得大坝设计反应谱。由设计反应谱生成均质岩体在平坦地表的地震动，例如，坝址场地设计地震动峰值加速度为 0.2g，特征周期为 0.3s，人工生成的设计地震动时程如图 2-35 所示，即为图 2-34 位置 A 处地震动。地震波垂直入射时，水平向地震动主要由 S 波引起，竖向地震动主要由 P 波引起[154]。

当岩体比较完整、深度范围较小时，地震波幅值衰减因素对自由场的影响较小，可忽略不计。为分析方便，不考虑地震波相位的影响。因此，对均质岩体在平坦地表的地震动进行 1/2 调幅，推求与覆盖层底部同等深度位置岩体中的地震动时程，即图 2-34 中位置 B 处的

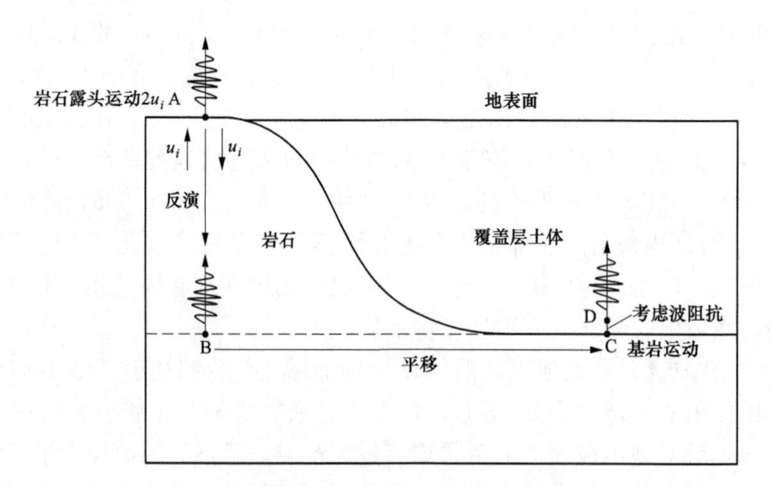

图 2-34　覆盖层底部输入地震动确定流程

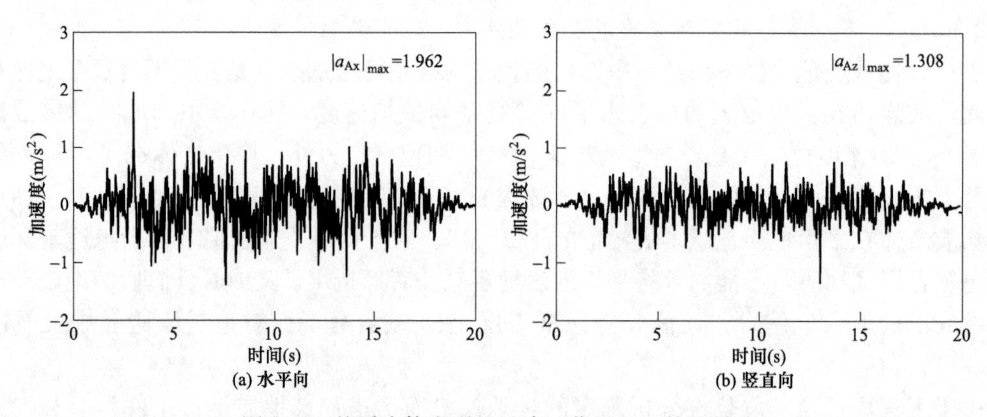

图 2-35　均质岩体在平坦地表（位置 A）的地震动

地震动。位置 C 处地震动与位置 B 处地震动相同[105]，将位置 C 处的地震动乘以覆盖层土体-基岩分层面处透射放大系数获得覆盖层底部的输入地震动，即位置 D 处地震动，如式（2-77）和式（2-78）所示。

水平向为

$$a_{Dx}(t)=\frac{1}{2}a_{Ax}(t)\times A_{tsv} \tag{2-77}$$

竖向为

$$a_{Dz}(t)=\frac{1}{2}a_{Az}(t)\times A_{tp} \tag{2-78}$$

式中：$a_{Dx}(t)$、$a_{Dz}(t)$ 分别为覆盖层底部水平向和竖向加速度时程；$a_{Ax}(t)$、$a_{Az}(t)$ 分别为平坦基岩地表的设计地震动加速度时程。

2.5.2　非线性覆盖层自由场求解

为了较为准确地获取覆盖层内自由场反应，通常在覆盖层侧向需要截取较大的计算域，达到考虑远域辐射阻尼的效果。对于覆盖层侧向需要取多大计算域的问题，楼梦麟[67]等认为覆盖层侧向延伸长度 L 取深度 H 的 7 倍，就可以忽略截断边界对覆盖层中部动力响应的影响。余翔等[84]研究了 $L/H=10$ 时，在覆盖层底部输入地震动，侧向边界设为固定、自由和剪切边界时自由场动力响应，结果表明覆盖层侧向边界条件的选取对关键部位动力响应的影响非常小，数值计算得到的覆盖层中部动力响应接近实际自由场。覆盖层侧向取足够大时，传统的数值计算方法可以获得自由场的近似精确解。当覆盖层深厚，例如西南某坝址河床覆盖层深度超过 500m 时，若侧向计算域仍然采用取 7 倍或者 10 倍覆盖层深度的做法，势必会带来巨大的计算量。本节采用简化的数值方法计算覆盖层自由场反应。

图 2-36 为深度 $H=150$m 的覆盖层，为获得传统数值计算方法下该非线性覆盖层的自由场反应，为简化数值方法计算的自由场提供参考，在覆盖层两侧向延伸 $10H$ 长度，称之为远置边界。在覆盖层底部采用吸收边界（黏性边界和黏弹性边界）并施加由底部输入地震动转化而来的等效结点荷载，在覆盖层侧向施加固定边界条件。在覆盖层底面，与黏弹性边界对应的等效结点荷载计算公式涉及时间延迟，由于覆盖层土体动剪切模量与动剪应变有关，导致地震波波速与覆盖层深度有关，难以确定地震波从覆盖层底部传播到地表面以及从地表面返回底部的时间延迟，因此黏弹性边界难以直接应用在覆盖层自由场反应计算中。刘云贺等[38]表明黏性边界计算精度与黏弹性边界相当，并且在覆盖层底面与黏性边界对应的等效结点荷载的计算公式不需要时间延迟，因此，在覆盖层底部，本节采用黏性边界模拟下卧基岩的辐射阻尼效应，以等效结点荷载方式在覆盖层底部输入地震动。

为减小计算量，Zou 等[100]和余翔等[84]在 Zienkiewicz[101]研究的基础上发展了两向地震动垂直输入下均质或成层覆盖层自由场反应分析的简化数值模型—剪切箱模型[163]，如图 2-37 所示。剪切箱模型的原理：沿覆盖层中取一列竖向网格，网格的疏密与图 2-36 中远置边界模型相同，模型两侧相同高程结点自由度绑定，以保证左右两侧水平向和竖向运动一致，在模型底部施加黏性边界和图 2-34 位置 D 处地震动转化而来的等效结点荷载，从而模拟地震波垂直作用下均质或成层非线性覆盖层自由场反应。

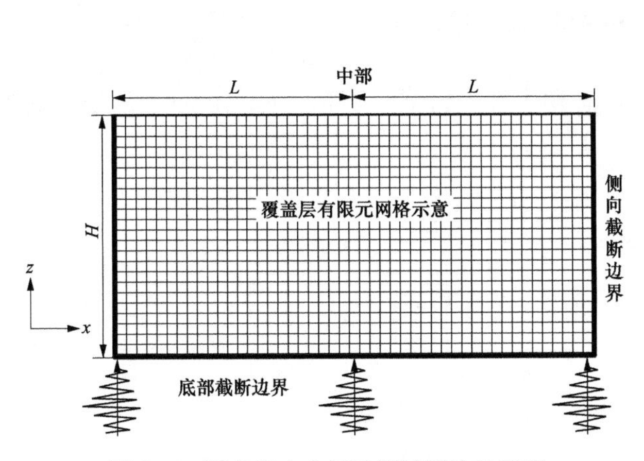

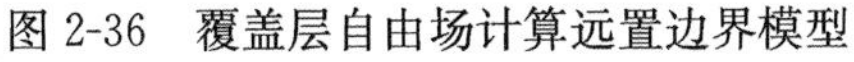
图 2-36 覆盖层自由场计算远置边界模型

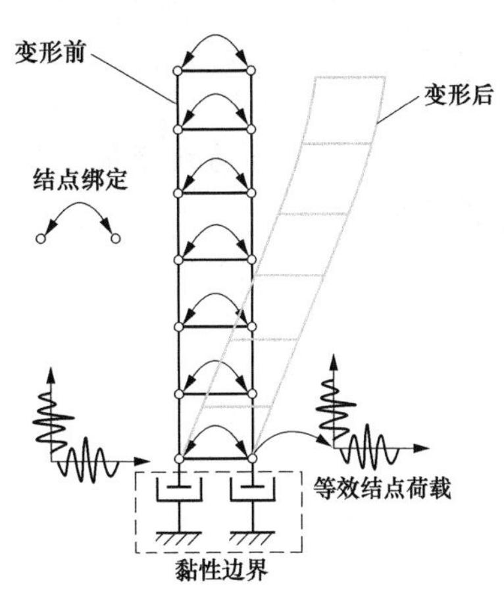

图 2-37 剪切箱模型

覆盖层土体静力计算采用邓肯-张 E-B 非线性弹性模型，静力材料参数如表 2-3 所示。动力时程计算采用等效线性方法，覆盖层土体非线性采用沈珠江建议的修正等效黏弹性模型[159]，土体的剪切模量和阻尼比均与动剪应变有关，如式（2-74）和式（2-75）所示。动力计算参数如表 2-4 所示。覆盖层下卧基岩为线弹性材料，质量密度为 2750kg/m³，弹性模量为 8GPa，泊松比为 0.24。

表 2-3　覆盖层静力计算参数

材料	ρ(t/cm³)	K	n	R_f	c(kPa)	φ_0(°)	$\Delta\varphi$(°)	K_b	m
覆盖层	2.060	1031	0.36	0.90	0	53.5	9.1	810	−0.16

注　ρ 为密度；K、n、φ_0、$\Delta\varphi$、K_b和 m 是试验常数；R_f为破坏比；c 是黏聚力。

表 2-4　动力计算参数

材料	k_1	k_2	n	λ_{max}	v
覆盖层	20.0	3895	0.460	0.1	0.45

基于表 2-4 中土体的动力参数和基岩参数，由平坦基岩地表设计地震动，考虑基岩-覆盖层分层面地震波透射系数（剪切波和压缩波透射系数分别为 1.288 和 1.006），获得覆盖层底部水平向和竖向输入地震动，如图 2-38 所示。

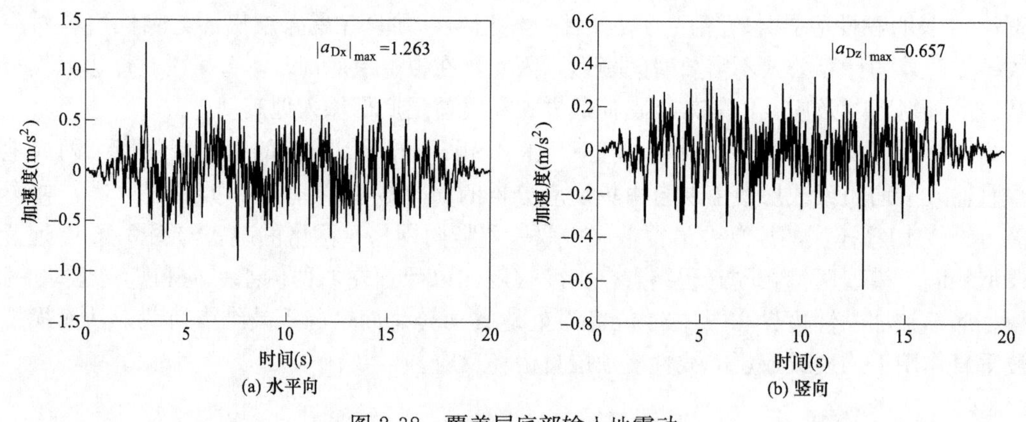

图 2-38　覆盖层底部输入地震动

图 2-39 给出了考虑透射放大系数的地震动垂直入射下剪切箱模型和远置边界模型的加速度分布。

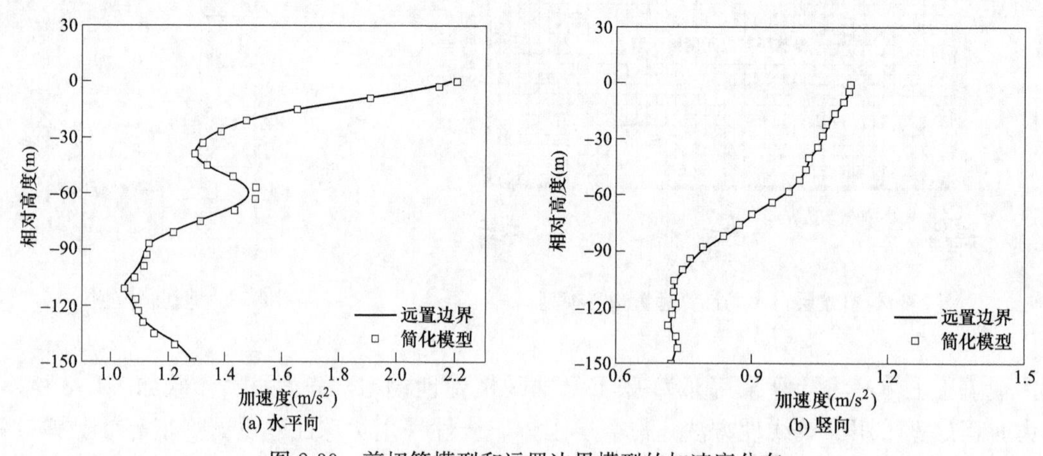

图 2-39　剪切箱模型和远置边界模型的加速度分布

图 2-39 表明剪切箱模型计算得到的加速度反应与远置边界模型拟合良好，计算精度较高，因此双向地震动垂直输入下非线性均质或成层覆盖层自由场分析可以用剪切箱模型代替远置边界模型，从而避免庞大计算量，又能够准确、高效地获得覆盖层上土石坝地震响应分析时地基水平向截断边界处的自由场。

2.6　平面 P 波和 SV 波组合斜入射下覆盖层自由场

河谷-覆盖层场地中，地震波从基岩向覆盖层内传播，在土层内发生多次反射和透射，并且发生波型转换。覆盖土层内自由场由向上的 P 波和 SV 波以及向下的 P 波和 SV 波组成，地震波在土层内发生多次往复振动，传播特性复杂，难以在时域中通过射线追踪法分离各个类型波对自由场的贡献。为此，Liu 和 Wang[102,164]提出了平面波斜入射下弹性水平成层半空间自由场时域计算的一维化有限元法。赵密等[103,165]在 Liu 和 Wang 工作的基础上，建立了更为精确的模拟基岩半空间辐射阻尼人工边界条件，提高了地震波斜入射下一维化有限元法的计算精度。然而，这种方法只能模拟地震波正演问题，无法根据基岩或土体表面地震动记录求解水平成层覆盖层中的自由场运动，实现复杂，不容易被掌握。引入波势理论[166-168]，在频域内采用传递矩阵法解析求解非线性成层覆盖层自由场，通过傅里叶逆变换求得覆盖层内自由场时域解。本节首先建立了弹性成层覆盖层自由场求解方法，在此基础上，引入等效线性化方法反映土体的动力非线性和非弹性行为，采用沈珠江改进的黏弹性模型描述土体的应力应变关系，进而建立地震波斜入射非线性成层覆盖层自由场解析求解方法。

2.6.1　弹性成层覆盖层自由场

图 2-40 中，弹性水平成层覆盖层地基由 n 层土层构成，第 i 层土拉梅常数、剪切模量、阻尼系数和密度分别为 λ_i、G_i、ξ_i 和 ρ_i，土层的厚度为 h_i。

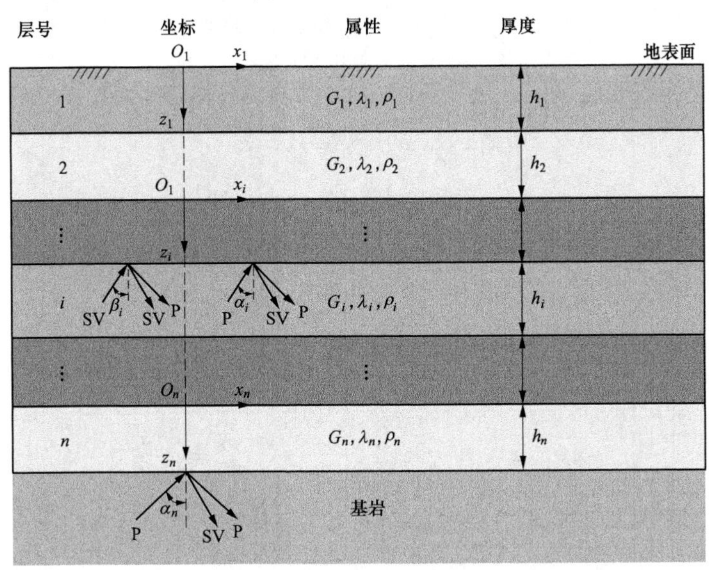

图 2-40　地震波斜入射成层覆盖层内传播示意图

在频域中，二维弹性均质各向同性介质土层位移运动如式（2-79）所示，即

$$u=\nabla\varphi+\nabla\psi \tag{2-79}$$

式中：φ 为弹性平面 P 波标量势；ψ 为弹性平面 SV 波矢量势。

基于势的波动方程为[168]

$$\begin{cases}\nabla^2\varphi=\dfrac{1}{c_{\mathrm{P}}^2}\dfrac{\partial^2\varphi}{\partial t^2}\\ \nabla^2\psi=\dfrac{1}{c_{\mathrm{S}}^2}\dfrac{\partial^2\psi}{\partial t^2}\end{cases} \tag{2-80}$$

式中：∇^2 为拉普拉斯算子；c_{P} 和 c_{S} 分别为平面 P 波和 SV 波波速。

在第 i 层土层中，满足方程式（2-80）的势函数为

$$\begin{cases}\varphi_i=E_{\mathrm{P}}^i\exp[\mathrm{j}(\omega t-k_{\mathrm{Px}}^i x_i+k_{\mathrm{Pz}}^i z_i)]+F_{\mathrm{P}}^i\exp[j(\omega t-k_{\mathrm{Px}}^i x_i-k_{\mathrm{Pz}}^i z_i)]\\ \psi_i=E_{\mathrm{S}}^i\exp[\mathrm{j}(\omega t-k_{\mathrm{Sx}}^i x_i+k_{\mathrm{Sz}}^i z_i)]+F_{\mathrm{S}}^i\exp[j(\omega t-k_{\mathrm{Sx}}^i x_i-k_{\mathrm{Sz}}^i z_i)]\end{cases} \tag{2-81}$$

式中：E_{P}^i、F_{P}^i 分别为上行 P 波和下行 P 波对应的势函数系数；x_i、z_i 分别为第 i 层的水平向和竖向坐标；E_{S}^i、F_{S}^i 分别为上行 SV 波和下行 SV 波对应的势函数系数；ω 为角频率；k_{Px}^i、k_{Pz}^i 分别为 P 波在 x 向和 z 向的波数，其中 $k_{\mathrm{Px}}^i=\omega\sin\alpha_i/c_{\mathrm{P}}^i$，$k_{\mathrm{Pz}}^i=\omega\cos\alpha_i/c_{\mathrm{P}}^i$；$k_{\mathrm{Sx}}^i$、$k_{\mathrm{Sz}}^i$ 分别为 SV 波在 x 向和 z 向的波数，其中 $k_{\mathrm{Sx}}^i=\omega\sin\beta_i/c_{\mathrm{S}}^i$，$k_{\mathrm{Sz}}^i=\omega\cos\beta_i/c_{\mathrm{S}}^i$；$\alpha_i$、$\beta_i$ 分别为 P 波和 SV 波入射角。

由 Snell 定律[103]，地震波入射角和波速存在以下关系，即

$$\begin{cases}\dfrac{\sin\alpha_i}{c_{\mathrm{P}}^i}=\dfrac{\sin\beta_i}{c_{\mathrm{S}}^i}=\dfrac{\sin\alpha_{i-1}}{c_{\mathrm{P}}^{i-1}}=\dfrac{\sin\beta_{i-1}}{c_{\mathrm{S}}^{i-1}}\\ k_{\mathrm{Px}}^i=k_{\mathrm{Sx}}^i=k_{\mathrm{x}}\end{cases} \tag{2-82}$$

第 i 层土层内部 x 方向和 z 方向位移可由势函数表示，分别为[167]

$$\begin{cases}u_x^i(x,z,\omega)=\dfrac{\partial\varphi_i}{\partial x}-\dfrac{\partial\psi_i}{\partial z}\\ u_z^i(x,z,\omega)=\dfrac{\partial\varphi_i}{\partial z}+\dfrac{\partial\psi_i}{\partial x}\end{cases} \tag{2-83}$$

第 i 层土层内部速度通过位移求导获得，x 向和 z 向速度表示为

$$\begin{cases}\dot{u}_x^i(x,z,\omega)=\mathrm{j}\omega u_x^i(x,z,\omega)\\ \dot{u}_z^i(x,z,\omega)=\mathrm{j}\omega u_z^i(x,z,\omega)\end{cases} \tag{2-84}$$

第 i 层土层内部应力表示为

$$\begin{cases}\sigma_{xx}^i(x,z,\omega)=\lambda_i\left(\dfrac{\partial^2\varphi_i}{\partial x^2}+\dfrac{\partial^2\varphi_i}{\partial z^2}\right)+2G_i\left(\dfrac{\partial^2\varphi_i}{\partial x^2}-\dfrac{\partial^2\psi_i}{\partial x\partial z}\right)\\ \sigma_{zz}^i(x,z,\omega)=\lambda_i\left(\dfrac{\partial^2\varphi_i}{\partial x^2}+\dfrac{\partial^2\varphi_i}{\partial z^2}\right)+2G_i\left(\dfrac{\partial^2\varphi_i}{\partial z^2}+\dfrac{\partial^2\psi_i}{\partial x\partial z}\right)\\ \sigma_{xz}^i(x,z,\omega)=G_i\left(2\dfrac{\partial^2\varphi_i}{\partial x\partial z}+\dfrac{\partial^2\psi_i}{\partial x^2}-\dfrac{\partial^2\psi_i}{\partial z^2}\right)\end{cases} \tag{2-85}$$

将式（2-81）分别代入式（2-83）和式（2-85），得到以下方程式，即

$$[u_x^i(x,z,\omega)\quad u_z^i(x,z,\omega)\quad \sigma_{zz}^i(x,z,\omega)\quad \sigma_{xz}^i(x,z,\omega)]^{\mathrm{T}}=\boldsymbol{Q}^i\boldsymbol{E}^i\boldsymbol{U}^i \tag{2-86}$$

式中：$\boldsymbol{Q}^i$ 为第 i 层幅值系数矩阵；$\boldsymbol{E}^i$ 为第 i 层势函数幅值矩阵；$\boldsymbol{U}^i$ 为第 i 层势函数指数矩

阵，即

$$
\boldsymbol{Q}^i = \begin{bmatrix} -\mathrm{j}k_x & -\mathrm{j}k_x & -\mathrm{j}k_{\mathrm{Sz}}^i & \mathrm{j}k_{\mathrm{Sz}}^i \\ \mathrm{j}k_{\mathrm{Pz}}^i & -\mathrm{j}k_{\mathrm{Pz}}^i & -\mathrm{j}k_x & -\mathrm{j}k_x \\ \lambda_i(k_x)^2-(\lambda_i+2G_i)(k_{\mathrm{Pz}}^i)^2 & \lambda_i(k_x)^2-(\lambda_i+2G_i)(k_{\mathrm{Pz}}^i)^2 & 2G_ik_{\mathrm{Sz}}^ik_x & -2G_ik_{\mathrm{Sz}}^ik_x \\ 2G_ik_{\mathrm{Pz}}^ik_x & -2G_ik_{\mathrm{Pz}}^ik_x & G_i[(k_{\mathrm{Sz}}^i)^2-(k_x)^2] & G_i[(k_{\mathrm{Sz}}^i)^2-(k_x)^2] \end{bmatrix} \tag{2-87}
$$

$$
\boldsymbol{E}^i = [E_{\mathrm{P}}^i \quad F_{\mathrm{P}}^i \quad E_{\mathrm{S}}^i \quad F_{\mathrm{S}}^i]^T \tag{2-88}
$$

$$
\boldsymbol{U}^i = \begin{bmatrix} \exp[\mathrm{j}(\omega t-k_xx+k_{\mathrm{Pz}}^iz)] & & & \\ & \exp[\mathrm{j}(\omega t-k_xx-k_{\mathrm{Pz}}^iz)] & & \\ & & \exp[\mathrm{j}(\omega t-k_xx+k_{\mathrm{Sz}}^iz)] & \\ & & & \exp[\mathrm{j}(\omega t-k_xx-k_{\mathrm{Sz}}^iz)] \end{bmatrix} \tag{2-89}
$$

相邻土层分层面满足位移和应力连续条件，则

$$
\begin{cases} u_x^i(\forall x^i, z^i=h^i, \omega)=u_x^{i+1}(\forall x^{i+1}, z^{i+1}=0, \omega) \\ u_z^i(\forall x^i, z^i=h^i, \omega)=u_z^{i+1}(\forall x^{i+1}, z^{i+1}=0, \omega) \\ \sigma_{zz}^i(\forall x^i, z^i=h^i, \omega)=\sigma_{zz}^{i+1}(\forall x^{i+1}, z^{i+1}=0, \omega) \\ \sigma_{xz}^i(\forall x^i, z^i=h^i, \omega)=\sigma_{xz}^{i+1}(\forall x^{i+1}, z^{i+1}=0, \omega) \end{cases} \tag{2-90}
$$

将式（2-90）代入式（2-86），可得到如下方程式，即

$$
\boldsymbol{E}^{i+1}=(\boldsymbol{Q}^{j+1})^{-1}\boldsymbol{Q}^j\boldsymbol{d}^j\boldsymbol{E}^i \tag{2-91}
$$

式中

$$
\boldsymbol{d}^i = \begin{bmatrix} \exp(\mathrm{j}k_{\mathrm{Pz}}^ih^i) & & & \\ & \exp(-\mathrm{j}k_{\mathrm{Pz}}^ih^i) & & \\ & & \exp(\mathrm{j}k_{\mathrm{Sz}}^ih^i) & \\ & & & \exp(-\mathrm{j}k_{\mathrm{Sz}}^ih^i) \end{bmatrix} \tag{2-92}
$$

根据式（2-91）可以推出第 n 层（最底层）势函数幅值矩阵与第 1 层（最顶层）势函数幅值矩阵的关系式为

$$
\boldsymbol{E}^n=\prod_{i=n-1}^{1}(\boldsymbol{Q}^{i+1})^{-1}\boldsymbol{Q}^i\boldsymbol{d}^i\boldsymbol{E}^i=\boldsymbol{K}_{n-1,1}\boldsymbol{E}^1 \tag{2-93}
$$

式中：$\boldsymbol{K}_{n-1,1}$ 为第 n 层和第 1 层之间的幅值传递矩阵。

（1）当覆盖层地表面或基岩露头地震动已知，即覆盖层表面点 O_1 的 x 向和 z 向位移运动分别为 $u_x^1(0, 0, t)$ 和 $u_z^1(0, 0, t)$，通过传递矩阵法求解覆盖层任意位置自由场运动。对地表地震动位移时程进行傅里叶变换，得到 $u_x^1(0, 0, \omega)$ 和 $u_z^1(0, 0, \omega)$，则存在以下方程式，即

$$
\begin{cases} -\mathrm{j}k_xE_{\mathrm{P}}^1-\mathrm{j}k_xF_{\mathrm{P}}^1-\mathrm{j}k_{\mathrm{Sz}}^1E_{\mathrm{S}}^1+\mathrm{j}k_{\mathrm{Sz}}^1F_{\mathrm{S}}^1=u_x^1(0,0,\omega) \\ \mathrm{j}k_{\mathrm{Pz}}^1E_{\mathrm{P}}^1-\mathrm{j}k_{\mathrm{Pz}}^1F_{\mathrm{P}}^1-\mathrm{j}k_xE_{\mathrm{S}}^1-\mathrm{j}k_xF_{\mathrm{S}}^1=u_z^1(0,0,\omega) \\ [\lambda_1(k_x)^2-(\lambda_1+2G_1)(k_{\mathrm{Pz}}^1)^2](E_{\mathrm{P}}^1+F_{\mathrm{P}}^1)+2G_1k_{\mathrm{Sz}}^1k_x(E_{\mathrm{S}}^1+F_{\mathrm{S}}^1)=0 \\ 2G_1k_{\mathrm{Pz}}^1k_x(E_{\mathrm{P}}^1-F_{\mathrm{P}}^1)+G_1[(k_{\mathrm{Sz}}^1)^2-(k_x)^2](E_{\mathrm{S}}^1-F_{\mathrm{S}}^1)=0 \end{cases} \tag{2-94}
$$

由式（2-94）求解最顶层势函数幅值矩阵 $\boldsymbol{E}^1$，根据式（2-93）中传递矩阵依次求解覆盖层每

一层的幅值矩阵，然后通过式（2-86）在频域内获得每一层的位移和应力，最后对位移和应力进行傅里叶逆变换，求解出每一层的位移和应力时程。

（2）当覆盖层底部点 O_{n+1} 入射地震动已知时，x 向和 z 向入射位移时程分别为 $u_x^n(0, h_n, t)$ 和 $u_z^n(0, h_n, t)$，对入射位移时程进行傅里叶变换，得到频域内位移 $u_x^n(0, h_n, \omega)$、$u_z^n(0, h_n, \omega)$，则有如下方程式。

P 波斜入射为

$$\begin{cases} E_{\mathrm{P}}^n(\omega)=\dfrac{u_x^n(\omega)}{-\mathrm{j}k_x} \text{或} E_{\mathrm{P}}^n(\omega)=\dfrac{u_z^n(\omega)}{-\mathrm{j}k_{\mathrm{Pz}}^n} \\ E_{\mathrm{S}}^n(\omega)=0 \\ [\lambda_1(k_x)^2-(\lambda_1+2G_1)(k_{\mathrm{Pz}}^1)^2](E_{\mathrm{P}}^1+F_{\mathrm{P}}^1)+2G_1k_{\mathrm{Sz}}^1k_x(E_{\mathrm{S}}^1+F_{\mathrm{S}}^1)=0 \\ 2G_1k_{\mathrm{Pz}}^1k_x(E_{\mathrm{P}}^1-F_{\mathrm{P}}^1)+G_1[(k_{\mathrm{Sz}}^1)^2-(k_x)^2](E_{\mathrm{S}}^1-F_{\mathrm{S}}^1)=0 \end{cases} \tag{2-95}$$

SV 波斜入射为

$$\begin{cases} E_{\mathrm{P}}^n(\omega)=0 \\ E_{\mathrm{S}}^n(\omega)=\dfrac{u_x^n(\omega)}{-\mathrm{j}k_{\mathrm{Sz}}^n} \text{或} E_{\mathrm{S}}^n(\omega)=\dfrac{u_z^n(\omega)}{-\mathrm{j}k_x} \\ [\lambda_1(k_x)^2-(\lambda_1+2G_1)(k_{\mathrm{Pz}}^1)^2](E_{\mathrm{P}}^1+F_{\mathrm{P}}^1)+2G_1k_{\mathrm{Sz}}^1k_x(E_{\mathrm{S}}^1+F_{\mathrm{S}}^1)=0 \\ 2G_1k_{\mathrm{Pz}}^1k_x(E_{\mathrm{P}}^1-F_{\mathrm{P}}^1)+G_1[(k_{\mathrm{Sz}}^1)^2-(k_x)^2](E_{\mathrm{S}}^1-F_{\mathrm{S}}^1)=0 \end{cases} \tag{2-96}$$

联合式（2-93）和式（2-95）或者式（2-93）和式（2-96）求解第一层幅值矩阵 $\boldsymbol{E}^1$，然后按照上述方法可求解覆盖层内每一层的自由场位移、速度和应力时程。

2.6.2 非线性成层覆盖层自由场

地震作用下，土体即使在较小的应变水平下也呈现非线性特性，土体非线性显著影响结构地震响应。本节采用等效线性化方法反映土体的动力非线性和非弹性，每一次覆盖层自由场计算为线性计算，计算效率高，这种方法被广泛应用于场地地震反应分析。采用沈珠江改进的黏弹性模型[159]描述土体的应力应变关系，土体的等效动剪切模量比 G 和等效阻尼比 λ 是归一化剪应变 $\overline{\gamma}_{\mathrm{d}}$ 的函数。等效动剪切模量和等效阻尼比与动剪应变的关系见式（2-74）和式（2-75）。

式（2-74）和式（2-75）中的最大动剪应变 $\gamma_{\max}$ 由主应变求得，最大动剪应变与主应变的关系为[105]

$$\begin{cases} \gamma_{\max}=\varepsilon_1-\varepsilon_3 \\ \varepsilon_1=\dfrac{\varepsilon_{xx}+\varepsilon_{zz}}{2}+\dfrac{\sqrt{(\varepsilon_{xx}-\varepsilon_{zz})^2+\gamma_{xz}^2}}{2} \\ \varepsilon_3=\dfrac{\varepsilon_{xx}+\varepsilon_{zz}}{2}-\dfrac{\sqrt{(\varepsilon_{xx}-\varepsilon_{zz})^2+\gamma_{xz}^2}}{2} \end{cases} \tag{2-97}$$

式中：ε_1、ε_3 分别为最大主应变和最小主应变；ε_{xx}、ε_{zz}、γ_{xz} 分别为 x 向、z 向正应变和剪应变，通过位移应变关系计算，则

$$\begin{cases} \varepsilon_{xx}-\varepsilon_{zz}=\dfrac{\partial^2\varphi}{\partial^2 x}-2\dfrac{\partial^2\psi}{\partial x\partial z}-\dfrac{\partial^2\varphi}{\partial^2 z} \\ \gamma_{xz}=\dfrac{2\partial^2\varphi}{\partial x\partial z}-\dfrac{\partial^2\psi}{\partial^2 z}+\dfrac{\partial^2\psi}{\partial^2 x} \end{cases} \tag{2-98}$$

每一层等效动剪切模量和等效阻尼比通过多次迭代获得，以适应每一土层的动应变水平，迭代收敛标准为本次迭代归一化剪应变与前一次归一化剪应变之差小于允许值。

2.7 本章小结

本章分析了不规则地形场地非一致地震动总波场分解方案。基于深部基岩入射波时程和波场叠加原理，构建了平面P波、SV波和SH波空间三维斜入射下均质弹性半空间自由场。基于地表两向设计地震动，在二维平面内反演了基岩中入射波时程，构建了平面P波和SV波二维组合斜入射下半空间自由场；基于地表三向设计地震动提出了地震动三维时域反演方法，进而构建了基于设计地震动的平面P波、SV波和SH波三维组合斜入射半空间自由场。探讨了覆盖层底部输入地震动确定方法，采用简化数值模型-剪切箱模型获得了地震波垂直入射非线性覆盖层自由场，并与近似参考解进行了对比验证。利用传递矩阵法结合等效线性化方法反演和正演了地震波斜入射下非线性成层覆盖层自由场。并讨论了影响自由场的主要因素，主要结论如下。

(1) 平面P波、SV波和SH波空间三维斜入射时，入射方向与水流向夹角以及入射方向与地表法线夹角对地表自由场地震动强度有显著影响。与垂直入射相比，斜入射方式下地表某一方向自由场地震动强度不再是入射波强度的2倍，而是三个方向地震动强度成比例关系，这一关系随入射方向与水流向夹角以及入射方向与地表法线夹角变化。

(2) 基于两向设计地震动的斜入射波反演方法不能考虑三向地震动作用。基于三向设计地震动的斜入射波反演方法考虑了三向地震作用，并且体现了入射方向任意性，能够更全面反映场地所有可能出现的地震动场情况。对比分析了地震动一维和二维反演相对三维反演的误差，相对误差主要受入射方位角和斜入射角以及介质泊松比的影响，并且不可忽略。

(3) 基岩-覆盖层分层面对上行透射波有放大效应，确定覆盖层底部输入地震动需要考虑透射放大效应。剪切箱数值模型能够高效准确地获得地震波垂直入射下非线性覆盖层自由场。传递矩阵法结合等效线性化法适用于解析求解地震波斜入射下非线性成层覆盖层自由场，不仅能够根据基岩或者深处覆盖层内地震动正演覆盖层自由场，也能基于地表地震动反演覆盖层自由场。解决了地震波斜入射非线性成层覆盖层自由场无法解析求解的难题。

3

地震波不同入射方式下非一致波动输入方法

3.1 概　　述

第 2 章构建了不同入射波型和入射方式以及不同场地地质条件下自由场运动，本节将自由场运动转化为黏弹性人工边界结点上的等效结点荷载。等效结点荷载计算公式为[77]

$$\boldsymbol{F}_{\mathrm{B}}^{\mathrm{F}}=(\boldsymbol{K}\boldsymbol{u}_{\mathrm{B}}^{\mathrm{F}}+\boldsymbol{C}\dot{\boldsymbol{u}}_{\mathrm{B}}^{\mathrm{F}}+\boldsymbol{\sigma}_{\mathrm{B}}^{\mathrm{F}})A_{\mathrm{B}} \tag{3-1}$$

式中：$\boldsymbol{K}$ 和 $\boldsymbol{C}$ 分别为人工边界上均匀分布的刚度和阻尼系数矩阵，当边界外法线方向与 x 轴平行时，$\boldsymbol{K}=\begin{bmatrix}K_{\mathrm{N}} & & \\ & K_{\mathrm{T}} & \\ & & K_{\mathrm{T}}\end{bmatrix}$、$\boldsymbol{C}=\begin{bmatrix}C_{\mathrm{N}} & & \\ & C_{\mathrm{T}} & \\ & & C_{\mathrm{T}}\end{bmatrix}$；当边界外法线方向与 y 轴平行时，$\boldsymbol{K}=\begin{bmatrix}K_{\mathrm{T}} & & \\ & K_{\mathrm{N}} & \\ & & K_{\mathrm{T}}\end{bmatrix}$、$\boldsymbol{C}=\begin{bmatrix}C_{\mathrm{T}} & & \\ & C_{\mathrm{N}} & \\ & & C_{\mathrm{T}}\end{bmatrix}$，当边界外法线方向与 z 轴平行时，$\boldsymbol{K}=\begin{bmatrix}K_{\mathrm{T}} & & \\ & K_{\mathrm{T}} & \\ & & K_{\mathrm{N}}\end{bmatrix}$、$\boldsymbol{C}=\begin{bmatrix}C_{\mathrm{T}} & & \\ & C_{\mathrm{T}} & \\ & & C_{\mathrm{N}}\end{bmatrix}$；$K_{\mathrm{T}}$ 和 K_{N} 分别为边界切向和法向刚度系数，C_{T} 和 C_{N} 分别为边界切向和法向阻尼系数，按照杜修力等[34]提出的应力人工边界条件取值，具体取值见式（3-2）～式（3-5）；$\boldsymbol{u}_{\mathrm{B}}^{\mathrm{F}}$ 和 $\dot{\boldsymbol{u}}_{\mathrm{B}}^{\mathrm{F}}$ 分别为边界上的自由场位移矢量和速度矢量；$\boldsymbol{\sigma}_{\mathrm{B}}^{\mathrm{F}}$ 为边界上的自由场应力张量；A_{B} 为边界结点影响面积。

二维为

$$K_{\mathrm{T}}=\frac{1}{1+A}\frac{G}{2R_{\mathrm{B}}}\,,K_{\mathrm{N}}=\frac{1}{1+A}\frac{\lambda+G}{2R_{\mathrm{B}}} \tag{3-2}$$

$$C_{\mathrm{T}}=B\rho c_{\mathrm{S}}\,,C_{\mathrm{N}}=B\rho c_{\mathrm{P}} \tag{3-3}$$

三维为

$$K_{\mathrm{T}}=\frac{1}{1+A}\frac{G}{R_{\mathrm{B}}}\,,K_{\mathrm{N}}=\frac{1}{1+A}\frac{\lambda+G}{R_{\mathrm{B}}} \tag{3-4}$$

$$C_{\mathrm{T}}=B\rho c_{\mathrm{S}}\,,C_{\mathrm{N}}=B\rho c_{\mathrm{P}} \tag{3-5}$$

式中：A 和 B 分别为弹簧弹性和阻尼系数的修正系数，分别取 0.8 和 1.1；G 为介质剪切模量；R_{B} 为散射源至截断边界结点的距离，散射源取结构与建基面相交的几何中心；λ 为介质拉梅常数；ρ 为介质密度。

不同人工边界面上，等效节点荷载计算公式不同，具体形式如下。

（1）XN 面为

$$\begin{cases} F_{xB}(t,x,y,z)=[K_N u_B(t,x,y,z)+C_N \dot{u}_B(t,x,y,z)-\sigma_{xB}(t,x,y,z)]A_B \\ F_{yB}(t,x,y,z)=[K_T v_B(t,x,y,z)+C_T \dot{v}_B(t,x,y,z)-\tau_{xyB}(t,x,y,z)]A_B \\ F_{zB}(t,x,y,z)=[K_T w_B(t,x,y,z)+C_T \dot{w}_B(t,x,y,z)-\tau_{xzB}(t,x,y,z)]A_B \end{cases} \tag{3-6}$$

式中：F_{xB}、F_{yB}和 F_{zB}为边界结点 x、y 和 z 向等效结点荷载；u_B、$\dot{u}_B$和 σ_{xB}分别表示边界结点 x 向自由场位移、速度和应力；v_B、$\dot{v}_B$ 和 τ_{xyB}分别表示边界结点 y 向自由场位移、速度和应力；ω_B、$\dot{\omega}_B$ 和 τ_{xzB}分别表示边界结点 z 向自由场位移、速度和应力，第二章构建了自由场位移，速度由位移求导获得，因此等效结点荷载的关键是求解边界结点上的自由场应力。

（2）XP 面为

$$\begin{cases} F_{xB}(t,x,y,z)=[K_N u_B(t,x,y,z)+C_N \dot{u}_B(t,x,y,z)+\sigma_{xB}(t,x,y,z)]A_B \\ F_{yB}(t,x,y,z)=[K_T v_B(t,x,y,z)+C_T \dot{v}_B(t,x,y,z)+\tau_{xyB}(t,x,y,z)]A_B \\ F_{zB}(t,x,y,z)=[K_T w_B(t,x,y,z)+C_T \dot{w}_B(t,x,y,z)+\tau_{xzB}(t,x,y,z)]A_B \end{cases} \tag{3-7}$$

（3）YN 面为

$$\begin{cases} F_{xB}(t,x,y,z)=[K_T u_B(t,x,y,z)+C_T \dot{u}_B(t,x,y,z)-\tau_{xyB}(t,x,y,z)]A_B \\ F_{yB}(t,x,y,z)=[K_N v_B(t,x,y,z)+C_N \dot{v}_B(t,x,y,z)-\sigma_{yB}(t,x,y,z)]A_B \\ F_{zB}(t,x,y,z)=[K_T w_B(t,x,y,z)+C_T \dot{w}_B(t,x,y,z)-\tau_{yzB}(t,x,y,z)]A_B \end{cases} \tag{3-8}$$

（4）YP 面为

$$\begin{cases} F_{xB}(t,x,y,z)=[K_T u_B(t,x,y,z)+C_T \dot{u}_B(t,x,y,z)+\tau_{xyB}(t,x,y,z)]A_B \\ F_{yB}(t,x,y,z)=[K_N v_B(t,x,y,z)+C_N \dot{v}_B(t,x,y,z)+\sigma_{yB}(t,x,y,z)]A_B \\ F_{zB}(t,x,y,z)=[K_T w_B(t,x,y,z)+C_T \dot{w}_B(t,x,y,z)+\tau_{yzB}(t,x,y,z)]A_B \end{cases} \tag{3-9}$$

（5）Z 面为

$$\begin{cases} F_{xB}(t,x,y,z)=[K_T u_B(t,x,y,z)+C_T \dot{u}_B(t,x,y,z)-\tau_{xzB}(t,x,y,z)]A_B \\ F_{yB}(t,x,y,z)=[K_T v_B(t,x,y,z)+C_T \dot{v}_B(t,x,y,z)-\tau_{yzB}(t,x,y,z)]A_B \\ F_{zB}(t,x,y,z)=[K_N w_B(t,x,y,z)+C_N \dot{w}_B(t,x,y,z)-\sigma_{zB}(t,x,y,z)]A_B \end{cases} \tag{3-10}$$

在人工边界所有结点施加并联的弹簧和阻尼元件，有限元数值分析程序中弹簧和阻尼元件通过弹簧和阻尼单元模拟，弹簧单元刚度系数按式（3-2）或式（3-4）取值，阻尼单元阻尼系数按式（3-3）或式（3-5）取值，从而实现地震动波动输入。

本章采用自由场输入结合黏弹性人工边界模拟介质中地震波波动特性，地基底部和侧边界自由场被转化为等效结点荷载实现地震动波动输入。本章主要工作：推导不同入射波型和入射方式下地基边界上等效结点荷载，结合黏弹性人工边界条件建立线弹性基岩地基的波动输入方法；发展弹性系数和阻尼系数随土体动剪应变而变化的等效黏弹性人工边界单元，应用数值模型求解的非线性覆盖层自由场转化为等效结点荷载，建立适用于地震波垂直入射下覆盖层地基的波动输入方法；将等效线性化法结合传递矩阵法求解的非线性深厚成层覆盖层自由场转化为等效结点荷载，结合等效黏弹性人工边界单元，建立适用于地震波斜入射下覆盖层地基的波动输入方法。验证所建立的不同入射波型和入射方式以及深厚覆盖层地基波动输入方法的合理性和准确性。

3.2 人工边界面自由场分解方案对计算精度的影响

3.2.1 自由场分解方案

自由场分解方案不同导致地基边界结点上等效结点荷载不同，进而影响波动输入的计算精度。平面 P 波斜入射时，对于有限域地基左侧、前后侧边界面上自由场，学界均统一分解为入射 P 波、反射 P 波 SV 波波场，而有限域地基底部和右侧边界面上自由场分解方案存在争议。如图 3-1 所示，在底部边界面上，徐海滨[53]、孙维宇[123]、景月岭[169]不考虑反射波，即底部只有入射 P 波作用，在右侧边界面上不考虑地震波的作用，称为方案一。如图 3-2 所示，Du 和 Huang[131]、李明超[43]和 Song[129]等人在底部和右侧边界面上均考虑入射波和反射波，即底部和右侧人工边界自由场分解为入射 P 波、反射 P 波和反射 SV 波波场，称为方案二。随后他们分析了平面 P 波斜入射下边界面自由场分解方案对地震动波动输入方法精度的影响，两种自由场分解方案下波动输入方法计算精度明显不同。

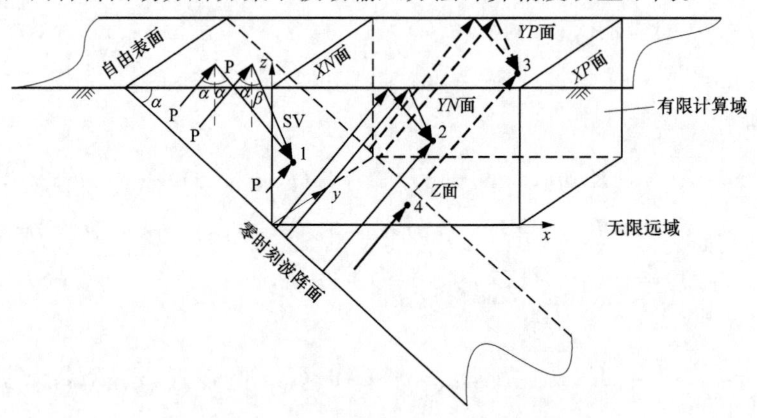

图 3-1　平面 P 波斜入射边界面自由场分解方案一

注：点 1、2、3 和 4 分别在 *XN* 面、*YN* 面、*YP* 面和 *Z* 面上。

为保证平面 SV 波斜入射下波动输入有较高计算精度，本节探讨边界面不同自由场分解方案下表面响应与解析解的误差。平面 SV 波斜入射下边界上自由场分解方案有两种：方案一，有限域地基左侧、前侧和后侧边界面上自由场分解为入射 SV 波、反射 SV 波和反射 P 波波场，底部边界面自由场由入射 SV 波构成，右侧边界面无地震波作用，即将图 3-1 中的入射 P 波、反射 P 波和反射 SV 波分别换成入射 SV 波、反射 SV 波和反射 P 波；方案二，有限域地基左侧、前侧和后侧、底部和右侧边界面上自由场均分解为入射 SV 波、反射 SV 波和反射 P 波波场，对应将图 3-2 中入射 P 波、反射 P 波和反射 SV 波分别换成入射 SV 波、反射 SV 波和反射 P 波。SV 波入射角和反射角均为 θ，P 波反射角为 ζ。

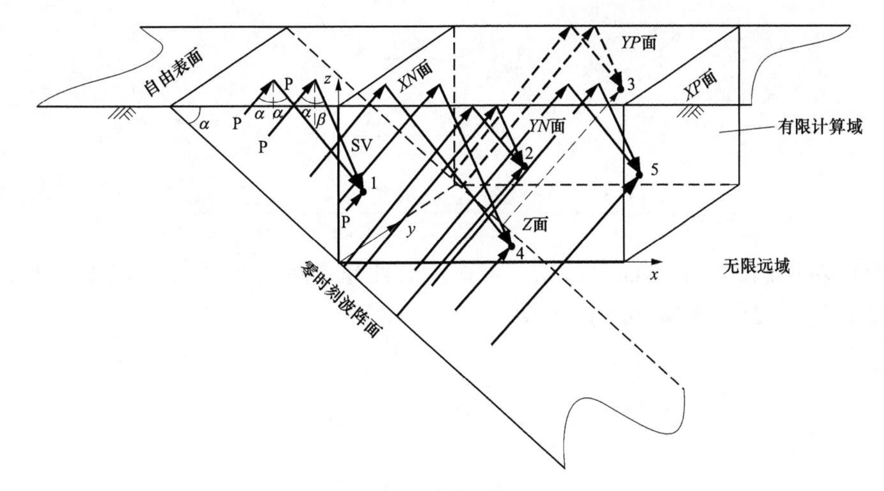

图 3-2 平面 P 波斜入射边界面自由场分解方案二

注：点 1、2、3、4 和 5 分别在 XN 面、YN 面、YP 面、Z 面和 XP 面上。

式（3-1）表明，黏弹性人工边界结合等效结点荷载的波动输入方法关键是求解人工边界上的自由场位移、自由场速度和自由场应力。下面对边界面上不同自由场分解方案的自由场位移、速度和应力进行推导。入射 SV 波零时刻波阵面与地表面夹角为 θ，且与坐标 y 轴平行，零时刻波阵面处入射 SV 波位移时程为 $u_0(t)$。

1. 方案一

（1）有限域左侧边界面。

位移为

$$\begin{cases}u_{x\text{B}}=[u_0(t-\Delta t_1)+B_1u_0(t-\Delta t_2)]\cos\theta+B_2u_0(t-\Delta t_3)\cos\zeta\\ v_{y\text{B}}=0\\ w_{z\text{B}}=[-u_0(t-\Delta t_1)+B_1u_0(t-\Delta t_2)]\sin\theta-B_2u_0(t-\Delta t_3)\sin\zeta\end{cases}\tag{3-11}$$

速度为

$$\begin{cases}\dot{u}_{x\text{B}}=[\dot{u}_0(t-\Delta t_1)+B_1\dot{u}_0(t-\Delta t_2)]\cos\theta+B_2\dot{u}_0(t-\Delta t_3)\cos\zeta\\ \dot{v}_{y\text{B}}=0\\ \dot{w}_{z\text{B}}=[-\dot{u}_0(t-\Delta t_1)+B_1\dot{u}_0(t-\Delta t_2)]\sin\theta-B_2\dot{u}_0(t-\Delta t_3)\sin\zeta\end{cases}\tag{3-12}$$

应力为

$$\begin{cases}\sigma_{x\text{B}}=\dfrac{G\sin2\theta}{c_\text{S}}[\dot{u}_0(t-\Delta t_1)+B_1\dot{u}_0(t-\Delta t_2)]+\dfrac{\lambda+2G\sin^2\zeta}{c_\text{P}}B_2\dot{u}_0(t-\Delta t_3)\\ \sigma_{y\text{B}}=0\\ \sigma_{z\text{B}}=\dfrac{G\cos2\theta}{c_\text{S}}[\dot{u}_0(t-\Delta t_1)-B_1\dot{u}_0(t-\Delta t_2)]-\dfrac{G\sin2\zeta}{c_\text{P}}B_2\dot{u}_0(t-\Delta t_3)\end{cases}\tag{3-13}$$

式中：Δt_1、Δt_2 和 Δt_3 分别为入射 SV 波、反射 SV 波和反射 P 波自零时刻波阵面至边界结点的时间延迟函数；B_1 和 B_2 分别为自由地表反射的 SV 波、反射的 P 波的振幅与入射 SV 波振幅的之比，即反射系数；λ 为拉梅常数；G 为剪切模量。Δt_1、Δt_2 和 Δt_3 分别为

$$\Delta t_1=\frac{z\cos\theta}{c_S} \tag{3-14}$$

$$\Delta t_2=\frac{(2H-z)\cos\theta}{c_S} \tag{3-15}$$

$$\Delta t_3=\frac{[H-(H-Z)\tan\theta\tan\zeta]\cos\theta}{c_S}+\frac{(H-z)}{c_P\cos\zeta} \tag{3-16}$$

（2）有限域前侧面。前侧面自由场位移、速度计算式同左侧面，式（3-11）和式（3-12）中的时间延迟 Δt_1、Δt_2 和 Δt_3 分别替换为 Δt_4、Δt_5 和 Δt_6。自由场应力为

$$\begin{cases}\sigma_{xB}=0\\ \sigma_{yB}=-\dfrac{\lambda}{c_P}[B_2\dot{u}_0(t-\Delta t_6)]\\ \sigma_{zB}=0\end{cases} \tag{3-17}$$

Δt_4、Δt_5 和 Δt_6 分别为

$$\Delta t_4=\frac{z\cos\theta+L\sin\theta}{c_S} \tag{3-18}$$

$$\Delta t_5=\frac{(2H-z)\cos\theta+L\sin\theta}{c_S} \tag{3-19}$$

$$\Delta t_6=\frac{[H+x\tan\theta-(H-Z)\tan\theta\tan\zeta]\cos\theta}{c_S}+\frac{(H-z)}{c_P\cos\zeta} \tag{3-20}$$

（3）有限域后侧面。后侧面自由场位移、速度和应力计算式同前侧面，但应力符号与前侧面相反。

（4）有限域底面。底面自由场位移、速度如式（3-21）、式（3-22）和式（3-23）所示。

位移为

$$\begin{cases}u_{xB}=u_0(t-\Delta t_7)\\ v_{yB}=0\\ w_{zB}=-u_0(t-\Delta t_7)\end{cases} \tag{3-21}$$

速度为

$$\begin{cases}\dot{u}_{xB}=\dot{u}_0(t-\Delta t_7)\\ \dot{v}_{yB}=0\\ \dot{w}_{zB}=-\dot{u}_0(t-\Delta t_7)\end{cases} \tag{3-22}$$

应力为

$$\begin{cases}\sigma_{xB}=\dfrac{G\cos2\theta}{c_S}\dot{u}_0(t-\Delta t_7)\\ \sigma_{yB}=0\\ \sigma_{zB}=-\dfrac{G\sin2\theta}{c_S}\dot{u}_0(t-\Delta t_7)\end{cases} \tag{3-23}$$

Δt_7 为入射 SV 波自零时刻波阵面至底部边界的时间延迟函数，即

$$\Delta t_7=\frac{x\sin\theta}{c_S} \tag{3-24}$$

（5）有限域右侧面无入射波和反射波波场。

2. 方案二

有限域左侧、前侧和后侧边界面自由场位移、速度和应力与方案一相同。

（1）有限域底面。底面自由场位移、速度与式（3-11）和式（3-12）相同，需要将时间

延迟 Δt_1、Δt_2 和 Δt_3 分别替换为 Δt_7、Δt_8 和 Δt_9。自由场应力为

$$\begin{cases}\sigma_{xB}=\dfrac{G\cos 2\theta}{c_S}[\dot{u}_0(t-\Delta t_7)+B_1\dot{u}_0(t-\Delta t_8)]+\dfrac{G\sin 2\zeta}{c_P}B_2\dot{u}_0(t-\Delta t_9)\\ \sigma_{yB}=0\\ \sigma_{zB}=-\dfrac{G\sin 2\theta}{c_S}[-\dot{u}_0(t-\Delta t_7)+B_1\dot{u}_0(t-\Delta t_8)]-\dfrac{\lambda+2G\cos^2\zeta}{c_P}B_2\dot{u}_0(t-\Delta t_9)\end{cases} \tag{3-25}$$

Δt_7、Δt_8 和 Δt_9 为

$$\Delta t_7=\frac{x\sin\theta}{c_S} \tag{3-26}$$

$$\Delta t_8=\frac{(2H+x\tan\theta)\cos\theta}{c_S} \tag{3-27}$$

$$\Delta t_9=\frac{[H+x\tan\theta-(H-Z)\tan\theta\tan\zeta]\cos\theta}{c_S}+\frac{(H-z)}{c_P\cos\zeta} \tag{3-28}$$

（2）有限域右侧面。右侧面自由场位移、速度和应力同左侧面，但应力正负号与左侧面相反，式（3-11）～式（3-13）中时间延迟 Δt_1、Δt_2 和 Δt_3 分别替换为 Δt_{10}、Δt_{11}和 Δt_{12}。Δt_{10}、Δt_{11}和 Δt_{12}为

$$\Delta t_{10}=\frac{z\cos\theta+L\sin\theta}{c_S} \tag{3-29}$$

$$\Delta t_{11}=\frac{(2H-z)\cos\theta+L\sin\theta}{c_S} \tag{3-30}$$

$$\Delta t_{12}=\frac{[H-(H-z)\tan\theta\tan\zeta]\cos\theta+L\sin\theta}{c_S}+\frac{(H-z)}{c_P\cos\zeta} \tag{3-31}$$

3.2.2　自由场分解方案对计算精度的影响

图 3-3 所示为 100m×100m×100m 大小的有限元地基模型，网格大小为 2.0m。地基为线弹性介质，介质的密度 ρ、弹性模量 E 和泊松比 μ 分别为 1000kg/m^3、24MPa 和 0.2，介质剪切波和压缩波波速分别为 100m/s 和 163m/s，忽略介质阻尼。平面 SV 波位移时程为单位脉冲荷载，如图 3-4 所示，平面 SV 波从模型左侧分别以 15°和 30°角斜向上入射。计算平面 SV 波斜入射 2 种自由场分解方案下表面点 A(0，0，100)、点 B(50，50，100) 和点 C(100，100，100) 的位移响应。计算时长为 2.0s，时间步长为 0.01s。

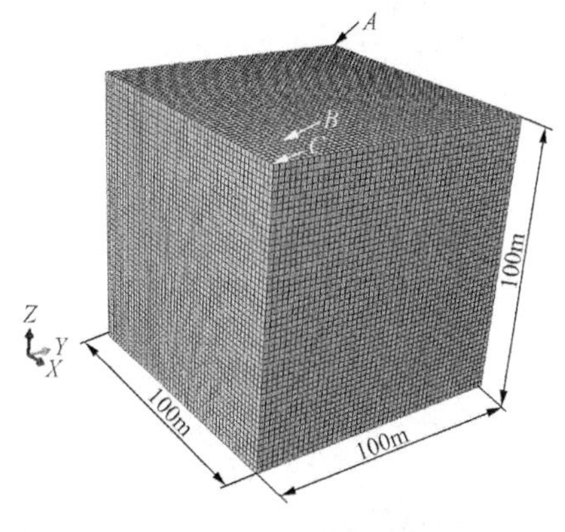

图 3-3　有限元地基模型

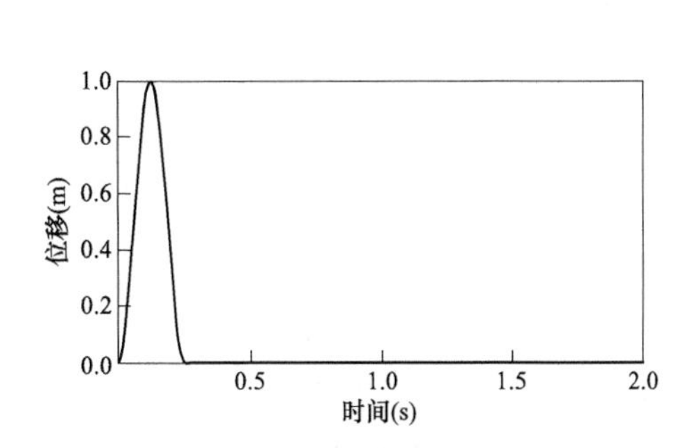

图 3-4　入射波位移时程

图 3-5 和图 3-6 分别为 SV 波入射角为 15°时 A、B、C 三个点水平向和竖向位移时程，自由表面水平向和竖向理论位移峰值分别为 1.872m 和 −0.621m。图 3-7 和图 3-8 分别为 SV 波入射角为 30°时 A、B、C 三个点水平向和竖向位移时程，自由表面水平向和竖向理论位移峰值分别为 1.557m 和 −1.101m。表 3-1 和表 3-2 分别为 2 种自由场分解方案下水平向和竖向数值位移峰值及其与理论位移峰值的相对误差。

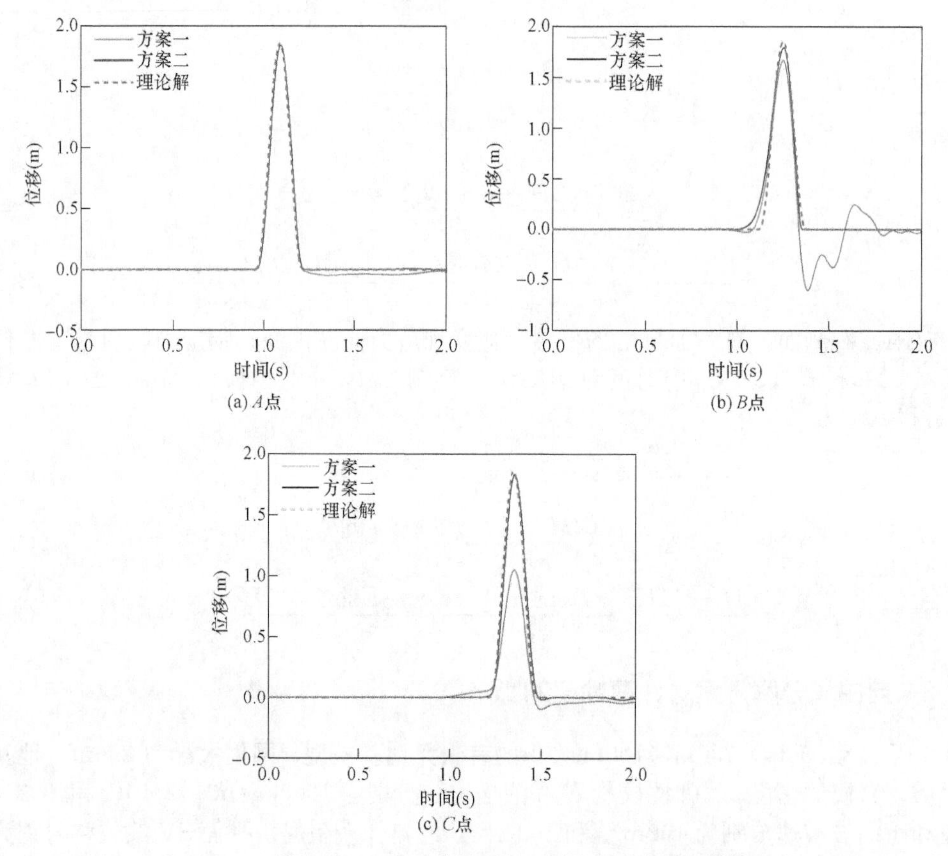

图 3-5　SV 波入射角为 15°时水平向位移时程

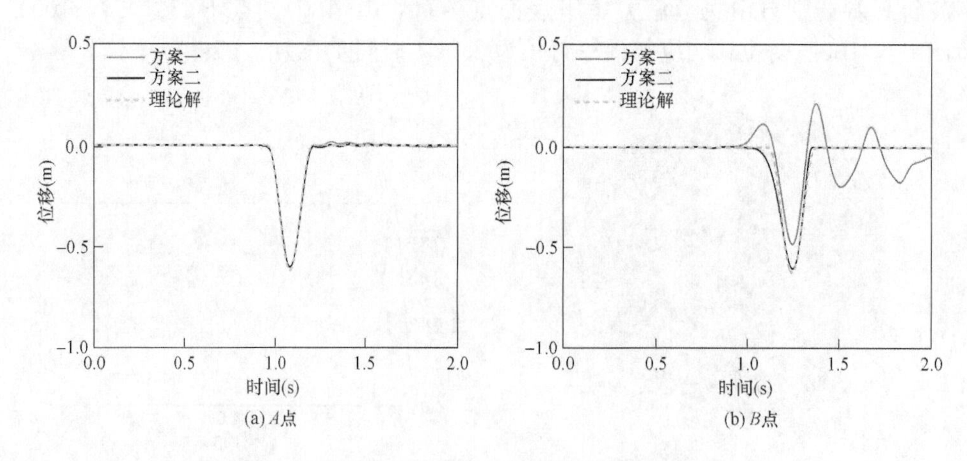

图 3-6　SV 波入射角为 15°时竖向位移时程（一）

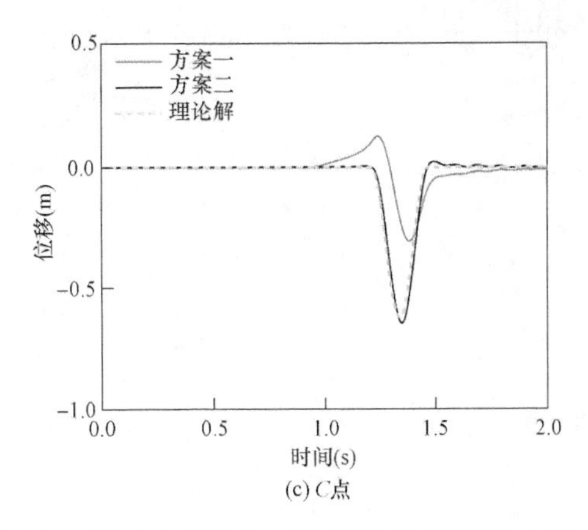

(c) C点

图 3-6　SV 波入射角为 15°时竖向位移时程（二）

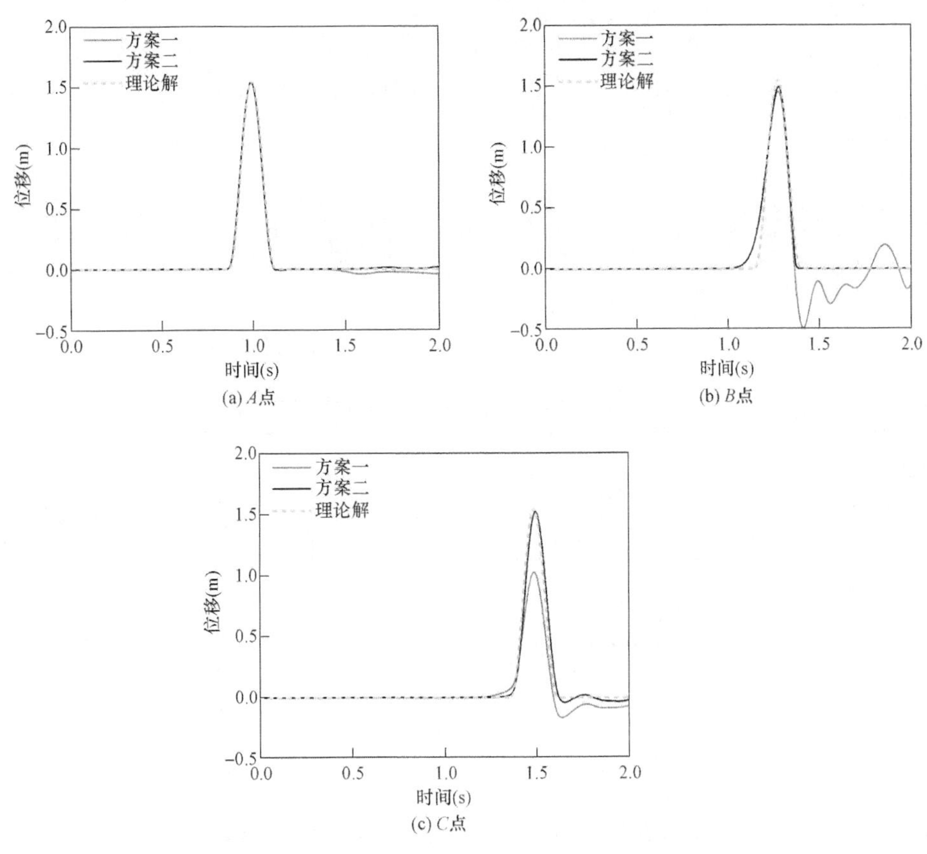

(c) C点

图 3-7　SV 波入射角为 30°时水平向位移时程

图 3-5～图 3-8 表明，在点 A 处，2 种自由场分解方案计算得到的数值位移与理论位移拟合良好，相较于方案 2 而言，方案 1 在时程曲线的平稳段有轻微的振荡。在点 B 和点 C 处，方案 2 得到的数值解仍然与理论解有很高的拟合度，但方案 1 与理论解误差较大，并且在时程曲线的平稳段有较大的波动。表 3-1 和表 3-2 表明，就位移峰值而言，方案 2 计算得到的数值解与理论解的最大相对误差为－3.8%，计算精度较小，能够满足工程计算精度的要求；方案 1 的数值位移与理论解的最大相对误差为－49.2%。

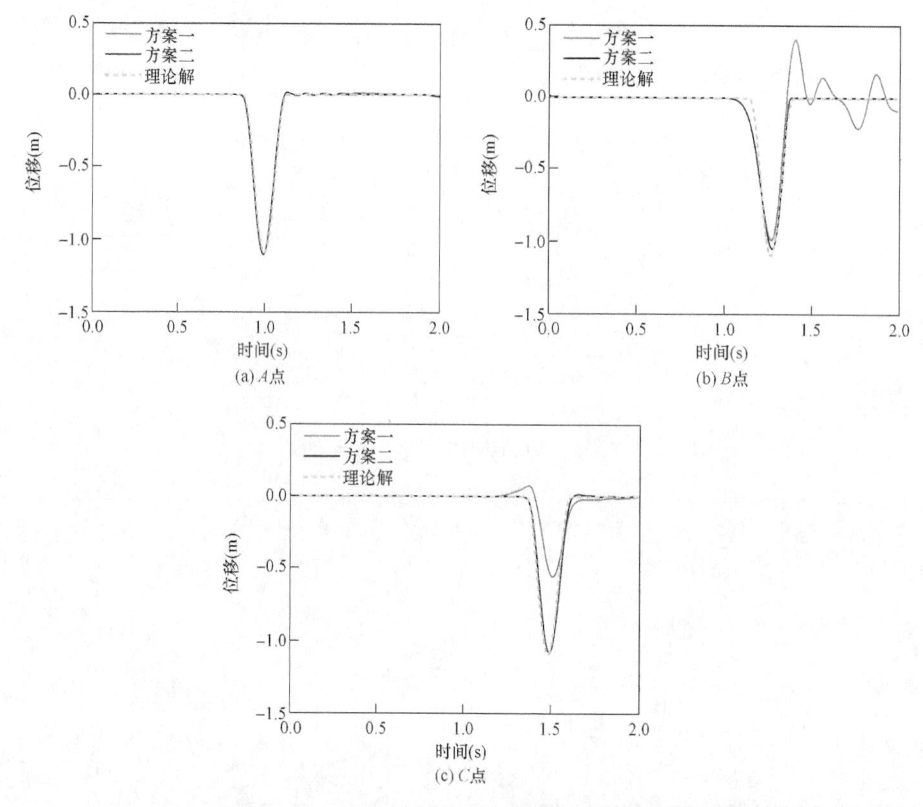

图 3-8　SV 波入射角为 30°时竖向位移时程

表 3-1　　水平向数值位移峰值及其与理论位移峰值的相对误差

位置点	入射角（°）	方案一		方案二	
		数值解（m）	相对误差（%）	数值解（m）	相对误差（%）
A	15	1.855	−0.9	1.855	−0.9
	30	1.548	−0.5	1.548	−0.5
B	15	1.678	−10.3	1.844	−1.4
	30	1.458	−6.3	1.497	−3.8
C	15	1.054	−43.6	1.842	−1.6
	30	1.034	−33.5	1.528	−1.0

表 3-2　　竖向数值位移峰值及其与理论位移峰值的相对误差

位置点	入射角（°）	方案一		方案二	
		数值解（m）	相对误差（%）	数值解（m）	相对误差（%）
A	15	−0.603	−2.8	−0.603	−2.8
	30	−1.112	−0.9	−1.112	−0.9
B	15	−0.478	−23.0	−0.600	−3.3
	30	−0.991	−10.0	−1.092	−0.8
C	15	−0.304	−51.0	−0.642	3.3
	30	−0.559	−49.2	−1.090	−0.9

方案1中，离左侧边界越远的表面点，其数值解与理论解误差越大。原因是地基底部和右侧边界没有考虑外行场对自由场的贡献，从而不能准确地反映地震波斜入射的传播规律。在构建边界上自由场时，地震波动叠加考虑越完整，计算精度越高。因此，在后续的不同地震波入射方式和不同地质场地下的波动输入方法中采用类似于方案二的自由场分解方案，以获得较高的数值计算精度。

3.3 单波空间斜入射波动输入及数值验证

3.3.1 P波空间斜入射波动输入

由式（3-6）～式（3-10）可知，计算等效结点荷载需要自由场位移、速度和应力，2.2.1节获得了自由场位移，自由场速度通过自由场位移求导获得。自由场应力需要根据位移势函数与位移的关系、位移与应变的关系以及应变与应力的关系求解，参考周晨光[154]的工作，本节分别对入射P波、反射P波和SV波产生的应力场进行求解，然后将各个类型波产生的应力场叠加获得自由场应力。

（1）对于入射P波，存在以下关系，即[154]

$$\frac{\partial g_{\mathrm{P}}^{\mathrm{i}}(t,x,y,z)}{\partial x}=-\frac{1}{c_{\mathrm{P}}}\frac{\partial g_{\mathrm{P}}^{\mathrm{i}}(t,x,y,z)}{\partial t}\sin\alpha\cos\gamma \tag{3-32}$$

$$\frac{\partial g_{\mathrm{P}}^{\mathrm{i}}(t,x,y,z)}{\partial y}=-\frac{1}{c_{\mathrm{P}}}\frac{\partial g_{\mathrm{P}}^{\mathrm{i}}(t,x,y,z)}{\partial t}\sin\alpha\sin\gamma \tag{3-33}$$

$$\frac{\partial g_{\mathrm{P}}^{\mathrm{i}}(t,x,y,z)}{\partial z}=-\frac{1}{c_{\mathrm{P}}}\frac{\partial g_{\mathrm{P}}^{\mathrm{i}}(t,x,y,z)}{\partial t}\cos\alpha \tag{3-34}$$

式中：上标i表示入射波；下标P表示P波。

入射P波作用下，由位移和应变几何关系获得的单元应变为

$$\varepsilon_{x\mathrm{P}}^{\mathrm{i}}=-\frac{1}{c_{\mathrm{P}}}\frac{\partial g_{\mathrm{P}}^{\mathrm{i}}(t,x,y,z)}{\partial t}\sin^2\alpha\cos^2\gamma \tag{3-35}$$

$$\varepsilon_{y\mathrm{P}}^{\mathrm{i}}=-\frac{1}{c_{\mathrm{P}}}\frac{\partial g_{\mathrm{P}}^{\mathrm{i}}(t,x,y,z)}{\partial t}\sin^2\alpha\sin^2\gamma \tag{3-36}$$

$$\varepsilon_{z\mathrm{P}}^{\mathrm{i}}=-\frac{1}{c_{\mathrm{P}}}\frac{\partial g_{\mathrm{P}}^{\mathrm{i}}(t,x,y,z)}{\partial t}\cos^2\alpha \tag{3-37}$$

$$\gamma_{xy\mathrm{P}}^{\mathrm{i}}=-\frac{1}{c_{\mathrm{P}}}\frac{\partial g_{\mathrm{P}}^{\mathrm{i}}(t,x,y,z)}{\partial t}\sin^2\alpha\sin2\gamma \tag{3-38}$$

$$\gamma_{yz\mathrm{P}}^{\mathrm{i}}=-\frac{1}{c_{\mathrm{P}}}\frac{\partial g_{\mathrm{P}}^{\mathrm{i}}(t,x,y,z)}{\partial t}\sin2\alpha\sin\gamma \tag{3-39}$$

$$\gamma_{zx\mathrm{P}}^{\mathrm{i}}=-\frac{1}{c_{\mathrm{P}}}\frac{\partial g_{\mathrm{P}}^{\mathrm{i}}(t,x,y,z)}{\partial t}\sin2\alpha\cos\gamma \tag{3-40}$$

式中：下标x、y和z分别表示不同方向。

入射P波作用下，由应力和应变物理关系获得的单元应力为

$$\sigma_{x\mathrm{P}}^{\mathrm{i}}=-\frac{\lambda+2G\sin^2\alpha\cos^2\gamma}{c_{\mathrm{P}}}\frac{\partial g_{\mathrm{P}}^{\mathrm{i}}(t,x,y,z)}{\partial t} \tag{3-41}$$

$$\sigma_{yP}^{i}=-\frac{\lambda+2G\sin^{2}\alpha\sin^{2}\gamma}{c_{P}}\frac{\partial g_{P}^{i}(t,x,y,z)}{\partial t}\tag{3-42}$$

$$\sigma_{zP}^{i}=-\frac{\lambda+2G\cos^{2}\alpha}{c_{P}}\frac{\partial g_{P}^{i}(t,x,y,z)}{\partial t}\tag{3-43}$$

$$\tau_{xyP}^{i}=-\frac{G\sin^{2}\alpha\sin2\gamma}{c_{P}}\frac{\partial g_{P}^{i}(t,x,y,z)}{\partial t}\tag{3-44}$$

$$\tau_{yzP}^{i}=-\frac{G\sin2\alpha\sin\gamma}{c_{P}}\frac{\partial g_{P}^{i}(t,x,y,z)}{\partial t}\tag{3-45}$$

$$\tau_{zxP}^{i}=-\frac{G\sin2\alpha\cos\gamma}{c_{P}}\frac{\partial g_{P}^{i}(t,x,y,z)}{\partial t}\tag{3-46}$$

（2）对于反射P波，存在以下关系，即

$$\frac{\partial g_{P}^{r}(t,x,y,z)}{\partial x}=-\frac{1}{c_{P}}\frac{\partial g_{P}^{r}(t,x,y,z)}{\partial t}\sin\alpha\cos\gamma\tag{3-47}$$

$$\frac{\partial g_{P}^{r}(t,x,y,z)}{\partial y}=-\frac{1}{c_{P}}\frac{\partial g_{P}^{r}(t,x,y,z)}{\partial t}\sin\alpha\sin\gamma\tag{3-48}$$

$$\frac{\partial g_{P}^{r}(t,x,y,z)}{\partial z}=\frac{1}{c_{P}}\frac{\partial g_{P}^{r}(t,x,y,z)}{\partial t}\cos\alpha\tag{3-49}$$

式中：上标r表示反射波。

反射P波作用下单元应变为

$$\varepsilon_{xP}^{r}=-\frac{A_{1}}{c_{P}}\frac{\partial g_{P}^{r}(t,x,y,z)}{\partial t}\sin^{2}\alpha\cos^{2}\gamma\tag{3-50}$$

$$\varepsilon_{yP}^{r}=-\frac{A_{1}}{c_{P}}\frac{\partial g_{P}^{r}(t,x,y,z)}{\partial t}\sin^{2}\alpha\sin^{2}\gamma\tag{3-51}$$

$$\varepsilon_{zP}^{r}=-\frac{A_{1}}{c_{P}}\frac{\partial g_{P}^{r}(t,x,y,z)}{\partial t}\cos^{2}\alpha\tag{3-52}$$

$$\gamma_{xyP}^{r}=-\frac{A_{1}}{c_{P}}\frac{\partial g_{P}^{r}(t,x,y,z)}{\partial t}\sin^{2}\alpha\sin2\gamma\tag{3-53}$$

$$\gamma_{yzP}^{r}=\frac{A_{1}}{c_{P}}\frac{\partial g_{P}^{r}(t,x,y,z)}{\partial t}\sin2\alpha\sin\gamma\tag{3-54}$$

$$\gamma_{zxP}^{r}=\frac{A_{1}}{c_{P}}\frac{\partial g_{P}^{r}(t,x,y,z)}{\partial t}\sin2\alpha\cos\gamma\tag{3-55}$$

反射P波作用下单元应力为

$$\sigma_{xP}^{r}=-A_{1}\frac{\lambda+2G\sin^{2}\alpha\cos^{2}\gamma}{c_{P}}\frac{\partial g_{P}^{r}(t,x,y,z)}{\partial t}\tag{3-56}$$

$$\sigma_{yP}^{r}=-A_{1}\frac{\lambda+2G\sin^{2}\alpha\sin^{2}\gamma}{c_{P}}\frac{\partial g_{P}^{r}(t,x,y,z)}{\partial t}\tag{3-57}$$

$$\sigma_{zP}^{r}=-A_{1}\frac{\lambda+2G\cos^{2}\alpha}{c_{P}}\frac{\partial g_{P}^{r}(t,x,y,z)}{\partial t}\tag{3-58}$$

$$\tau_{xyP}^{r}=-A_{1}\frac{G\sin^{2}\alpha\sin2\gamma}{c_{P}}\frac{\partial g_{P}^{r}(t,x,y,z)}{\partial t}\tag{3-59}$$

$$\tau_{yzP}^{r}=A_{1}\frac{G\sin2\alpha\sin\gamma}{c_{P}}\frac{\partial g_{P}^{r}(t,x,y,z)}{\partial t}\tag{3-60}$$

$$\tau_{zxP}^{r}=A_1\frac{G\sin2\alpha\cos\gamma}{c_P}\frac{\partial g_P^r(t,x,y,z)}{\partial t} \tag{3-61}$$

（3）对于反射 SV 波，存在以下关系，即

$$\frac{\partial g_{SV}^r(t,x,y,z)}{\partial x}=-\frac{1}{c_S}\frac{\partial g_{SV}^r(t,x,y,z)}{\partial t}\sin\beta\cos\gamma \tag{3-62}$$

$$\frac{\partial g_{SV}^r(t,x,y,z)}{\partial y}=-\frac{1}{c_S}\frac{\partial g_{SV}^r(t,x,y,z)}{\partial t}\sin\beta\sin\gamma \tag{3-63}$$

$$\frac{\partial g_{SV}^r(t,x,y,z)}{\partial z}=\frac{1}{c_S}\frac{\partial g_{SV}^r(t,x,y,z)}{\partial t}\cos\beta \tag{3-64}$$

反射 SV 波作用下单元应变为

$$\varepsilon_{xSV}^r=-\frac{A_2}{2c_S}\frac{\partial g_{SV}^r(t,x,y,z)}{\partial t}\sin2\beta\cos^2\gamma \tag{3-65}$$

$$\varepsilon_{ySV}^r=-\frac{A_2}{2c_S}\frac{\partial g_{SV}^r(t,x,y,z)}{\partial t}\sin2\beta\sin^2\gamma \tag{3-66}$$

$$\varepsilon_{zSV}^r=-\frac{A_2}{2c_S}\frac{\partial g_{SV}^r(t,x,y,z)}{\partial t}\sin2\beta \tag{3-67}$$

$$\gamma_{xySV}^r=-\frac{A_2}{2c_S}\frac{\partial g_{SV}^r(t,x,y,z)}{\partial t}\sin2\beta\sin2\gamma \tag{3-68}$$

$$\gamma_{yzSV}^r=\frac{A_2}{c_S}\frac{\partial g_{SV}^r(t,x,y,z)}{\partial t}\cos2\beta\sin\gamma \tag{3-69}$$

$$\gamma_{zxSV}^r=\frac{A_2}{c_S}\frac{\partial g_{SV}^r(t,x,y,z)}{\partial t}\cos2\beta\cos\gamma \tag{3-70}$$

反射 SV 波作用下单元应力为

$$\sigma_{xSV}^r=-A_2\frac{G\sin2\beta\cos^2\gamma}{c_S}\frac{\partial g_{SV}^r(t,x,y,z)}{\partial t} \tag{3-71}$$

$$\sigma_{ySV}^r=-A_2\frac{G\sin2\beta\sin^2\gamma}{c_S}\frac{\partial g_{SV}^r(t,x,y,z)}{\partial t} \tag{3-72}$$

$$\sigma_{zSV}^r=A_2\frac{G\sin2\beta}{c_S}\frac{\partial g_{SV}^r(t,x,y,z)}{\partial t} \tag{3-73}$$

$$\tau_{xySV}^r=-A_2\frac{G\sin2\beta\sin2\gamma}{2c_S}\frac{\partial g_{SV}^r(t,x,y,z)}{\partial t} \tag{3-74}$$

$$\tau_{yzSV}^r=A_2\frac{G\cos2\beta\sin\gamma}{c_S}\frac{\partial g_{SV}^r(t,x,y,z)}{\partial t} \tag{3-75}$$

$$\tau_{zxSV}^r=\frac{G\cos2\beta\cos\gamma}{c_S}\frac{\partial g_{SV}^r(t,x,y,z)}{\partial t} \tag{3-76}$$

3.3.2 P 波空间斜入射波动输入数值验证

为验证本节建立的地震动波动输入方法能够模拟任意入射方位角和斜入射角的平面 P 波在弹性均质半空间内的传播规律，对 ABAQUS 有限元软件进行二次开发，利用 Python 语言建立了实现黏弹性人工边界参数和等效结点荷载计算与加载为一体的程序。截取 $L_x=100\text{m}$，$L_y=100\text{m}$，$H=100\text{m}$ 大小的有限域，有限元模型和介质参数均与 3.2.2 相同。以

单位脉冲荷载作为入射P波时程，单位脉冲荷载位移时程与图3-4相同。平面P波零时刻波阵面与坐标原点相交，模拟入射方位角$\gamma=0°$和斜入射角$\alpha=30°$与入射方位角$\gamma=30°$和斜入射角$\alpha=30°$两种情况下平面P波在半无限域中的传播过程，并提取有限域表面中心点B(50，50，100)的位移时程与解析解对比，进一步验证建立的波动输入方法的正确性。

图3-9和图3-10分别为$\gamma=0°$，$\alpha=30°$与$\gamma=30°$，$\alpha=30°$两种入射方式下平面P波在半空间内传播过程。图3-11和图3-12分别为$\gamma=0°$，$\alpha=30°$与$\gamma=30°$，$\alpha=30°$两种入射方式下表面中心点B的位移时程。图3-9和图3-10表明，建立的任意入射方位和斜入射角的波动输入方法可以很好地模拟平面P波在半空间中的传播过程。图3-11和图3-12表明，自由表面中心点B的各向位移时程与理论解拟合良好，进一步证明了建立的任意入射方位角和斜入射角的输入方法正确性。

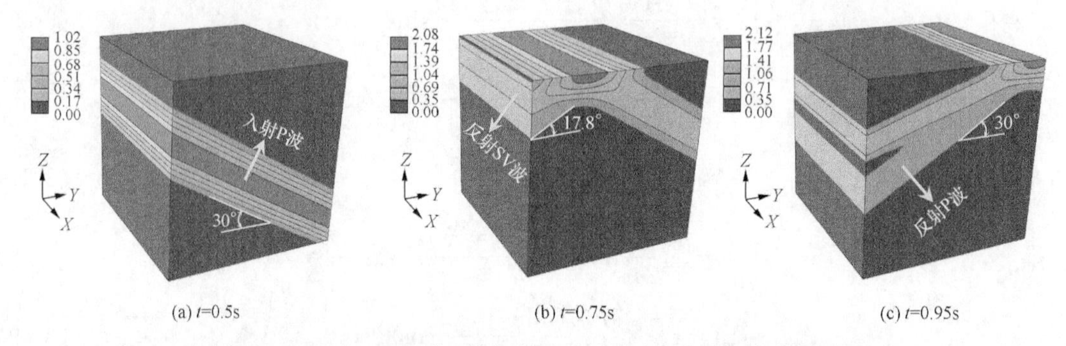

(a) t=0.5s (b) t=0.75s (c) t=0.95s

图3-9 $\gamma=0°$，$\alpha=30°$入射方式下平面P波在半空间内传播过程

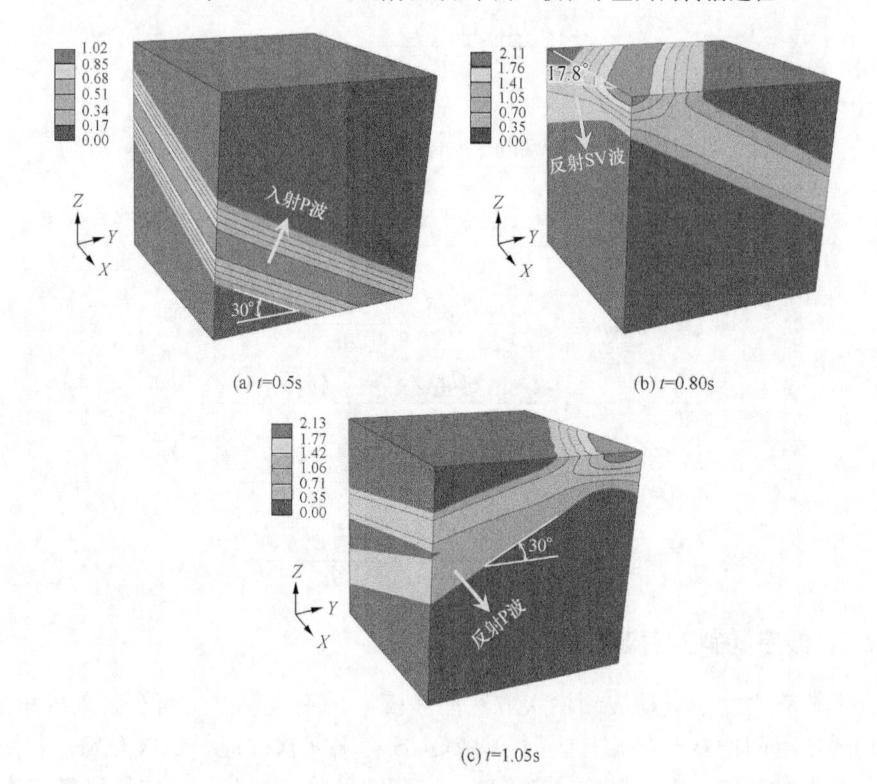

(a) t=0.5s (b) t=0.80s

(c) t=1.05s

图3-10 $\gamma=30°$，$\alpha=30°$入射方式下平面P波在半无限空间中传播过程

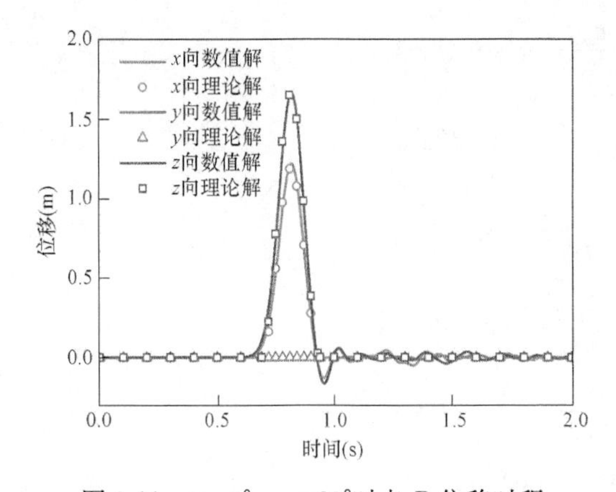

图 3-11 $\gamma=0°$，$\alpha=30°$时点 B 位移时程

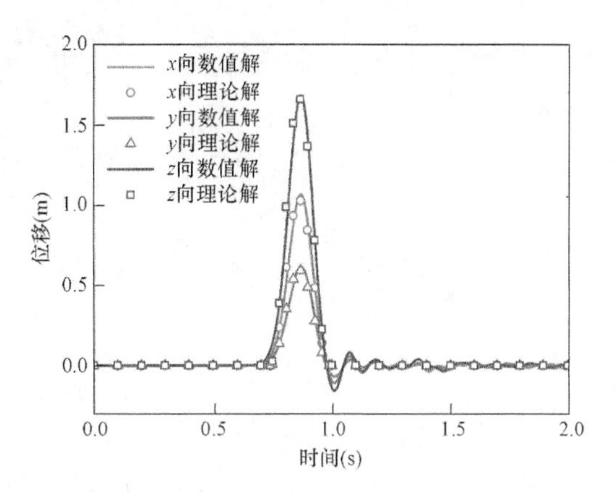

图 3-12 $\gamma=30°$，$\alpha=30°$时点 B 位移时程

3.3.3 SV 波空间斜入射波动输入

波动输入中需要求解边界结点上的等效结点荷载，2.2.2 求解了自由场位移，对自由场位移求导获得自由场速度。自由场应力求解思路是根据位移与应变以及应变与应力的关系求解入射波和反射波引起的应力分量，将各类型波引起的应力分量沿坐标轴正方向分解，然后在坐标轴上叠加各类型波的应力分量，获得自由场应力分量。图 2-4 中，人工边界上入射 SV 波、反射 SV 波和反射 P 波位移函数分别为 $f_{SV}^{i}(t,x,y,z)$、$B_1 f_{SV}^{r}(t,x,y,z)$ 和 $B_2 f_{P}^{r}(t,x,y,z)$，以下是 SV 波三维斜入射下人工边界上的自由场应力的推导。

(1) 对于入射 SV 波，存在以下关系，即

$$\frac{\partial f_{SV}^{i}(t,x,y,z)}{\partial x}=-\frac{1}{c_S}\frac{\partial f_{SV}^{i}(t,x,y,z)}{\partial t}\sin\theta\cos\gamma \tag{3-77}$$

$$\frac{\partial f_{SV}^{i}(t,x,y,z)}{\partial y}=-\frac{1}{c_S}\frac{\partial f_{SV}^{i}(t,x,y,z)}{\partial t}\sin\theta\sin\gamma \tag{3-78}$$

$$\frac{\partial f_{SV}^{i}(t,x,y,z)}{\partial z}=-\frac{1}{c_S}\frac{\partial f_{SV}^{i}(t,x,y,z)}{\partial t}\cos\theta \tag{3-79}$$

入射 SV 波引起的单元应变为

$$\varepsilon_{xSV}^{i}=-\frac{1}{2c_S}\frac{\partial f_{SV}^{i}(t,x,y,z)}{\partial t}\sin2\theta\cos^2\gamma \tag{3-80}$$

$$\varepsilon_{ySV}^{i}=-\frac{1}{2c_S}\frac{\partial f_{SV}^{i}(t,x,y,z)}{\partial t}\sin2\theta\sin^2\gamma \tag{3-81}$$

$$\varepsilon_{zSV}^{i}=\frac{1}{2c_S}\frac{\partial f_{SV}^{i}(t,x,y,z)}{\partial t}\sin2\theta \tag{3-82}$$

$$\varepsilon_{xySV}^{i}=-\frac{1}{2c_S}\frac{\partial f_{SV}^{i}(t,x,y,z)}{\partial t}\sin2\theta\sin2\gamma \tag{3-83}$$

$$\varepsilon_{yzSV}^{i}=-\frac{1}{c_S}\frac{\partial f_{SV}^{i}(t,x,y,z)}{\partial t}\cos2\theta\sin\gamma \tag{3-84}$$

$$\varepsilon_{zxSV}^{i}=-\frac{1}{c_S}\frac{\partial f_{SV}^{i}(t,x,y,z)}{\partial t}\cos2\theta\cos\gamma \tag{3-85}$$

入射 SV 波引起的单元应力为

$$\sigma_{x\mathrm{SV}}^{\mathrm{i}}=-\frac{G}{c_{\mathrm{S}}}\frac{\partial f_{\mathrm{SV}}^{\mathrm{i}}(t,x,y,z)}{\partial t}\sin 2\theta\cos^{2}\gamma \tag{3-86}$$

$$\sigma_{y\mathrm{SV}}^{\mathrm{i}}=-\frac{G}{c_{\mathrm{S}}}\frac{\partial f_{\mathrm{SV}}^{\mathrm{i}}(t,x,y,z)}{\partial t}\sin 2\theta\sin^{2}\gamma \tag{3-87}$$

$$\sigma_{z\mathrm{SV}}^{\mathrm{i}}=\frac{G}{c_{\mathrm{S}}}\frac{\partial f_{\mathrm{SV}}^{\mathrm{i}}(t,x,y,z)}{\partial t}\sin 2\theta \tag{3-88}$$

$$\tau_{xy\mathrm{SV}}^{\mathrm{i}}=-\frac{G}{2c_{\mathrm{S}}}\frac{\partial f_{\mathrm{SV}}^{\mathrm{i}}(t,x,y,z)}{\partial t}\sin 2\theta\sin 2\gamma \tag{3-89}$$

$$\tau_{yz\mathrm{SV}}^{\mathrm{i}}=-\frac{G}{c_{\mathrm{S}}}\frac{\partial f_{\mathrm{SV}}^{\mathrm{i}}(t,x,y,z)}{\partial t}\cos 2\theta\sin\gamma \tag{3-90}$$

$$\tau_{zx\mathrm{SV}}^{\mathrm{i}}=-\frac{G}{c_{\mathrm{S}}}\frac{\partial f_{\mathrm{SV}}^{\mathrm{i}}(t,x,y,z)}{\partial t}\cos 2\theta\cos\gamma \tag{3-91}$$

(2）对于反射 SV 波，存在以下关系，即

$$\frac{\partial f_{\mathrm{SV}}^{\mathrm{r}}(t,x,y,z)}{\partial x}=-\frac{1}{c_{\mathrm{S}}}\frac{\partial f_{\mathrm{SV}}^{\mathrm{r}}(t,x,y,z)}{\partial t}\sin\theta\cos\gamma \tag{3-92}$$

$$\frac{\partial f_{\mathrm{SV}}^{\mathrm{r}}(t,x,y,z)}{\partial y}=-\frac{1}{c_{\mathrm{S}}}\frac{\partial f_{\mathrm{SV}}^{\mathrm{r}}(t,x,y,z)}{\partial t}\sin\theta\sin\gamma \tag{3-93}$$

$$\frac{\partial f_{\mathrm{SV}}^{\mathrm{r}}(t,x,y,z)}{\partial z}=\frac{1}{c_{\mathrm{S}}}\frac{\partial f_{\mathrm{SV}}^{\mathrm{r}}(t,x,y,z)}{\partial t}\cos\theta \tag{3-94}$$

反射 SV 波引起的单元应变为

$$\varepsilon_{x\mathrm{SV}}^{\mathrm{r}}=B_{1}\frac{1}{2c_{\mathrm{S}}}\frac{\partial f_{\mathrm{SV}}^{\mathrm{r}}(t,x,y,z)}{\partial t}\sin 2\theta\cos^{2}\gamma \tag{3-95}$$

$$\varepsilon_{y\mathrm{SV}}^{\mathrm{r}}=B_{1}\frac{1}{2c_{\mathrm{S}}}\frac{\partial f_{\mathrm{SV}}^{\mathrm{r}}(t,x,y,z)}{\partial t}\sin 2\theta\sin^{2}\gamma \tag{3-96}$$

$$\varepsilon_{z\mathrm{SV}}^{\mathrm{r}}=-B_{1}\frac{1}{2c_{\mathrm{S}}}\frac{\partial f_{\mathrm{SV}}^{\mathrm{r}}(t,x,y,z)}{\partial t}\sin 2\theta \tag{3-97}$$

$$\varepsilon_{xy\mathrm{SV}}^{\mathrm{r}}=B_{1}\frac{1}{2c_{\mathrm{S}}}\frac{\partial f_{\mathrm{SV}}^{\mathrm{r}}(t,x,y,z)}{\partial t}\sin 2\theta\sin 2\gamma \tag{3-98}$$

$$\varepsilon_{yz\mathrm{SV}}^{\mathrm{r}}=B_{1}\frac{1}{c_{\mathrm{S}}}\frac{\partial f_{\mathrm{SV}}^{\mathrm{r}}(t,x,y,z)}{\partial t}\cos 2\theta\sin\gamma \tag{3-99}$$

$$\varepsilon_{zx\mathrm{SV}}^{\mathrm{r}}=-B_{1}\frac{1}{c_{\mathrm{S}}}\frac{\partial f_{\mathrm{SV}}^{\mathrm{r}}(t,x,y,z)}{\partial t}\cos 2\theta\cos\gamma \tag{3-100}$$

反射 SV 波引起的单元应力为

$$\sigma_{x\mathrm{SV}}^{\mathrm{r}}=B_{1}\frac{G}{c_{\mathrm{S}}}\frac{\partial f_{\mathrm{SV}}^{\mathrm{r}}(t,x,y,z)}{\partial t}\sin 2\theta\cos^{2}\gamma \tag{3-101}$$

$$\sigma_{y\mathrm{SV}}^{\mathrm{r}}=B_{1}\frac{G}{c_{\mathrm{S}}}\frac{\partial f_{\mathrm{SV}}^{\mathrm{r}}(t,x,y,z)}{\partial t}\sin 2\theta\sin^{2}\gamma \tag{3-102}$$

$$\sigma_{z\mathrm{SV}}^{\mathrm{r}}=B_{1}\frac{G}{c_{\mathrm{S}}}\frac{\partial f_{\mathrm{SV}}^{\mathrm{r}}(t,x,y,z)}{\partial t}\sin 2\theta \tag{3-103}$$

$$\tau_{xy\mathrm{SV}}^{\mathrm{r}}=B_{1}\frac{G}{2c_{\mathrm{S}}}\frac{\partial f_{\mathrm{SV}}^{\mathrm{r}}(t,x,y,z)}{\partial t}\sin 2\theta\sin 2\gamma \tag{3-104}$$

$$\tau_{yzSV}^{r}=-B_1\frac{G}{c_S}\frac{\partial f_{SV}^{r}(t,x,y,z)}{\partial t}\cos 2\theta\sin\gamma \tag{3-105}$$

$$\tau_{zxSV}^{r}=-B_1\frac{G}{c_S}\frac{\partial f_{SV}^{r}(t,x,y,z)}{\partial t}\cos 2\theta\cos\gamma \tag{3-106}$$

(3) 对于反射 P 波，存在以下关系，即

$$\frac{\partial f_P^{r}(t,x,y,z)}{\partial x}=-\frac{1}{c_P}\frac{\partial f_P^{r}(t,x,y,z)}{\partial t}\sin\zeta\cos\gamma \tag{3-107}$$

$$\frac{\partial f_P^{r}(t,x,y,z)}{\partial y}=-\frac{1}{c_P}\frac{\partial f_P^{r}(t,x,y,z)}{\partial t}\sin\zeta\sin\gamma \tag{3-108}$$

$$\frac{\partial f_P^{r}(t,x,y,z)}{\partial z}=\frac{1}{c_P}\frac{\partial f_P^{r}(t,x,y,z)}{\partial t}\cos\zeta \tag{3-109}$$

反射 P 波引起的单元应变为

$$\varepsilon_{xP}^{r}=B_2\frac{1}{c_P}\frac{\partial f_P^{r}(t,x,y,z)}{\partial t}\sin^2\zeta\cos^2\gamma \tag{3-110}$$

$$\varepsilon_{yP}^{r}=B_2\frac{1}{c_P}\frac{\partial f_P^{r}(t,x,y,z)}{\partial t}\sin^2\zeta\sin^2\gamma \tag{3-111}$$

$$\varepsilon_{zP}^{r}=B_2\frac{1}{c_P}\frac{\partial f_P^{r}(t,x,y,z)}{\partial t}\cos^2\zeta \tag{3-112}$$

$$\varepsilon_{xySV}^{r}=B_2\frac{1}{c_P}\frac{\partial f_P^{r}(t,x,y,z)}{\partial t}\sin^2\zeta\sin 2\gamma \tag{3-113}$$

$$\varepsilon_{yzSV}^{r}=-B_2\frac{1}{c_P}\frac{\partial f_P^{r}(t,x,y,z)}{\partial t}\sin 2\zeta\sin\gamma \tag{3-114}$$

$$\varepsilon_{zxSV}^{r}=-B_2\frac{1}{c_P}\frac{\partial f_P^{r}(t,x,y,z)}{\partial t}\sin 2\zeta\cos\gamma \tag{3-115}$$

反射 P 波引起的单元应力为

$$\sigma_{xP}^{r}=B_2\frac{\lambda+2G\sin^2\zeta\cos^2\gamma}{c_P}\frac{\partial f_P^{r}(t,x,y,z)}{\partial t} \tag{3-116}$$

$$\sigma_{yP}^{r}=B_2\frac{\lambda+2G\sin^2\zeta\sin^2\gamma}{c_P}\frac{\partial f_P^{r}(t,x,y,z)}{\partial t} \tag{3-117}$$

$$\sigma_{zP}^{r}=B_2\frac{\lambda+2G\cos^2\zeta}{c_P}\frac{\partial f_P^{r}(t,x,y,z)}{\partial t} \tag{3-118}$$

$$\tau_{xyP}^{r}=B_2\frac{G\sin^2\zeta\sin 2\gamma}{c_P}\frac{\partial f_P^{r}(t,x,y,z)}{\partial t} \tag{3-119}$$

$$\tau_{yzP}^{r}=-B_2\frac{G\sin 2\zeta\sin\gamma}{c_P}\frac{\partial f_P^{r}(t,x,y,z)}{\partial t} \tag{3-120}$$

$$\tau_{zxP}^{r}=-B_2\frac{G\sin 2\zeta\cos\gamma}{c_P}\frac{\partial f_P^{r}(t,x,y,z)}{\partial t} \tag{3-121}$$

3.3.4 SV 波空间斜入射波动输入数值验证

以图 3-3 中的有限元模型为研究对象，图 3-4 中单位脉冲荷载作为激励荷载。将 SV 波空间斜入射下的等效结点荷载施加在人工边界结点上，并在边界结点上施加阻尼器和弹簧，

建立 SV 波空间斜入射的波动输入方法。为验证所建立的波动输入方法的正确性，图 3-13 和图 3-14 分别为 $\gamma=0°$，$\theta=30°$以及 $\gamma=30°$，$\theta=30°$两种入射方式下地震波在半空间中的传播过程，图 3-15 和图 3-16 分别为 $\gamma=0°$，$\theta=30°$以及 $\gamma=30°$，$\theta=30°$两种入射方式下表面中心点 B(50，50，100）的位移时程，并将其与解析解进行对比。

图 3-13 和图 3-14 表明，数值算例可以很好地反映地震波在半空间内的传播过程，能够模拟地震波的波型转换、地震波入射方位角和斜入射角。图 3-15 和图 3-16 表明，半空间自由表面中心点的各方向的数值位移时程与理论解拟合良好，验证了本文建立的波动输入方法能够模拟地震波的波型转换，以及入射方位角和斜入射角，并且计算精度较高。

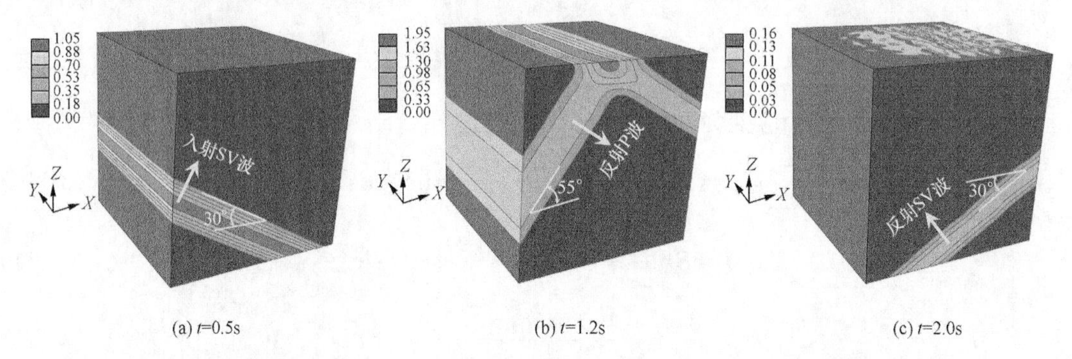

图 3-13　$\gamma=0°$，$\theta=30°$入射方式下半空间内地震波传播过程

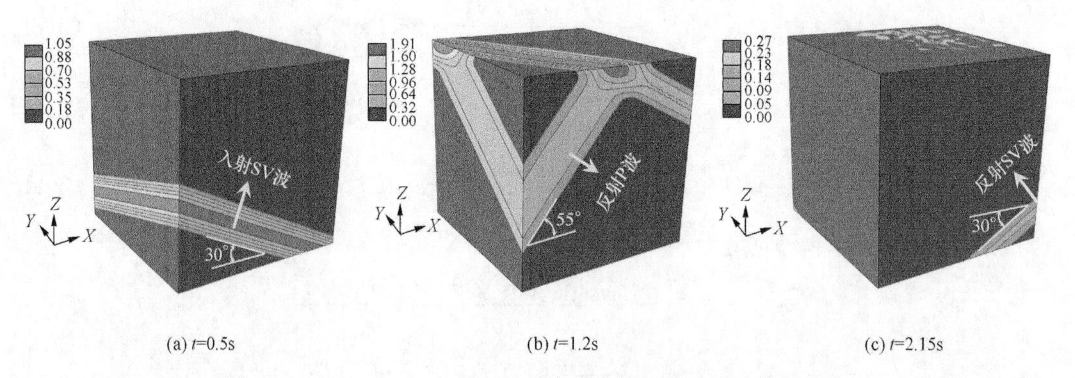

图 3-14　$\gamma=30°$，$\theta=30°$入射方式下半空间内地震波传播过程

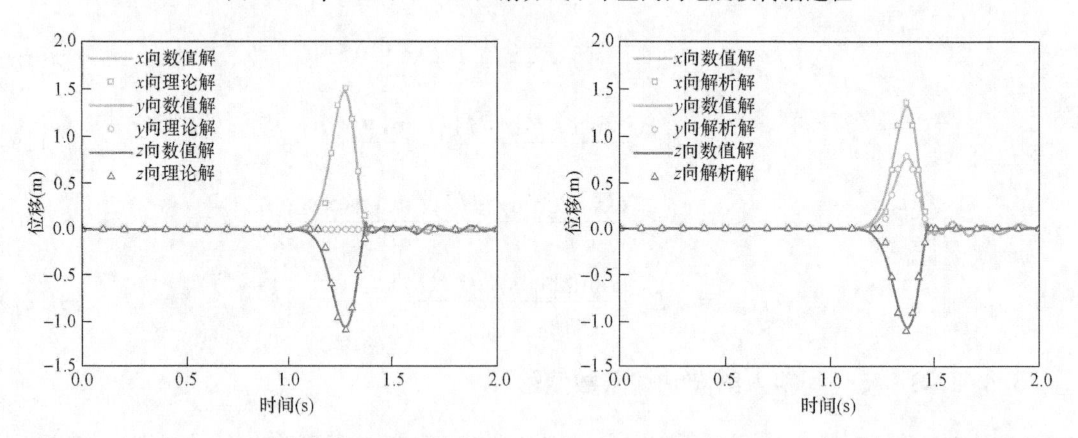

图 3-15　$\gamma=0°$，$\theta=30°$时自由表面点 B 位移时程　图 3-16　$\gamma=30°$和 $\theta=30°$时自由表面点 B 位移时程

3.3.5　SH 波空间斜入射波动输入

本节对 SH 波斜入射下的自由场应力进行推导分析，在图 2-6 中，人工边界上自由场由直接入射 SH 波和地表反射 SH 波构成，对应的位移时程分别为 $h_{SH}^{i}(t,x,y,z)$、$h_{SH}^{r}(t,x,y,z)$。

（1）对于入射 SH 波，存在以下关系，即

$$\frac{\partial h_{SH}^{i}(t,x,y,z)}{\partial x}=-\frac{1}{c_S}\frac{\partial h_{SH}^{i}(t,x,y,z)}{\partial t}\sin\varphi\cos\gamma \tag{3-122}$$

$$\frac{\partial h_{SH}^{i}(t,x,y,z)}{\partial y}=-\frac{1}{c_S}\frac{\partial h_{SH}^{i}(t,x,y,z)}{\partial t}\sin\varphi\cos\gamma \tag{3-123}$$

$$\frac{\partial h_{SH}^{i}(t,x,y,z)}{\partial z}=-\frac{1}{c_S}\frac{\partial h_{SH}^{i}(t,x,y,z)}{\partial t}\cos\varphi \tag{3-124}$$

入射 SH 波引起的单元应变为

$$\varepsilon_{xSH}^{i}=-\frac{1}{2c_S}\frac{\partial h_{SH}^{i}(t,x,y,z)}{\partial t}\sin\varphi\sin2\gamma \tag{3-125}$$

$$\varepsilon_{ySH}^{i}=-\frac{1}{2c_S}\frac{\partial h_{SH}^{i}(t,x,y,z)}{\partial t}\sin\varphi\sin2\gamma \tag{3-126}$$

$$\varepsilon_{zSH}^{i}=0 \tag{3-127}$$

$$\varepsilon_{xySH}^{i}=\frac{1}{c_S}\frac{\partial h_{SH}^{i}(t,x,y,z)}{\partial t}\sin\varphi\cos2\gamma \tag{3-128}$$

$$\varepsilon_{yzSH}^{i}=\frac{1}{c_S}\frac{\partial h_{SH}^{i}(t,x,y,z)}{\partial t}\cos\varphi\cos\gamma \tag{3-129}$$

$$\varepsilon_{zxSH}^{i}=-\frac{1}{c_S}\frac{\partial h_{SH}^{i}(t,x,y,z)}{\partial t}\cos\varphi\sin\gamma \tag{3-130}$$

入射 SH 波引起的单元应力为

$$\sigma_{xSH}^{i}=-\frac{G}{c_S}\frac{\partial h_{SH}^{i}(t,x,y,z)}{\partial t}\sin\varphi\sin2\gamma \tag{3-131}$$

$$\sigma_{ySH}^{i}=\frac{G}{c_S}\frac{\partial h_{SH}^{i}(t,x,y,z)}{\partial t}\sin\varphi\sin2\gamma \tag{3-132}$$

$$\sigma_{zSH}^{i}=0 \tag{3-133}$$

$$\tau_{xySH}^{i}=\frac{G}{c_S}\frac{\partial h_{SH}^{i}(t,x,y,z)}{\partial t}\sin\varphi\cos2\gamma \tag{3-134}$$

$$\tau_{yzSH}^{i}=\frac{G}{c_S}\frac{\partial h_{SH}^{i}(t,x,y,z)}{\partial t}\cos\varphi\cos\gamma \tag{3-135}$$

$$\tau_{zxSH}^{i}=-\frac{G}{c_S}\frac{\partial h_{SH}^{i}(t,x,y,z)}{\partial t}\cos\varphi\sin\gamma \tag{3-136}$$

（2）对于反射 SH 波，存在以下关系，即

$$\frac{\partial h_{SH}^{r}(t,x,y,z)}{\partial x}=-\frac{1}{c_S}\frac{\partial h_{SH}^{r}(t,x,y,z)}{\partial t}\sin\varphi\cos\gamma \tag{3-137}$$

$$\frac{\partial h_{SH}^{r}(t,x,y,z)}{\partial y}=-\frac{1}{c_S}\frac{\partial h_{SH}^{r}(t,x,y,z)}{\partial t}\sin\varphi\sin\gamma \tag{3-138}$$

$$\frac{\partial h_{SH}^{r}(t,x,y,z)}{\partial z}=\frac{1}{c_S}\frac{\partial h_{SH}^{r}(t,x,y,z)}{\partial t}\cos\varphi \tag{3-139}$$

反射 SH 波引起的单元应变为

$$\varepsilon_{xSH}^{r}=-\frac{1}{2c_S}\frac{\partial h_{SH}^{r}(t,x,y,z)}{\partial t}\sin\varphi\sin2\gamma \tag{3-140}$$

$$\varepsilon_{ySH}^{r}=\frac{1}{2c_S}\frac{\partial h_{SH}^{r}(t,x,y,z)}{\partial t}\sin\varphi\sin2\gamma \tag{3-141}$$

$$\varepsilon_{zSH}^{r}=0 \tag{3-142}$$

$$\varepsilon_{xySH}^{r}=\frac{1}{c_S}\frac{\partial h_{SH}^{r}(t,x,y,z)}{\partial t}\sin\varphi\cos2\gamma \tag{3-143}$$

$$\varepsilon_{yzSH}^{r}=-\frac{1}{c_S}\frac{\partial h_{SH}^{r}(t,x,y,z)}{\partial t}\cos\varphi\cos\gamma \tag{3-144}$$

$$\varepsilon_{zxSH}^{r}=\frac{1}{c_S}\frac{\partial h_{SH}^{r}(t,x,y,z)}{\partial t}\cos\varphi\sin\gamma \tag{3-145}$$

反射 SH 波引起的单元应力为

$$\sigma_{xSH}^{r}=-\frac{G}{c_S}\frac{\partial h_{SH}^{r}(t,x,y,z)}{\partial t}\sin\varphi\sin2\gamma \tag{3-146}$$

$$\sigma_{ySH}^{r}=\frac{G}{c_S}\frac{\partial h_{SH}^{r}(t,x,y,z)}{\partial t}\sin\varphi\sin2\gamma \tag{3-147}$$

$$\sigma_{zSH}^{r}=0 \tag{3-148}$$

$$\tau_{xySH}^{r}=\frac{G}{c_S}\frac{\partial h_{SH}^{r}(t,x,y,z)}{\partial t}\sin\varphi\cos2\gamma \tag{3-149}$$

$$\tau_{yzSH}^{r}=-\frac{G}{c_S}\frac{\partial h_{SH}^{r}(t,x,y,z)}{\partial t}\cos\varphi\cos\gamma \tag{3-150}$$

$$\sigma_{zxSH}^{r}=\frac{G}{c_S}\frac{\partial h_{SH}^{r}(t,x,y,z)}{\partial t}\cos\varphi\sin\gamma \tag{3-151}$$

3.3.6 SH 波空间斜入射波动输入数值验证

以图 3-3 中的半空间有限域为数值算例，图 3-4 中的单位脉冲荷载作为动力激励。在有限域人工边界结点三个自由度上均施加并联的弹簧和阻尼器，并且施加平面 SH 波三维斜入射引起的等效结点荷载。为验证本节建立的平面 SH 波三维斜入射下波动输入方法的正确性，研究了有限域半空间地震波的传播过程和自由表面中心点 B 的自由场位移时程。图 3-17 和图 3-18 分别为入射方位角 $\gamma=0°$ 和入射角 $\varphi=30°$ 以及入射方位角 $\gamma=30°$ 和入射角 $\varphi=30°$ 两种入射方式下有限域半空间内地震波传播过程，图 3-19 和图 3-20 分别为入射方位角 $\gamma=0°$ 和入射角 $\varphi=30°$ 以及入射方位角 $\gamma=30°$ 和入射角 $\varphi=30°$ 两种入射方式下自由表面中心点 B 位移时程。

图 3-17 和图 3-18 表明，建立的平面 SH 波三维斜入射波动输入方法可以很好地模拟半空间内地震波传播过程，反映出地震波波型转换、入射方位角和斜入射角。图 3-19 和图 3-20 表明，数值模拟的自由表面中心点 B 各方向位移时程与解析解拟合良好，计算精度较高。从而验证了建立的平面 SH 波三维斜入射波动输入方法的正确性。

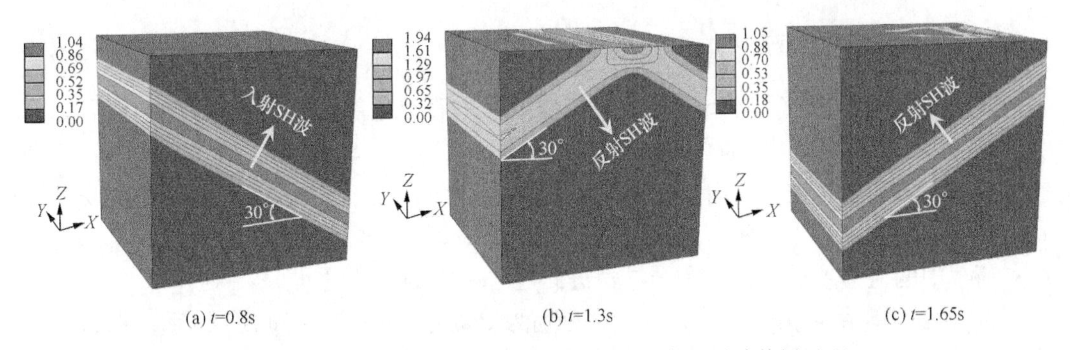

图 3-17　$\gamma=0°$，$\varphi=30°$入射方式下半空间内地震波传播过程

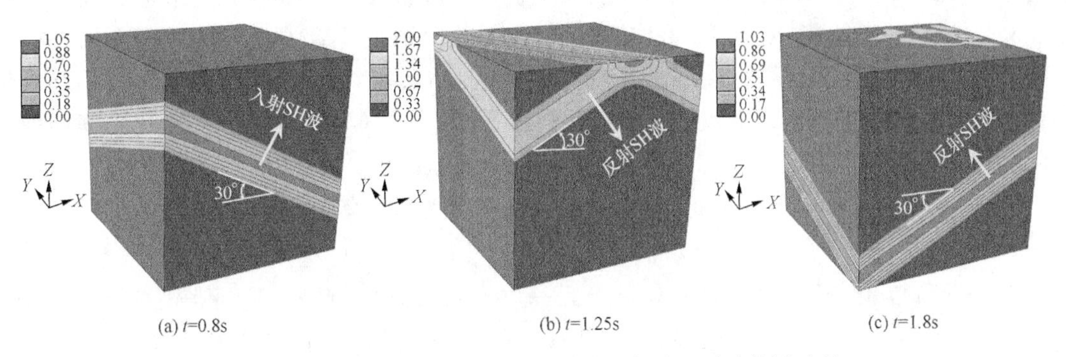

图 3-18　$\gamma=30°$，$\varphi=30°$时有限域半空间内地震波传播过程

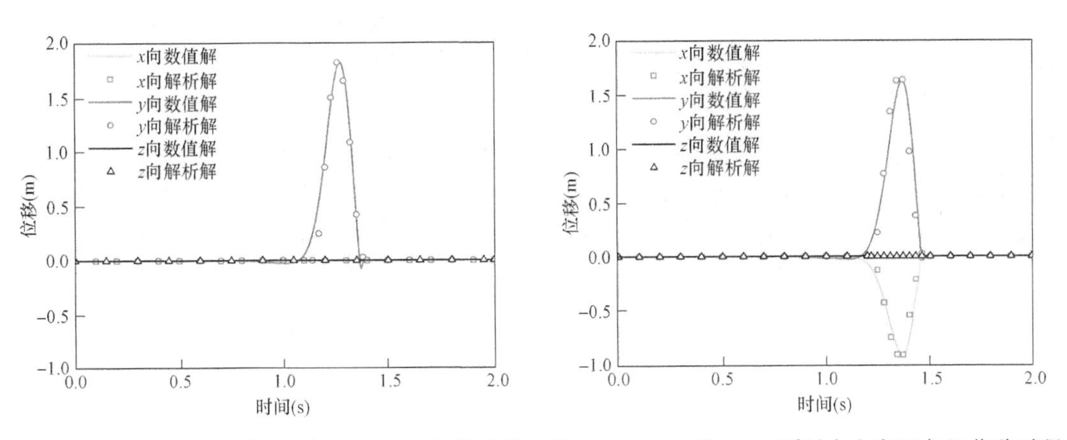

图 3-19　$\gamma=0°$，$\varphi=30°$时自由表面点 B 位移时程　图 3-20　$\gamma=30°$，$\varphi=30°$时自由表面点 B 位移时程

3.4　P 波、SV 波和 SH 波三维组合斜入射波动输入及数值验证

2.5 和 2.6 基于地表两向和三向设计地震动反演基岩中与入射角相关的入射波时程，构建了平面 P 波和 SV 波二维组合斜入射以及平面 P 波、SV 波和 SH 波三维组合斜入射下半空间自由场运动。其中平面 P 波和 SV 波二维组合斜入射是平面 P 波、SV 波和 SH 波三维组合斜入射的特殊情况，为此，本节对平面 P 波、SV 波和 SH 波组合斜入射引起的等效结点荷载进行推导，建立三维组合斜入射波动输入，验证其计算精度。

3.4.1 波动输入建立

何建涛等[77]建立了P波、SV波和SH波组合垂直入射波动输入，Huang等[131]和Liu等[170]分别建立了P波和SV波二维平面内斜入射波动输入，Sun等[134]和Huang等[132]分别建立了P波和SV波三维空间内斜入射波动输入。目前，关于P波、SV波和SH波三维组合斜入射下波动输入尚未有相关报道，本节针对P波、SV波和SH波三维组合斜入射下等效结点荷载中的应力项进行分析和推导，进而建立相应的波动输入。

图2-16表明自由场由3个波系构成，分别为P波系、SV波系和SH波系。那么，平面P波、SV波和SH三维组合斜入射产生的等效结点荷载由三个波系引起的等效结点荷载叠加构成。2.3～2.5分别构建了平面P波、SV波和SH波空间三维斜入射下边界面上位移场，3.4～3.6基于位移与应变关系、应变与应力关系分别推导了平面P波、SV波和SH波三维空间斜入射下边界面上自由场应力。通过在边界结点各个方向上叠加3个波系引起的位移、速度和应力，进而代入等效结点荷载计算式（3-6）～式(3-10)，以及在边界上施加弹簧和阻尼器，从而建立平面P波、SV波和SH波三维组合斜入射波动输入。

式（3-6）和式（3-7）中的$\sigma_{x\mathrm{B}}(t)$、$\tau_{xy\mathrm{B}}(t)$、$\tau_{xz\mathrm{B}}(t)$计算式为

$$\begin{cases}\sigma_{x\mathrm{B}}(t)=\sigma_{x\mathrm{P}}^{\mathrm{i}}(t)+\sigma_{x\mathrm{P}}^{\mathrm{r}}(t)+\sigma_{x\mathrm{SV}}^{\mathrm{r}}(t)+\sigma_{x\mathrm{SV}}^{\mathrm{i}}(t)+\sigma_{x\mathrm{SV}}^{\mathrm{r}}(t)+\sigma_{x\mathrm{P}}^{\mathrm{r}}(t)+\sigma_{x\mathrm{SH}}^{\mathrm{i}}(t)+\sigma_{x\mathrm{SH}}^{\mathrm{r}}(t)\\ \tau_{xy\mathrm{B}}(t)=\tau_{xy\mathrm{P}}^{\mathrm{i}}(t)+\tau_{xy\mathrm{P}}^{\mathrm{r}}(t)+\tau_{xy\mathrm{SV}}^{\mathrm{r}}(t)+\tau_{xy\mathrm{SV}}^{\mathrm{i}}(t)+\tau_{xy\mathrm{SV}}^{\mathrm{r}}(t)+\tau_{xy\mathrm{P}}^{\mathrm{r}}(t)+\tau_{xy\mathrm{SH}}^{\mathrm{i}}(t)+\tau_{xy\mathrm{SH}}^{\mathrm{r}}(t)\\ \tau_{xz\mathrm{B}}(t)=\tau_{xz\mathrm{P}}^{\mathrm{i}}(t)+\tau_{xz\mathrm{P}}^{\mathrm{r}}(t)+\tau_{xz\mathrm{SV}}^{\mathrm{r}}(t)+\tau_{xz\mathrm{SV}}^{\mathrm{i}}(t)+\tau_{xz\mathrm{SV}}^{\mathrm{r}}(t)+\tau_{xz\mathrm{P}}^{\mathrm{r}}(t)+\tau_{xz\mathrm{SH}}^{\mathrm{i}}(t)+\tau_{xz\mathrm{SH}}^{\mathrm{r}}(t)\end{cases} \tag{3-152}$$

式中：第一个下标表示应力分量的方向，第二个下标表示地震波类型，上标i表示入射波，上标r表示反射波，式中右侧各应力分项已经在3.3中推导。

式（3-8）和式（3-9）中的$\tau_{xy\mathrm{B}}(t)$、$\sigma_{y\mathrm{B}}(t)$、$\tau_{yz\mathrm{B}}(t)$计算式为

$$\begin{cases}\tau_{xy\mathrm{B}}(t)=\tau_{xy\mathrm{P}}^{\mathrm{i}}(t)+\tau_{xy\mathrm{P}}^{\mathrm{r}}(t)+\tau_{xy\mathrm{SV}}^{\mathrm{r}}(t)+\tau_{xy\mathrm{SV}}^{\mathrm{i}}(t)+\tau_{xy\mathrm{SV}}^{\mathrm{r}}(t)+\tau_{xy\mathrm{P}}^{\mathrm{r}}(t)+\tau_{xy\mathrm{SH}}^{\mathrm{i}}(t)+\tau_{xy\mathrm{SH}}^{\mathrm{r}}(t)\\ \sigma_{y\mathrm{B}}(t)=\sigma_{y\mathrm{P}}^{\mathrm{i}}(t)+\sigma_{y\mathrm{P}}^{\mathrm{r}}(t)+\sigma_{y\mathrm{SV}}^{\mathrm{r}}(t)+\sigma_{y\mathrm{SV}}^{\mathrm{i}}(t)+\sigma_{y\mathrm{SV}}^{\mathrm{r}}(t)+\sigma_{y\mathrm{P}}^{\mathrm{r}}(t)+\sigma_{y\mathrm{SH}}^{\mathrm{i}}(t)+\sigma_{y\mathrm{SH}}^{\mathrm{r}}(t)\\ \tau_{yz\mathrm{B}}(t)=\tau_{yz\mathrm{P}}^{\mathrm{i}}(t)+\tau_{yz\mathrm{P}}^{\mathrm{r}}(t)+\tau_{yz\mathrm{SV}}^{\mathrm{r}}(t)+\tau_{yz\mathrm{SV}}^{\mathrm{i}}(t)+\tau_{yz\mathrm{SV}}^{\mathrm{r}}(t)+\tau_{yz\mathrm{P}}^{\mathrm{r}}(t)+\tau_{yz\mathrm{SH}}^{\mathrm{i}}(t)+\tau_{yz\mathrm{SH}}^{\mathrm{r}}(t)\end{cases} \tag{3-153}$$

式（3-10）中$\tau_{xz\mathrm{B}}(t)$、$\tau_{yz\mathrm{B}}(t)$、$\sigma_{z\mathrm{B}}(t)$计算式为

$$\begin{cases}\tau_{xz\mathrm{B}}(t)=\tau_{xz\mathrm{P}}^{\mathrm{i}}(t)+\tau_{xz\mathrm{P}}^{\mathrm{r}}(t)+\tau_{xz\mathrm{SV}}^{\mathrm{r}}(t)+\tau_{xz\mathrm{SV}}^{\mathrm{i}}(t)+\tau_{xz\mathrm{SV}}^{\mathrm{r}}(t)+\tau_{xz\mathrm{P}}^{\mathrm{r}}(t)+\tau_{xz\mathrm{SH}}^{\mathrm{i}}(t)+\tau_{xz\mathrm{SH}}^{\mathrm{r}}(t)\\ \tau_{yz\mathrm{B}}(t)=\tau_{yz\mathrm{P}}^{\mathrm{i}}(t)+\tau_{yz\mathrm{P}}^{\mathrm{r}}(t)+\tau_{yz\mathrm{SV}}^{\mathrm{r}}(t)+\tau_{yz\mathrm{SV}}^{\mathrm{i}}(t)+\tau_{yz\mathrm{SV}}^{\mathrm{r}}(t)+\tau_{yz\mathrm{P}}^{\mathrm{r}}(t)+\tau_{yz\mathrm{SH}}^{\mathrm{i}}(t)+\tau_{yz\mathrm{SH}}^{\mathrm{r}}(t)\\ \sigma_{z\mathrm{B}}(t)=\sigma_{z\mathrm{P}}^{\mathrm{i}}(t)+\sigma_{z\mathrm{P}}^{\mathrm{r}}(t)+\sigma_{z\mathrm{SV}}^{\mathrm{r}}(t)+\sigma_{z\mathrm{SV}}^{\mathrm{i}}(t)+\sigma_{z\mathrm{SV}}^{\mathrm{r}}(t)+\sigma_{z\mathrm{P}}^{\mathrm{r}}(t)+\sigma_{z\mathrm{SH}}^{\mathrm{i}}(t)+\sigma_{z\mathrm{SH}}^{\mathrm{r}}(t)\end{cases} \tag{3-154}$$

3.4.2 波动输入数值验证

为验证上述建立的P波、SV波和SH波三维组合斜入射波动输入方法的正确性。以图3-21中的盒状地基为数值算例，地基的长度$L_x=L_y=100.0\mathrm{m}$，高度$H=50.0\mathrm{m}$，地基介质密度、弹性模量和泊松比分别为$2750\mathrm{kg/m^3}$、8GPa和0.24，有限元单元尺寸为2.0m，满足波动模拟精度要求。图3-22所示为自由表面控制点O处地震动位移时程，控制点O距点A的水平距离为500.0m，x向、y向和z向位移时程相同，峰值为1.0m，持时为2.0s，

荷载增量步为 0.001s。反演 P 波、SV 波和 SH 波入射波时程，进而构建盒状地基边界结点上的自由场，转化为等效结点荷载。分析 P 波入射角 $\alpha=60°$，SV 波入射角 $\theta=30°$，SH 波入射角 $\varphi=45°$，三者入射方位角 $\gamma=30°$的入射方式下自由表面点 B 自由场反应。

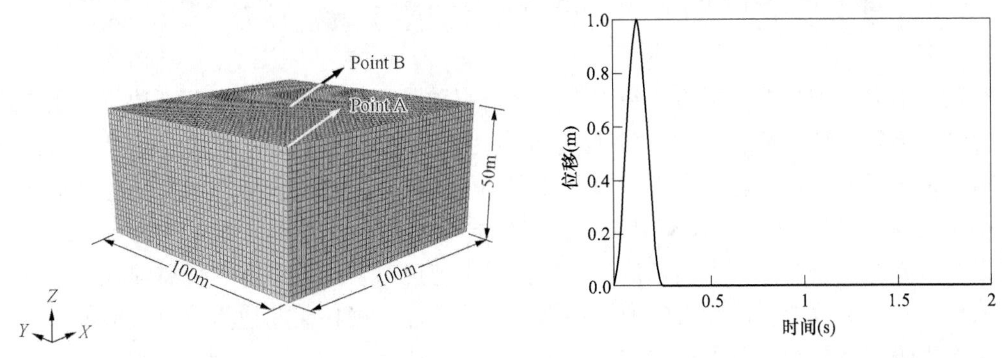

图 3-21　盒状地基有限元模型　　　　图 3-22　控制点 O 地震动位移时程

图 3-23 所示为点 B 三向位移时程。图 3-23 表明数值位移时程与解析解拟合良好，建立的 P 波、SV 波和 SH 波三维组合斜入射波动输入方法是正确的，计算精度较高。B 点处位移峰值和持时与控制点有明显的差异。与控制点相比，B 点 x 向位移峰值增大了 6.1%、y 向和 z 向位移峰值分别减小了 4.7%和 0.4%，位移时程持时增加了 0.371s。B 点三个方向初始振动时刻也存在差异，x、y 向和 z 向初始振动时刻分别为 0.281s、0.316s 和 0.282s。

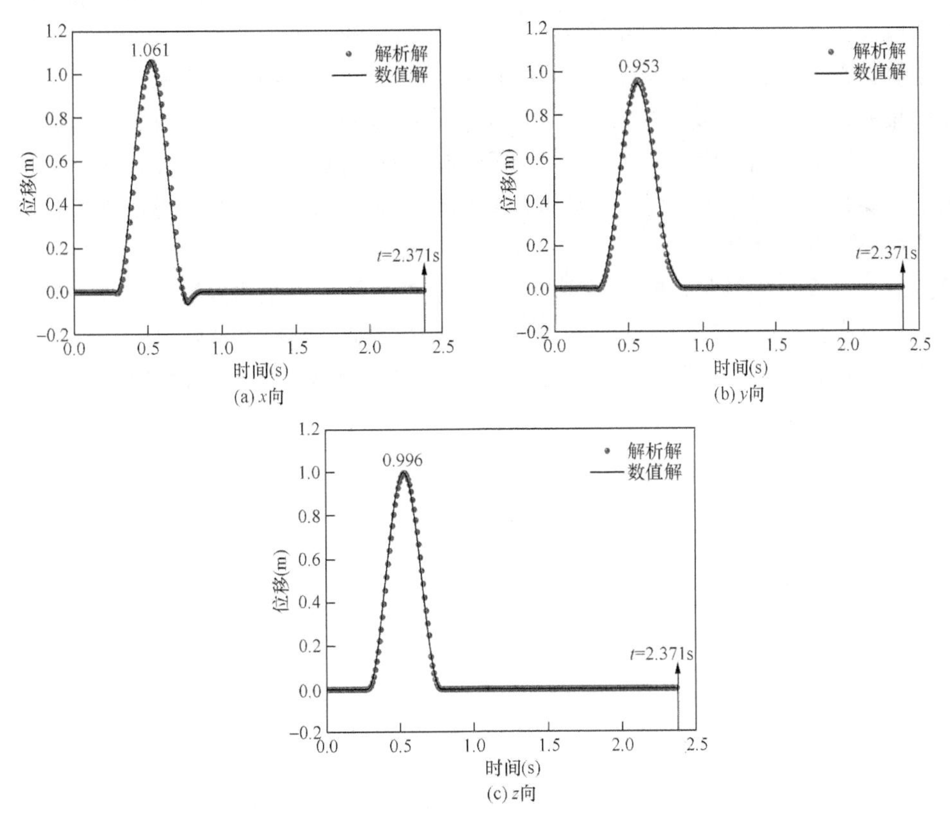

图 3-23　自由表面中心点 B 三向位移时程

上述结果也表明建立的P波、SV波和SH波三维组合斜入射波动输入方法能够模拟地震动空间非一致性。

3.5 建立适用于非线性成层覆盖层地基的波动输入

与黏性边界和黏弹性人工边界条件配套的地震动波动输入方法是将截断边界面上自由场转化为结点上等效结点荷载[33,171]，关键是确定阻尼系数和刚度系数和截断边界处自由场反应。对于覆盖层地基，需要考虑人工边界参数和等效结点荷载随土体非线性瞬时动响应的变化。杨正权等[162]建立了随土体动剪切模量变化的黏弹性人工边界，地震动输入方式采用在地基截断边界结点上施加一条同相位、等幅值的加速度时程，即以等效地震惯性力的形式一致输入地震动。等效地震惯性力的地震动输入方式不能准确在截断边界节点上输入自由场运动，从而影响覆盖层和土石坝地震响应和抗震性能分析。

为减小覆盖层计算规模并且实现更为精确的地震动输入，本节采用黏弹性人工边界单元结合等效结点荷载来解决这两个问题。黏弹性人工边界单元的核心是确定截断边界处的人工边界单元参数，对于覆盖层土体需要考虑人工边界单元参数随土体单元的非线性变化，等效结点荷载由2.7.2中剪切箱模型获得的自由场转化而来。

3.5.1 黏弹性人工边界单元

前面截断人工边界上采用的黏弹性人工边界由离散的连续分布的弹簧和阻尼器构成，是一种集中黏弹性人工边界，在均质弹性岩体中适用性良好，计算精度高。对于非线性覆盖层，侧向截断边界上不同深度单元的力学参数存在明显差异，为使黏弹性人工边界更好地吸收散射波，需要对不同深度处人工边界参数分别赋予最优的值。这里，作者引入刘晶波[172]提出的等效黏弹性人工边界单元，分析其在线弹性介质中的建立方法，然后将其扩展至非线性均质或成层覆盖层地基中。

等效黏弹性人工边界单元的实现方法：在已有的有限元模型边界法向延伸一层普通有限单元，将边界有限单元外侧固定，通过给有限单元赋予等效材料参数使其作用等价于一致黏弹性人工边界单元。边界有限单元等效剪切模量、等效弹性模量和等效泊松比如式（3-155）、式（3-156）和式（3-157）所示。[172]

等效剪切模量为

$$\widetilde{G}=\alpha_{\mathrm{T}}\frac{G}{R_{\mathrm{B}}}h \tag{3-155}$$

等效弹性模量为

$$\widetilde{E}=\alpha_{\mathrm{N}}\frac{G}{R_{\mathrm{B}}}\frac{(1+\widetilde{\upsilon})(1-2\widetilde{\upsilon})}{1-\widetilde{\upsilon}}h \tag{3-156}$$

等效泊松比为

$$\widetilde{\upsilon}=\begin{cases}\dfrac{\alpha-2}{2(\alpha-1)},\alpha\geqslant 2\\ 0,\alpha<2\end{cases} \tag{3-157}$$

$$\alpha = \frac{\alpha_N}{\alpha_T} \tag{3-158}$$

式中：α_N 和 α_T 为法向和切向黏弹性人工边界系数，分别取 1 和 0.5；G 为介质剪切模量；R_B 为散射源至人工边界结点的距离；h 为边界有限单元厚度。

采用与刚度成正比的阻尼集成边界有限单元阻尼矩阵，边界有限单元切向和法向刚度比例阻尼系数分别如式（3-159）和式（3-160）所示，在具体实现过程中，边界有限单元阻尼系数通常取切向刚度比例阻尼系数 $\widetilde{\eta}_t$ 和法向刚度比例阻尼系数 $\widetilde{\eta}_N$ 的平均值，即

$$\widetilde{\eta}_T = \frac{\rho c_S R_B}{\alpha_T G} \tag{3-159}$$

$$\widetilde{\eta}_N = \frac{\rho c_P R_B}{\alpha_N G} \tag{3-160}$$

$$\widetilde{\eta} = \frac{\rho R_B}{G}\left(\frac{c_S}{\alpha_T} + \frac{c_P}{\alpha_N}\right) \tag{3-161}$$

式中：c_P 和 c_S 分别为压缩波和剪切波波速，即

$$c_P = \sqrt{\frac{\lambda + 2G}{\rho}}, \ c_S = \sqrt{\frac{G}{\rho}} \tag{3-162}$$

式中：λ 为拉梅常数；ρ 为介质密度；G 为介质剪切模量。

若模拟的远域介质可视为线弹性材料，在 ABAQUS 有限元软件中对模型边界最外层单元赋予等效弹性模量、等效阻尼比和平均刚度比例阻尼系数，密度设为接近于零足够小值，即可完成线弹性近域的外源波动输入。对于非线性覆盖层地基，作者依然借助于等效线性化的方法反映土体的动力非线性，采用 2.5.1 中等效黏弹性模型模拟土体应力-应变关系，通过迭代计算获得吸收散射场的最优动力人工边界参数。图 3-24 建立了依附于边界内侧土体的非线性等效黏弹性人工边界单元，非线性覆盖层侧向边界等效黏弹性人工边界单元建立流程如下。

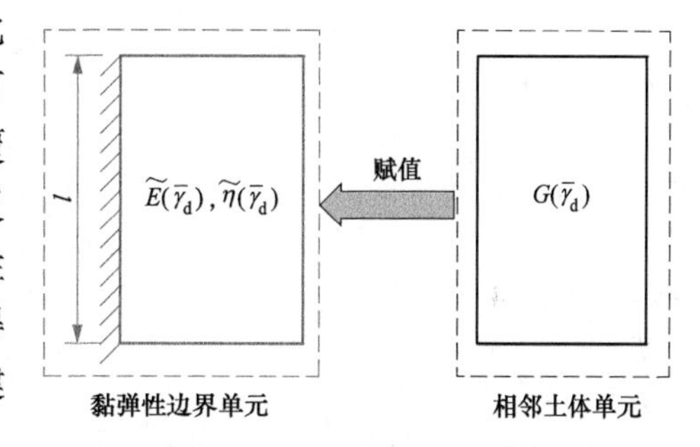

图 3-24 非线性等效黏弹性边界单元

（1）每一次迭代前，由单元震前围压、土体动力参数和上一次迭代过程中的最大动剪应变计算单元动剪切模量。

（2）搜索与最外侧边界有限单元相同高程且相邻的土体单元，依据式（3-155）～式（3-157）和相邻单元的动剪切模量，确定等效弹性模量、等效泊松比和平均刚度比例阻尼系数，赋给对应的最外侧有限单元。

（3）进行下一次迭代，获得地震过程中新的最大动剪应变。

（4）重复（1）～（3），直至满足迭代收敛标准，得到最优的人工边界单元等效参数。

3.5.2 等效结点荷载

2.5 通过简化数值模型数值求解了地震波垂直入射非线性覆盖层自由场，2.6 采用传递矩阵法解析求解地震波斜入射非线性覆盖层自由场，将覆盖层侧向截断边界位置处自由场转化为边界

结点上等效结点荷载，进而实现地震动波动输入。

等效节点荷载公式在不同的截断边界上的形式不同，在覆盖层截断边界底部，等效结点荷载计算公式为

$$\begin{cases}F_x^n(x^n,z^n,t)=K_{\mathrm{T}}^n u_x^n+C_{\mathrm{T}}^n \dot{u}_x^n+\sigma_{xz}^n \\ F_z^n(x^n,z^n,t)=K_{\mathrm{N}}^n u_z^n+C_{\mathrm{N}}^n \dot{u}_z^n+\sigma_{zz}^n\end{cases} \tag{3-163}$$

式中：F_x^n 和 F_z^n 分别为覆盖层底部 x 向和 z 向等效结点荷载，符号上标表示层数，下标表示方向，对于 ABAQUS 有限元软件中，可在有限元模型最外侧单元表面施加上式中的切向和法向均布等效荷载。

覆盖层左侧边界等效节点荷载计算公式为

$$\begin{cases}F_x^i(x^i,z^i,t)=K_{\mathrm{N}}^i u_x^i+C_{\mathrm{N}}^i \dot{u}_x^i-\sigma_{xx}^i \\ F_z^i(x^i,z^i,t)=K_{\mathrm{T}}^i u_z^i+C_{\mathrm{T}}^i \dot{u}_z^i-\sigma_{zz}^i\end{cases} \tag{3-164}$$

覆盖层右侧边界等效节点荷载计算公式为

$$\begin{cases}F_x^i(x^i,z^i,t)=K_{\mathrm{N}}^i u_x^i+C_{\mathrm{N}}^i \dot{u}_x^i+\sigma_{xx}^i \\ F_z^i(x^i,z^i,t)=K_{\mathrm{T}}^i u_z^i+C_{\mathrm{T}}^i \dot{u}_z^i+\sigma_{zz}^i\end{cases} \tag{3-165}$$

式中：分布弹簧系数 K^i 和分布阻尼系数 C^i 与集中黏弹性人工边界参数有关，具体关系式如下。

边界法向为

$$\begin{cases}K_{\mathrm{N}}^i=\alpha_{\mathrm{N}}\dfrac{G^i}{R_{\mathrm{B}}} \\ C_{\mathrm{N}}^i=\widetilde{\eta}^i K_{\mathrm{N}}^i\end{cases} \tag{3-166}$$

边界切向为

$$\begin{cases}K_{\mathrm{T}}^i=\alpha_{\mathrm{T}}\dfrac{G^i}{R_{\mathrm{B}}} \\ C_{\mathrm{T}}^i=\widetilde{\eta}^i K_{\mathrm{T}}^i\end{cases} \tag{3-167}$$

式中：G^i 为第 i 层单元动剪切模量；$\widetilde{\eta}^i$ 为第 i 层单元平均刚度比例阻尼系数。

3.5.3 非线性波动输入流程

针对地震波入射方式的不同建立了不同自由场获取方法，相比较而言，剪切箱模型适用于地震波垂直入射下获取自由场，实现过程简单，适用于距震源较远的坝址场地。建立的基于传递矩阵法和等效线性化方法获取自由场适用于距震源适度远的坝址场地，该方法既可应用于地表地震动已知，也可用于覆盖层一定深度处地震动已知的情况，适用范围广。虽然两种地震波入射方式下散射波吸收问题均采用等效黏弹性人工边界单元，但覆盖层底部输入地震动和自由场获取方式不同，这里分别整合两种入射方式下非线性覆盖层地基的波动输入流程。

1. 地震波垂直入射非线性覆盖层地基波动输入流程

(1) 对平坦基岩地表设计地震动或实测地震动幅值进行 1/2 倍调幅，考虑基岩-覆盖层分层面透射放大效应，获得覆盖层底部输入地震动。

（2）沿覆盖层深度取 1 列竖向网格，建立简化数值模型-剪切箱模型，利用黏性人工边界结合等效结点荷载输入方法计算覆盖层自由场反应，提取单元应力时程和结点速度以及位移时程。

（3）建立覆盖层-沥青心墙土石坝系统有限元模型，覆盖层地基在深度方向取至基岩-覆盖层分层面，两侧向延伸 1 倍坝高。

（4）依据震前初始围压、材料动力参数和最大动剪应变计算单元动剪切模量，确定与覆盖层最外侧边界单元同高程且相邻的单元，计算相邻单元的动剪切模量，从而确定最外侧单元的等效弹性模量、等效泊松比和平均刚度比例阻尼系数，并将最外侧单元外表面自由度固定。

（5）将剪切箱模型获得的自由场反应转化为覆盖层地基边界上的等效结点荷载，迭代计算覆盖层-沥青心墙土石坝动力响应，获得土体单元的最大动剪应变。

（6）重复步骤（4）～（5），直至本次迭代中覆盖层-沥青心墙土石坝所有单元归一化剪应变与前次迭代值误差小于给定的允许值，则计算收敛，否则继续迭代。

图 3-25 所示为地震波垂直入射非线性覆盖层地基波动输入流程图。

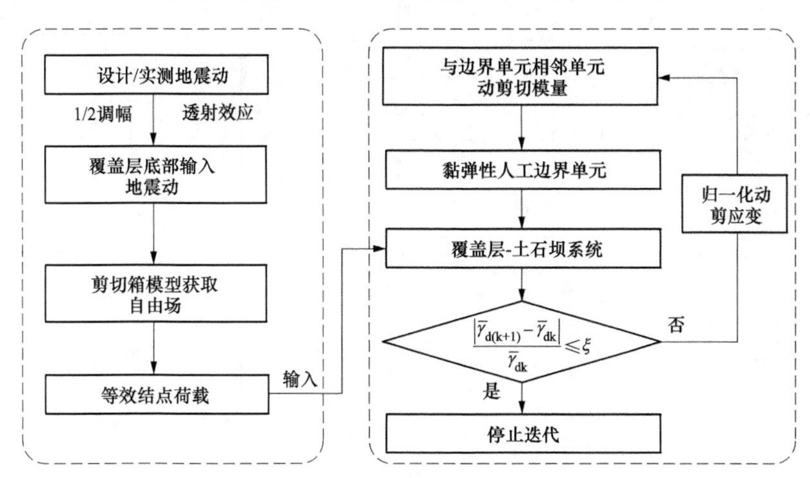

图 3-25　地震波垂直入射下非线性覆盖层地基波动输入流程

以上建立的一整套非线性波动输入方法考虑了基岩-覆盖层分层面处地震波透射放大效应，可较为准确高效获得非线性覆盖层自由场反应，可以考虑黏弹性人工边界刚度矩阵和阻尼矩阵随动剪应变和地基深度的变化，从而实现非线性覆盖层地基截断边界上地震动输入。

2. 地震波斜入射非线性覆盖层地基波动输入流程

（1）依据实际地质剖面建立成层覆盖层有限元模型，对不同地层赋予相应的静力材料参数，计算成层覆盖层的静力效应，提取单元初始围压作为自由场计算的初始条件。

（2）根据不同地层动力材料参数和初始围压，由沈珠江改进的黏弹性模型计算沿深度方向一列单元的最大动剪切模量，通过单元最大动剪切模量 G_{max} 的分布情况对每一地层进行细分，即单元最大动剪切模量相近的划分为一小层。

（3）对地表地震动或一定深度处入射地震动进行傅里叶变换（FFT），基于地表位移和应力条件或由一定深度处入射波幅值联合地表应力条件求解最顶层幅值矩阵 $\boldsymbol{E}^1$，由第 i 层土层与最顶层之间的传递矩阵推出第 i 层幅值矩阵 $\boldsymbol{E}^i$，通过傅里叶逆变换（IFFT）获得土层内时域位移、应力和速度，利用位移和应变以及最大剪应变与主应变的关系求解本次迭代中土层内归一化动剪应变。

(4) 将新的归一化动剪应变代入改进的黏弹性模型中，确定新的等效动剪切模量和等效阻尼比，按照步骤 (3) 求解每一小层的归一化剪应变，以归一化剪应变为迭代收敛指标，若本次迭代计算值与上一次迭代计算值的误差满足规定允许值，则迭代收敛，否则继续迭代，直至迭代满足规定允许值为止。

(5) 将满足迭代收敛的等效动剪切模量和等效阻尼比作为水平成层覆盖层自由场最终动力计算参数，按照 (3) 在频域内计算水平成层覆盖层地震响应，采用傅里叶逆变换获得自由场应力、位移和速度时域解。

图 3-26 所示为地震波斜入射非线性覆盖层地基波动输入流程图。

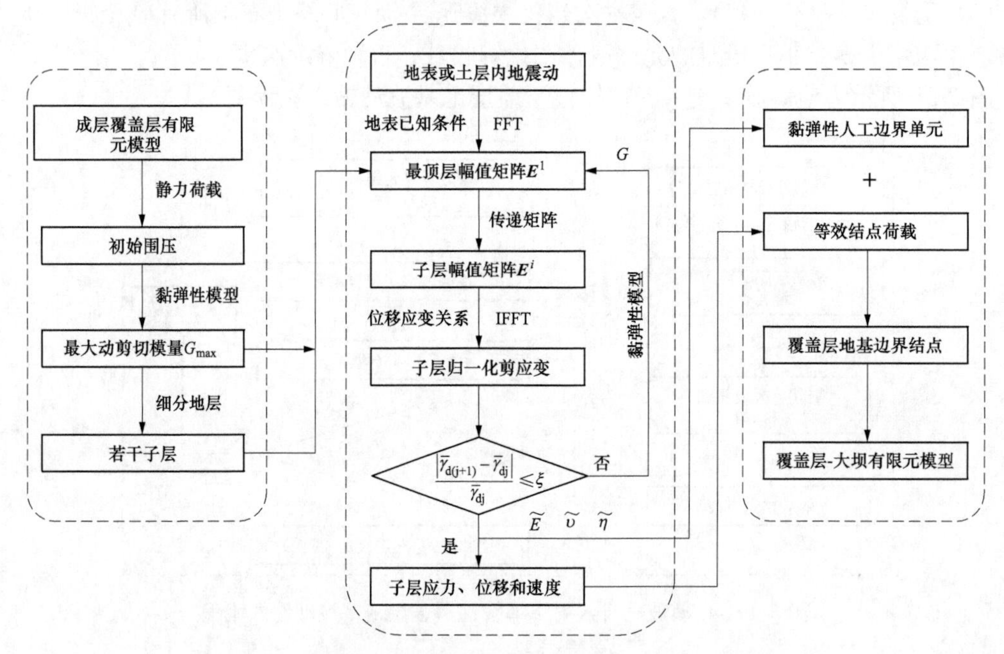

图 3-26　地震波斜入射非线性覆盖层地基波动输入流程图

3.5.4　非线性波动输入验证

地震波垂直入射下，把覆盖层向两侧延伸 10 倍深度长度获得的自由场作为近似精确解，在验证过程中以 10 倍覆盖层深度获得的解为参考解。为了避免烦琐的过程，地震波垂直入射下非线性覆盖层波动输入验证与覆盖层-沥青混凝土心墙坝系统响应计算一同讨论，在第四章给出。对于地震波斜入射非线性覆盖层波动输入方法验证以传递矩阵结合等效线性化方法解析求解的自由场为参考解，以下分别对弹性双层覆盖层和非线性多层覆盖层为对象验证本文建立的波动输入方法。

1. 弹性双层覆盖层

以图 3-27 中弹性水平双层覆盖层为研究对象，土层厚度均为 25m，土层水平向跨度为

100m，采用四结点双线性平面应变四边形单元（CPE4）对有限域双层覆盖层进行离散，有限单元尺寸为1.0m。采用等效黏弹性人工边界单元模拟远域介质的辐射阻尼效应和弹性恢复作用，每一层等效黏弹性人工边界单元等效弹性模量和平均刚度比例阻尼系数按式（3-156）和式（3-161）确定，表3-3为弹性水平双层覆盖层地基力学参数。依据地表面控制点地震动反演覆盖层底部和侧向边界自由场，将其转化为黏弹性边界单元表面上的均布荷载，计算覆盖层地表中心点 A 自由场位移和覆盖层中部自由场应力沿深度变化，并与参考解对比。控制点 O 地震动为实测天然地震波（EI-Centre波），其水平向和竖向地震动位移时程分布如图2-18（a）和图2-19（c）所示。靠近地表土层内上行P波入射角为30°，上行SV波入射角以及下行P波和SV波反射角由Snell定律确定。

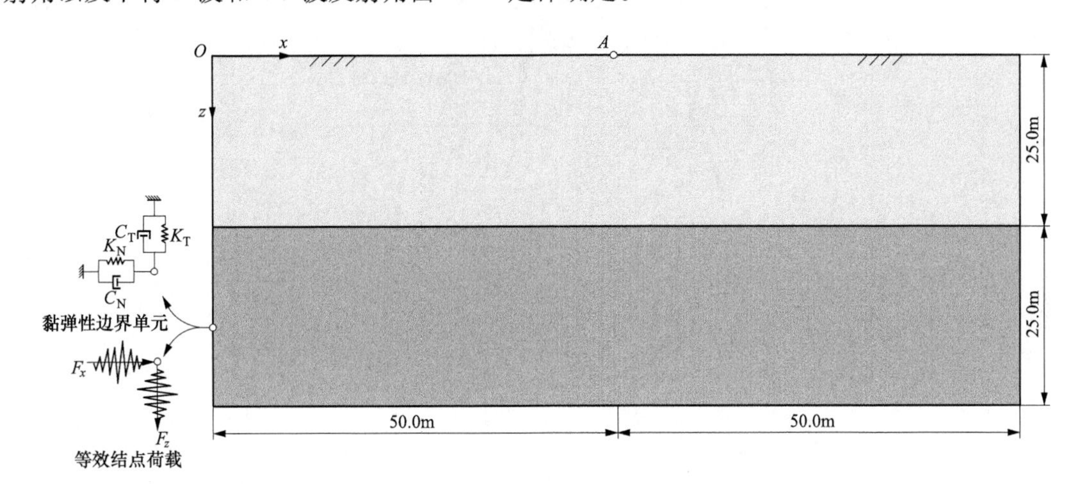

图3-27　弹性水平双层覆盖层

表3-3　　弹性水平双层覆盖层地基力学参数

土层	密度 ρ（kg/m³）	弹性模量 E(MPa)	泊松比 μ
层1	1000	6.25	0.25
层2	1000	12.5	0.25

图3-28所示为覆盖层地表面中心点 A 的自由场位移时程。图3-29所示为覆盖层中部自由场应力峰值沿深度的分布规律。

图3-28和图3-29表明，地表面点 A 自由场位移数值解与解析解拟合良好，沿覆盖层深度方向的自由场应力峰值也非常接近解析解，结果表明，本文建立的波动输入方法应用于弹性成层覆盖层地基有较高的计算精度。

2. 非线性成层覆盖层

以某拟建大坝坝址河床深厚覆盖层地基为原型，验证作者建立的地震波斜入射非线性波动输入方法。根据地质勘探资料，地表以下300m深度范围内，覆盖层近似水平成层，这里覆盖层深度取为240m，如图3-30所示，覆盖层自上而下分为4个地层，第①层为砂卵石层，厚20m；第②层为含砾中砂层，厚70m；第③层为粉质黏土层，厚20m；第④层为粗砂土，厚130m。首先对覆盖层地基进行静力非线性弹性计算，土体应力-应变关系采用

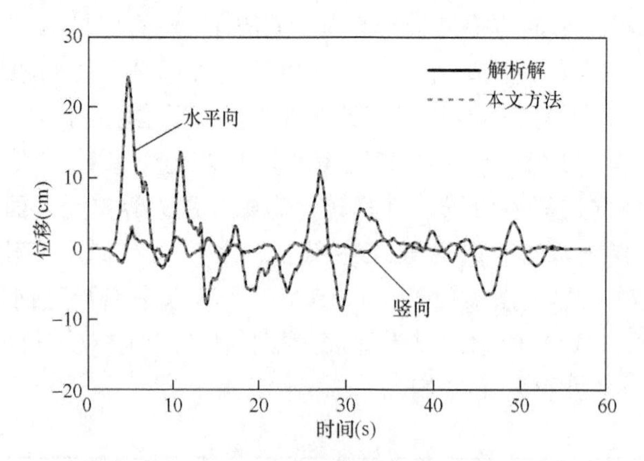

图 3-28　地表面点 A 的自由场位移时程

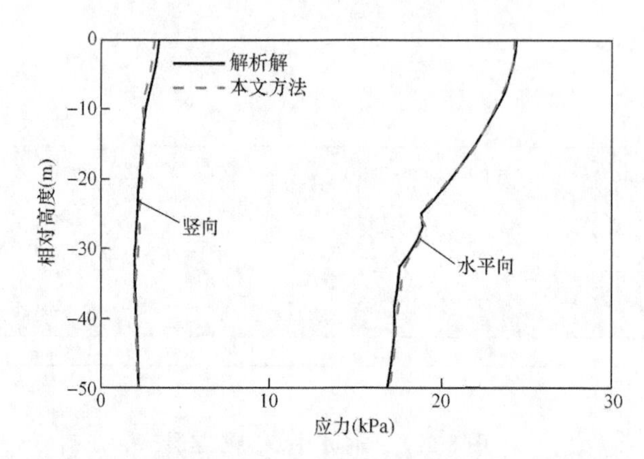

图 3-29　覆盖层中部自由场应力峰值沿深度的分布规律

邓肯-张 E-v 模型模拟，土体静力计算参数如表 3-4 所示，以获取单元震前初始围压，土体动力计算采用改进的黏弹性模型，动力计算参数见表 3-5。依据震前初始围压和动力计算参数确定的最大动剪切模量，将深厚覆盖层地层进一步分成了 33 个小层。

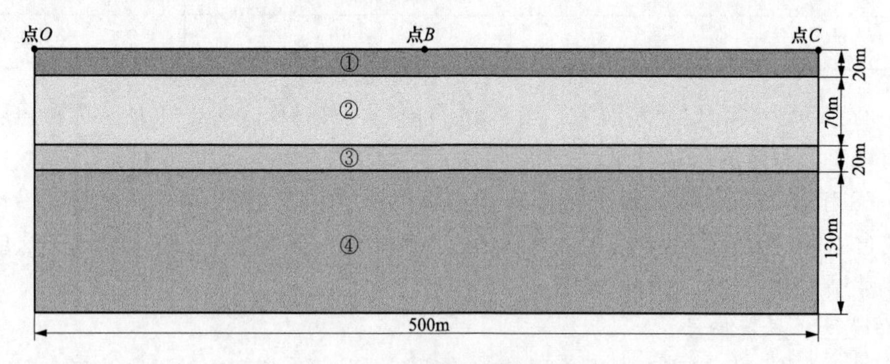

图 3-30　水平成层覆盖层地基

为了与该工程场地设计地震动峰值加速度（0.53g）匹配，将图 2-18（a）水平向地震动和图 2-18（c）竖向地震动幅值分别按 2.65 倍和 1.71 倍调幅，获得覆盖层地表面控制点 O 地震动时程。顶层上行 P 波入射角为 10°，反演覆盖层侧向和底部截断边界上的自由场运动，将其转化为黏弹性人工边界单元上的等效结点荷载输入。

表 3-4　　覆盖层静力计算参数

材料	$\rho_{(施工)}$ (g/cm^3)	K	m	R_f	c(kPa)	φ(°)	G	D	F	K_{ur}
①砂卵石层	1.38	921	0.36	0.79	0	47.2	0.32	6.0	0.1	1866
②含砾中砂层	1.22	728	0.44	0.77	28.4	39.48	0.40	3.3	0.08	1456
③粉质黏土层	1.17	686	0.43	0.8	24.7	38.2	0.39	3.5	0.11	1395
④粗粒土	1.4	1300	0.45	0.68	0	52	0.42	3	0.01	3000

表 3-5　　覆盖层动力计算参数

材料	沈珠江改进的黏弹性模型			
	k_1	k_2	n	λ_{max}
①砂卵石层	15.2	1155.1	0.618	0.245
②含砾中砂层	5.5	382.4	0.612	0.278
③粉质黏土层	4.42	277.1	0.648	0.282
④粗粒土	17.6	1304.4	0.562	0.238

图 3-31 和图 3-32 分别为覆盖层中部位移峰值和应力峰值沿覆盖层深度的变化规律。图 3-32 和图 3-33 表明，本文建立的非线性成层覆盖层波动输入方法获得的数值解与解析解拟合良好，计算误差在 5%以内，能够满足工程精度要求。进一步表明，在土体分层面处，位移和应力有明显的突变，相邻土层力学参数差异越大，分层面处突变越显著。

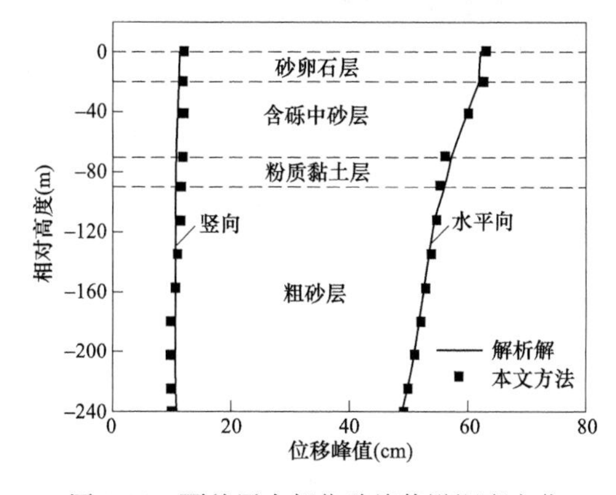

图 3-31　覆盖层中部位移峰值沿深度变化

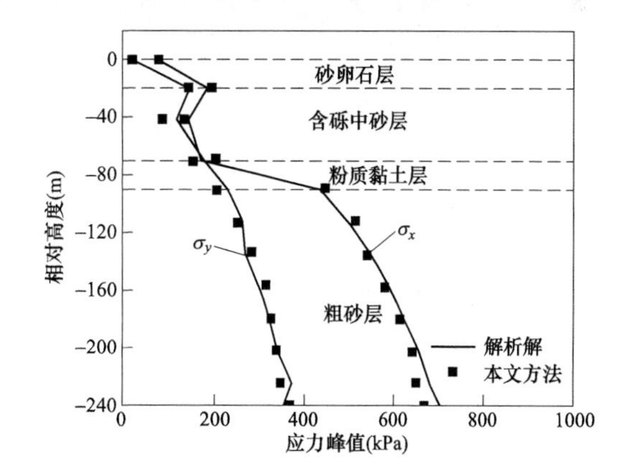

图 3-32　覆盖层中部应力沿深度变化

为反映覆盖层地表地震动的空间差异性，图 3-33 为覆盖层表面点 O、点 B 和点 C 的位移时程。图 3-33 表明，地表面地震动位移时程在幅值和相位方面存在明显的差异，这种差异不仅来源于地震波行波效应，同时与土体动力非线性特性有关。

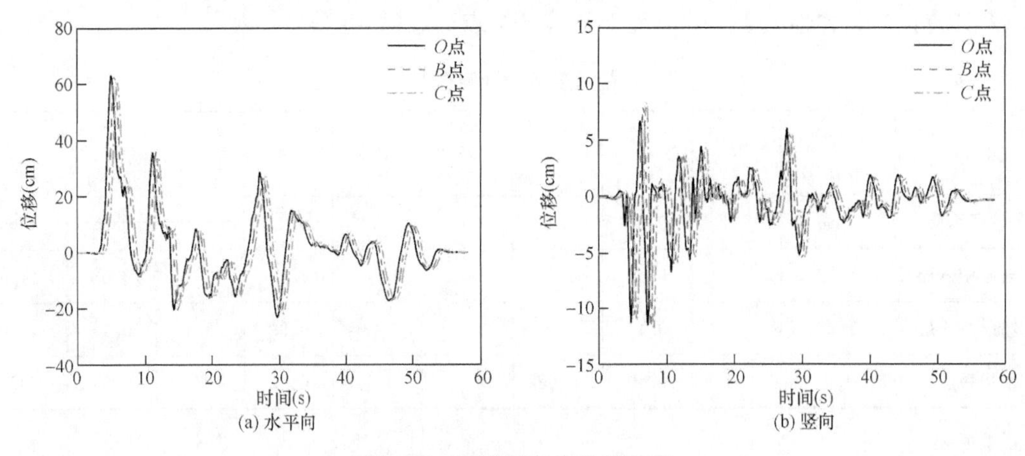

图 3-33　覆盖层地表位移时程

3.6 本 章 小 结

本章分析了地基底部和右侧边界面不同自由场分解方案对数值计算精度的影响，地基底部和右侧边界面上自由场构成考虑得越完整，数值计算精度越高。基于波动理论和连续介质力学中的位移-应变关系和应变-应力关系推导了不同入射波型、不同入射方式下人工边界上的等效结点荷载，利用等效结点荷载结合黏弹性人工边界建立了不同入射波型、不同入射方式下适用于均质弹性基岩地基的波动输入方法。发展了等效黏弹性人工边界单元，考虑了等效黏弹性边界单元刚度矩阵和阻尼矩阵随土体单元动剪应变和地基深度的变化，结合简化数值模型获得的自由场，以及传递矩阵法结合等效线性化方法解析求解的自由场，分别建立了适用于地震波垂直入射和地震波斜入射非线性成层覆盖层地基的波动输入方法。将本章建立的不同的波动输入获得的数值解与理论解或近似精确解进行了对比，验证了所建立的波动输入方法的正确性。

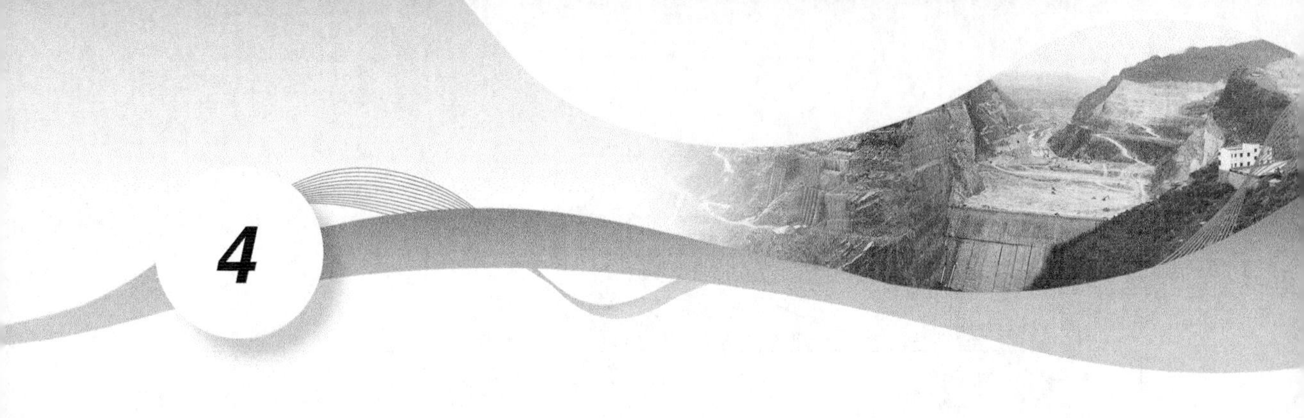

基岩地基上沥青混凝土心墙土石坝地震响应特性

4.1 概　　述

沥青混凝土心墙坝因其良好的防渗性、较强的抗震性能以及适应大变形能力，往往被修建和拟建在复杂河谷和深厚覆盖层地基上。河谷和覆盖层场地引起地震波发生波型转换，引起反射、透射和散射等复杂的波动特性，造成河谷和覆盖层场地上地震动呈现显著的空间非一致性，空间非一致性主要体现在幅值、相位、持时以及频谱上。沥青混凝土心墙土石坝底部受到空间非一致激励，加上坝体不规则体型以及土石料和心墙材料的不均匀分布，引起的外行散射波进一步改变建基面上地震动，造成沥青混凝土心墙坝产生显著的差异性地震响应。然而，当前沥青混凝土心墙坝响应分析主要关注地震动强度和坝高等因素对坝体和心墙加速度、位移、应力等反应的影响[109,111-112,173-174]。少有研究关注空间非一致地震动对沥青混凝土心墙坝地震响应以及抗震性能的影响。

沥青混凝土心墙坝差异性地震响应主要受地震波入射波型、入射方式以及河谷-大坝体系动力相互作用的影响，入射波型和入射方式是产生显著差异性地震响应的外因，河谷-大坝体系动力相互作用是产生显著差异性地震响应的内因。本章基于第 3 章建立的不同入射波型和入射方式的波动输入方法，开展基岩场地坝址空间非一致地震动作用下沥青混凝土心墙坝响应特性研究。

4.2 工程概况及有限元模型

以西南地区某水库拦河大坝-沥青混凝土心墙土石坝为研究对象，对实际大坝尺寸进行概化，建立有限元分析模型。图 4-1 所示为沥青混凝土心墙坝水流向最大剖面，大坝坐落在梯形河谷地基上，大坝建基面高程为 848.00m，正常蓄水位高程为 929.50m，最大坝高为 84.50m，坝顶宽 9.00m，坝顶长 170.00m。沥青混凝土心墙被上、下游土石体夹裹，心墙高 83.50m，心墙顶部厚度为 0.60m，底部厚度为 1.10m，心墙底部与混凝土基座连接，大坝上游坡比为 1∶2.2，下游坡比为 1∶2.0。河谷左、右岸坡度均为 1∶1.5。

采用大型商业有限元软件 ABAQUS 计算沥青混凝土心墙坝的地震响应，图 4-2 所示为基岩地基-沥青混凝土心墙坝有限元模型，在大坝左、右岸方向，上、下游方向和深度方向均延伸了 1 倍坝高。沥青混凝土心墙，过渡料，上、下游土石料，混凝土基座和两岸岩体均采用 C3D8 单元类型模拟，沥青混凝土心墙土石坝整体有限元模型单元总数为 38 756，结点

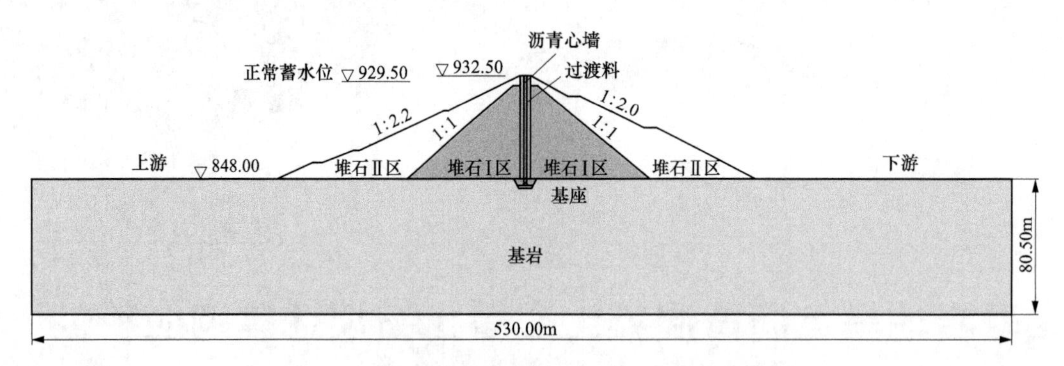

图 4-1 顺水流向沥青混凝土心墙土石坝最大剖面

总数为 43 119。由于心墙较薄，为反映循环往复荷载作用下心墙上、下游侧变形的差异，在心墙厚度方向划分 5 层单元。

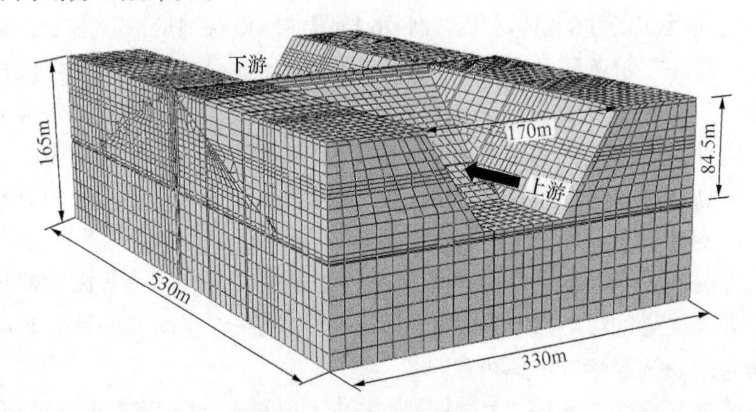

图 4-2 基岩地基-沥青混凝土心墙土石坝三维有限元模型

为模拟沥青混凝土心墙土石坝施工期的分层填筑，上、下游土石料和沥青混凝土心墙分 8 级加载。水库分 3 级蓄水至正常蓄水位，沥青混凝土心墙上游面水位以下作用静水压力，上游水位以下土石料考虑为浮容重，静力计算中土石料、过渡料和沥青混凝土的本构关系采用邓肯-张 E-B 模型[175]，静力计算参数如表 4-1 所示。静力计算获得坝体土石料、过渡料和心墙的震前初始围压，将其作为动力时程计算初始条件。

表 4-1 邓肯-张 E-B 模型静力计算参数

材料	ρ(kg/m^3)	K	n	R_f	c(kP$_a$)	φ_0	φ	K_b	m
堆石料Ⅰ区	2150	750	0.6	0.78	0	42	6.5	700	0.1
堆石料Ⅱ区	2180	810.8	0.25	0.65	0	51.7	9.1	265.0	0.2
过渡料	2250	910.9	0.31	0.63	0	50.6	7.2	395.5	0.34
沥青混凝土	2630	210.5	0.48	0.68	210	27.8	5.6	1401.5	0.47

注 ρ 为密度，K、n、R_f、c、φ_0、φ、K_b、m 均为静力试验参数。

土石料、过渡料和沥青混凝土材料动力非线性特性通过等效线性化方法反映，应力应变关系采用沈珠江改进的等效线性黏弹性本构模型，该模型已经在 2.5.1 中介绍。为合理考虑土体应力水平对残余动剪应变的影响，地震永久变形计算采用邹德高等[176]改进的沈珠江残余变形模型，动力计算和地震永久变形计算参数如表 4-2 所示。静动力计算中，混凝土基座和基岩考虑为线弹性材料，混凝土和基岩的密度、弹性模量和泊松比分别为 2450kg/m^3、2700kg/m^3，28GPa、8GPa，0.167 和 0.24。

表 4-2 动力和地震永久变形计算参数

材料	k_1	k_2	n	λ_{max}	μ	c_1	c_2	c_3	c_4	c_5
堆石料Ⅰ区	20.0	2270	0.273	0.22	0.35	0.0072	0.96	0	0.0934	0.37
堆石料Ⅱ区	25.9	1694	0.38	0.245	0.35	0.0072	0.75	0	0.0039	0.75
过渡料	28.3	1832	0.375	0.22	0.328	0.0056	0.42	0	0.000 825	0.4
沥青混凝土	15.7	1979.4	0.40	0.345	0.345	0.0003	0.18	0	0.15	0.9

注 k_1、k_2、n 均为动力试验参数，λ_{max}为最大阻尼比，μ 为泊松比。

改进的沈珠江残余变形模型为

$$\varepsilon_{vr}=c_1\gamma_d^{c_2}\exp(-c_3S_1)\lg(1+N) \tag{4-1}$$

$$\gamma_r=c_4\gamma_d^{c_5}S_1\lg(1+N) \tag{4-2}$$

则残余体应变和残余剪应变增量形式为

$$\Delta\varepsilon_{vr}=c_1\gamma_d^{c_2}\exp(-c_3S_1)\frac{\Delta N}{1+N} \tag{4-3}$$

$$\Delta\gamma_r=c_4\gamma_d^{c_5}S_1\frac{\Delta N}{1+N} \tag{4-4}$$

式中：c_1、c_2、c_3、c_4和 c_5为改进的沈珠江残余变形模型试验参数；γ_d 为最大动剪应变；S_1为静应力水平；N 和 ΔN 分别为振动次数及其增量。

静动力分析中沥青混凝土心墙和过渡料之间相互作用受到心墙和过渡料瞬时反应的影响，需要通过接触算法来模拟。4.4～4.8 动力计算中沥青混凝土心墙和过渡料法向通过接触压应力传递相互作用，接触面上的点满足胡克定律和位移协调条件，切向接触服从库仑定律[177-178]，摩擦系数为 0.5，当切向应力小于极限剪应力时，接触面互相黏结；当切向应力大于极限剪应力，接触面脱开。接触面极限剪应力计算公式为

$$\tau_{crit}=\mu p \tag{4-5}$$

式中：μ 为接触摩擦系数；p 为接触法向应力。

4.3 研究方案

4.3.1 P 波、SV 波和 SH 波空间三维斜入射

4.4～4.8 主要研究平面 P 波、SV 波和 SH 波三维空间斜入射以及组合斜入射下沥青混凝土心墙土石坝非一致地震响应特性。图 4-3 以平面 P 波空间三维斜入射为例，给出了几种典型的入射方式示意图，坐标原点 O 位于上游地基右岸底部角点位置，平面 P 波、SV 波和 SH 波三维斜入射，零时刻波阵面与坐标原点相交，入射方向与水流向夹角为 γ-入射方位角，见图 4-3（b）。P 波、SV 波和 SH 波入射方向地表法线的夹角分别为 α［见图 4-3（a）］、θ 和 ζ—斜入射角。表 4-3 给出了有限元分析中平面 P 波、SV 波和 SH 波所有入射方式，其中平面 P 波和 SV 波均包括 16 种入射方式，SH 波有 4 种入射方式。

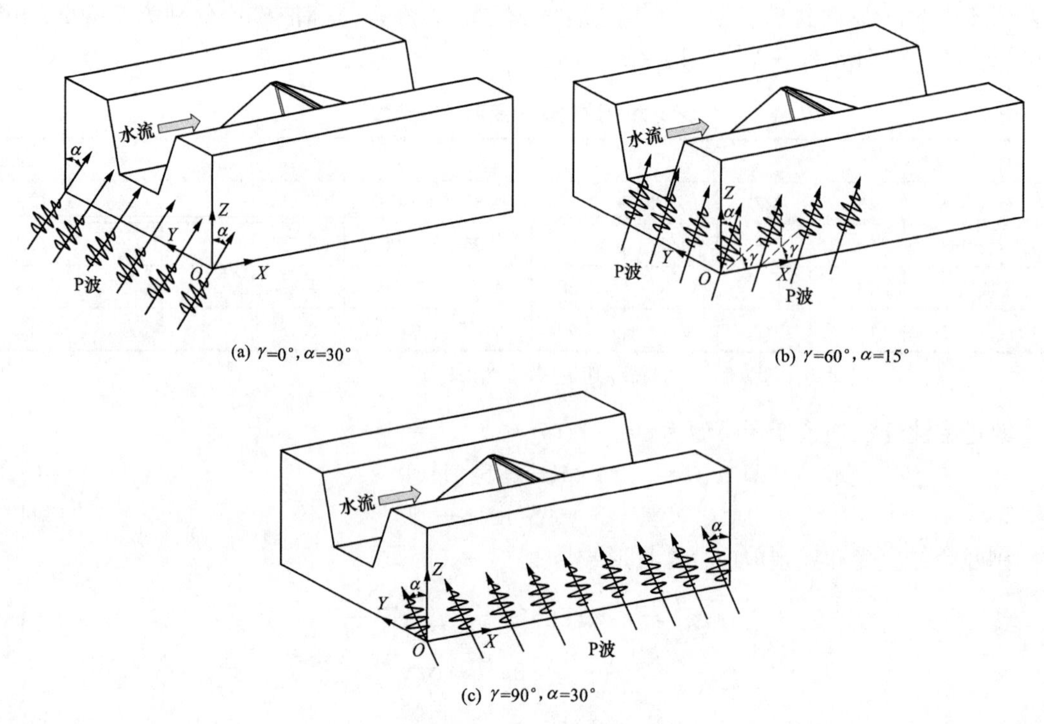

(a) $\gamma=0°, \alpha=30°$　　(b) $\gamma=60°, \alpha=15°$

(c) $\gamma=90°, \alpha=30°$

图 4-3　平面 P 波典型三维斜入射方式

表 4-3　　平面 P 波、SV 波和 SH 波典型入射方式

项目		入射方位角 γ (°)			
		0	30	60	90
P 波斜入射角 α (°)	0	√	√	√	√
	30	√	√	√	√
	60	√	√	√	√
	75	√	√	√	√
SV 波斜入射角 θ (°)	0	√	√	√	√
	15	√	√	√	√
	30	√	√	√	√
	35	√	√	√	√
SH 波斜入射角 ζ(°)	0	√	√	√	√

平面 P 波、SV 波和 SH 波空间三维斜入射，根据坝址场地地震动参数人工生成地震动时程，将其作为基岩中入射波时程。坝址场地特征周期为 0.2s，地震动峰值加速度 PGA 为 0.22g，结合水工建筑物抗震设计标准[89]规定的标准设计反应谱放大系数 β_{max}（$\beta_{max}=1.6$）生成地震动加速度，如图 4-4 所示。

4.3.2　P 波、SV 波和 SH 波三维组合斜入射

图 4-5 所示为平面 P 波、SV 波和 SH 波三维组合斜入射示意图，控制点距坝轴线的水

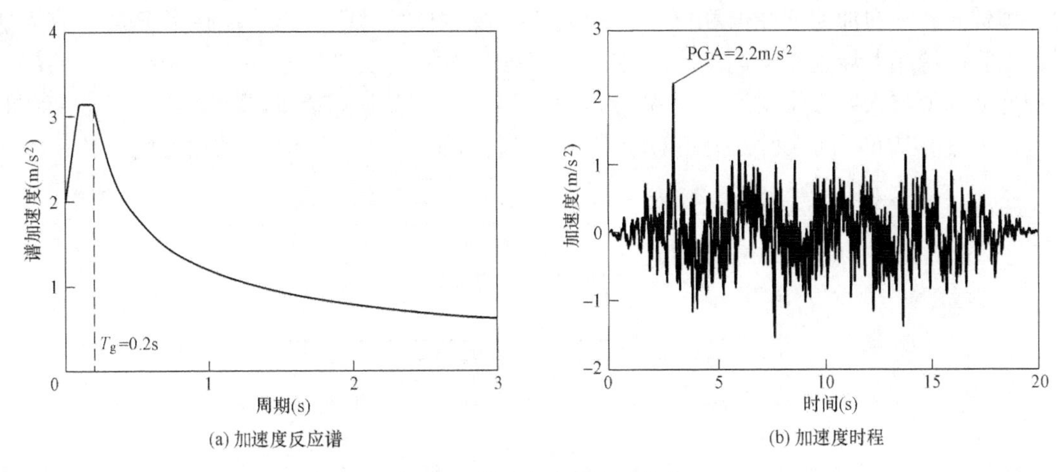

(a) 加速度反应谱　　(b) 加速度时程

图 4-4　基岩中入射波地震动

平距离 L_c=1000m，控制点地震动与图 2-18 地震动相同，同为 El Centro Array9 号台站获得的实测记录，分析基于地震动一维时域反演、二维时域反演和三维时域反演方法下沥青混凝土心墙坝响应特性的差异。

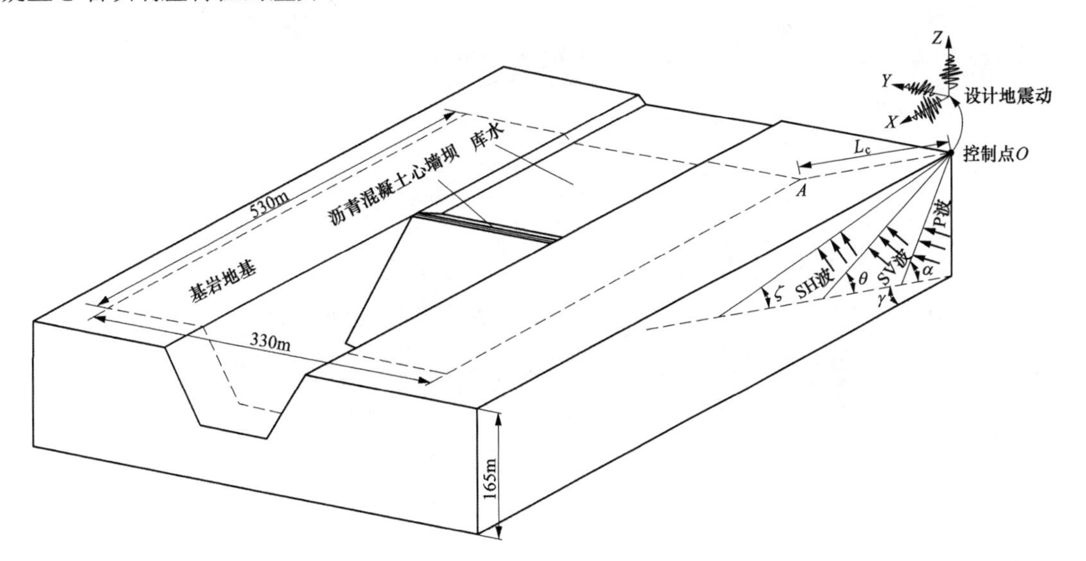

图 4-5　平面 P 波、SV 波和 SH 波三维组合斜入射示意图

4.4　P 波空间三维斜入射

4.4.1　河谷表面差异性地震动

为揭示河谷表面地震动空间差异性与地震波入射方位角 γ 和斜入射角 α 之间的关系，拟分析坝轴线河谷表面地震动加速度峰值，以及河谷左、右岸相同高程之间的相对位移。

1. 入射方位角 γ 对河谷表面加速度峰值的影响

当 P 波入射角 $\alpha=0°$，即 P 波垂直向上入射时，在任意入射方位角下，河谷表面水流向、坝轴向和竖向加速度峰值相同，且均关于河谷中心线对称分布，反映了P波垂直入射时，不管震源相对坝址水流向的方向如何，河谷表面加速度峰值唯一。在$\alpha=30°$，河谷表面加速度峰值与入射方位角γ的关系与$\alpha=60°$和$\alpha=75°$类似，因此图4-6给出了$\alpha=60°$和$\alpha=75°$两种情况下不同入射方位角对坝轴线河谷表面加速度峰值分布规律的影响。

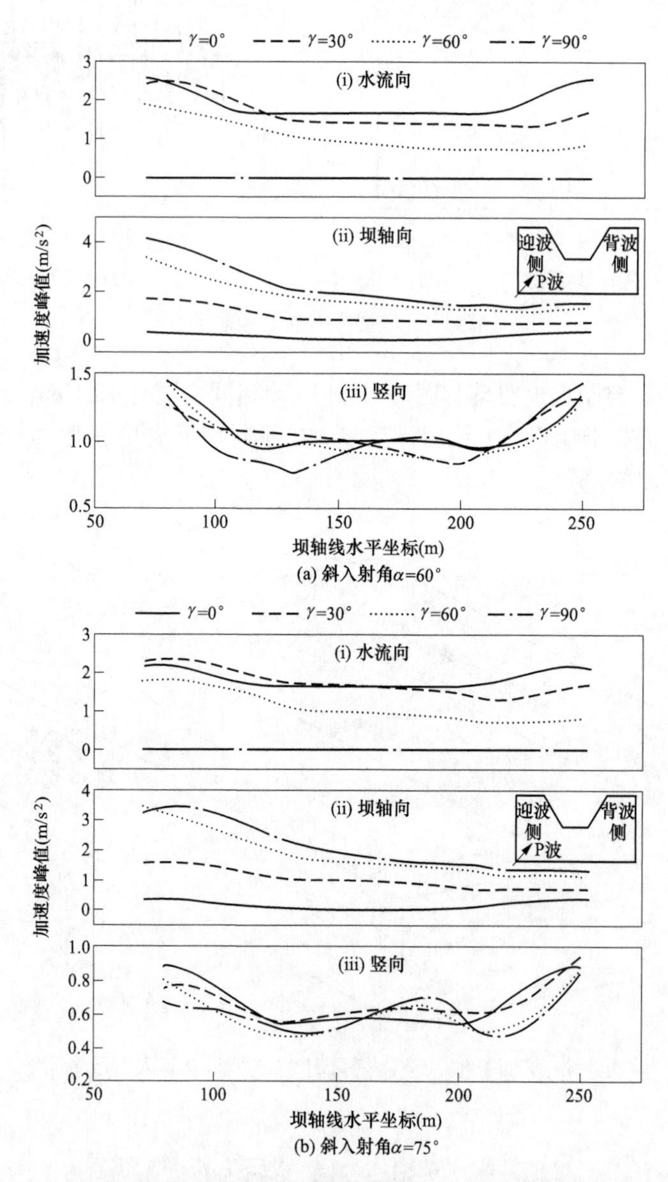

图4-6　不同入射方位角γ下河谷表面加速度峰值沿坝轴线分布

图4-6表明，斜入射角α不变时，河谷表面水流向加速度峰值随入射方位角γ增大而减小，而坝轴向加速度峰值随入射方位角γ增大而变大，竖向加速度峰值随入射方位角的变化不明显，河谷表面各个方向加速度峰值与入射方位角的关系符合2.2.1中平面P波三维斜入射半空间自由表面自由场强度随入射方位角的变化规律。同样在斜入射角α不变的情况下，入射方位角$\gamma=0°$，河谷表面加速度峰值关于河谷中心线对称分布，呈现两岸岸坡大、

河床小的分布规律。在其他入射方位角下，河谷表面水流向和坝轴向加速度峰值分布呈现出迎波侧大、背波侧小的非一致性特征，尤其是河谷坝轴向分布，入射方位角越大，坝轴向非一致分布特征越显著，这种非一致分布特征由地震波在迎波侧的散射效应和背波侧的绕射造成，迎波侧散射增大迎波侧岸坡加速度峰值，背波侧绕射以及坝体堆石料和心墙的能量吸收作用减少地震动向背波侧传播；竖向加速度峰值呈现复杂的空间非一致性分布。可见 3.3.1 建立的任意入射方位角和斜入射角的三维波动输入方法能够考虑河谷表面地震动空间差异性，突破了无质量地基结合一致地震动输入模型[36]无法模拟河谷地震动空间变化的缺陷。

上述结果揭示了 P 波入射方向与坝址水流向斜交和垂直，河谷表面加速度峰值分布存在空间差异性，入射方位角越大，坝轴向空间差异性越显著。

2. 斜入射角 α 对河谷表面加速度峰值的影响

图 4-7 所示为入射方位角 $\gamma=60°$ 和 $\gamma=90°$ 时不同斜入射角 α 下河谷表面加速度峰值沿坝

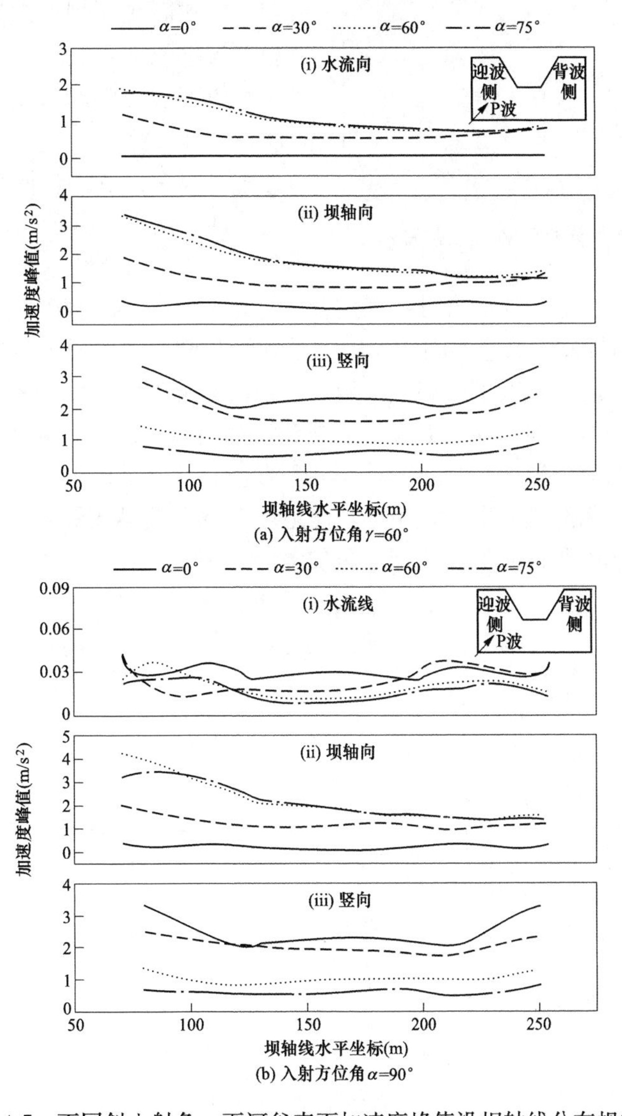

图 4-7　不同斜入射角 α 下河谷表面加速度峰值沿坝轴线分布规律

轴线分布。图 4-7 表明，当入射方位角确定时，河谷表面水流向和坝轴向加速度峰值随斜入射角增大而变大（当 $\gamma=90°$时，半空间自由表面自由场强度为零，导致河谷表面水流向加速度峰值接近于零），竖向加速度峰值随斜入射角增大而减小，河谷表面加速度峰值与斜入射角的关系也符合平面 P 波三维斜入射半空间自由表面自由场强度随斜入射角变化规律。P 波入射方向与地表法线倾斜时，河谷表面加速度峰值沿河谷分布呈现空间非一致性，水流向和坝轴向加速度峰值表现出迎波侧大、背波侧小的分布规律，这种分布规律受斜入射角增大越发明显；斜入射角的变化不影响竖向加速度峰值分布规律，近似关于河谷中心线对称分布。

3. 迎波侧和背波侧相对位移峰值沿河谷高度变化

从河谷表面加速度峰值分析来看，在某个方向上或某种情况下，河谷左、右岸加速度峰值是关于河谷中心线对称分布的，误理解为河谷左、右岸运动是协调一致的。事实上，地震过程中，相同时刻河谷表面不同空间位置地震动相位和幅值不一致，往往存在较大差异，加速度峰值不能完全揭示地震过程中河谷表面地震动差异性。这里，进一步采用相对位移峰值来分析河谷左、右岸相同高程位置之间的运动非一致性，图 4-8 所示为河谷左、右岸相同高程典型点位置示意图。

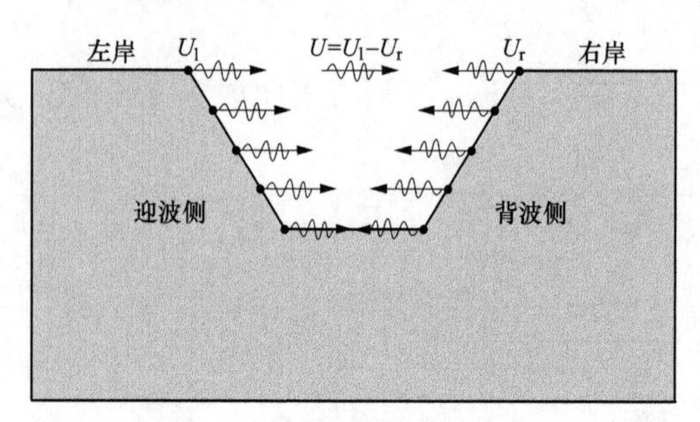

图 4-8　河谷左、右岸相同高程典型点位置示意图

图 4-9 所示为河谷左、右岸相同高程水流向、坝轴向和竖向相对位移峰值沿高度的变化。图 4-9 表明，河谷左、右岸相对位移峰值呈现沿高度增加而增大的趋势，由河谷下部约束强、上部约束弱引起，反映了河谷表面地震动空间差异性沿高度增加而变大的规律。当 P 波入射方位角 γ 不变时，河谷左、右岸水流向和坝轴向相对位移峰值随斜入射角 α 增大而增大，竖向相对位移峰值先增大后减小，在 $\alpha=60°$左右，竖向相对位移峰值最大。三个方向中，坝轴向相对位移峰值最突出，表明坝轴向地震动空间差异性最显著，沥青混凝土心墙在左、右岸坝轴向的非协调运动下可能产生附加动应力。

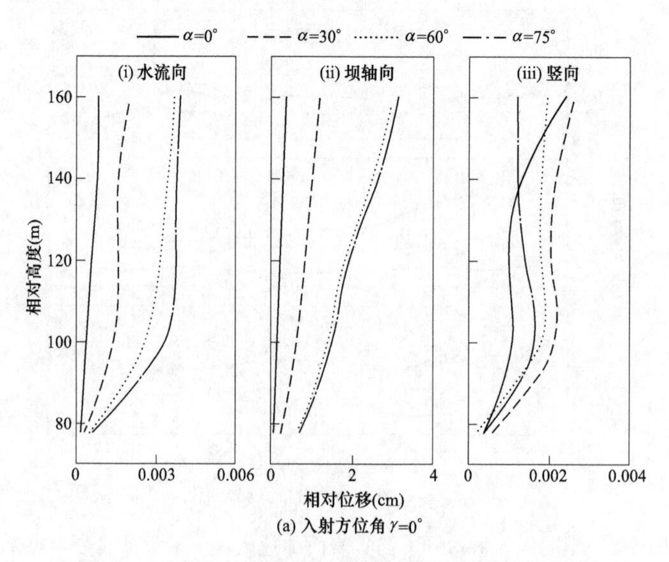

图 4-9　河谷左、右岸相对位移峰值沿高度变化（一）

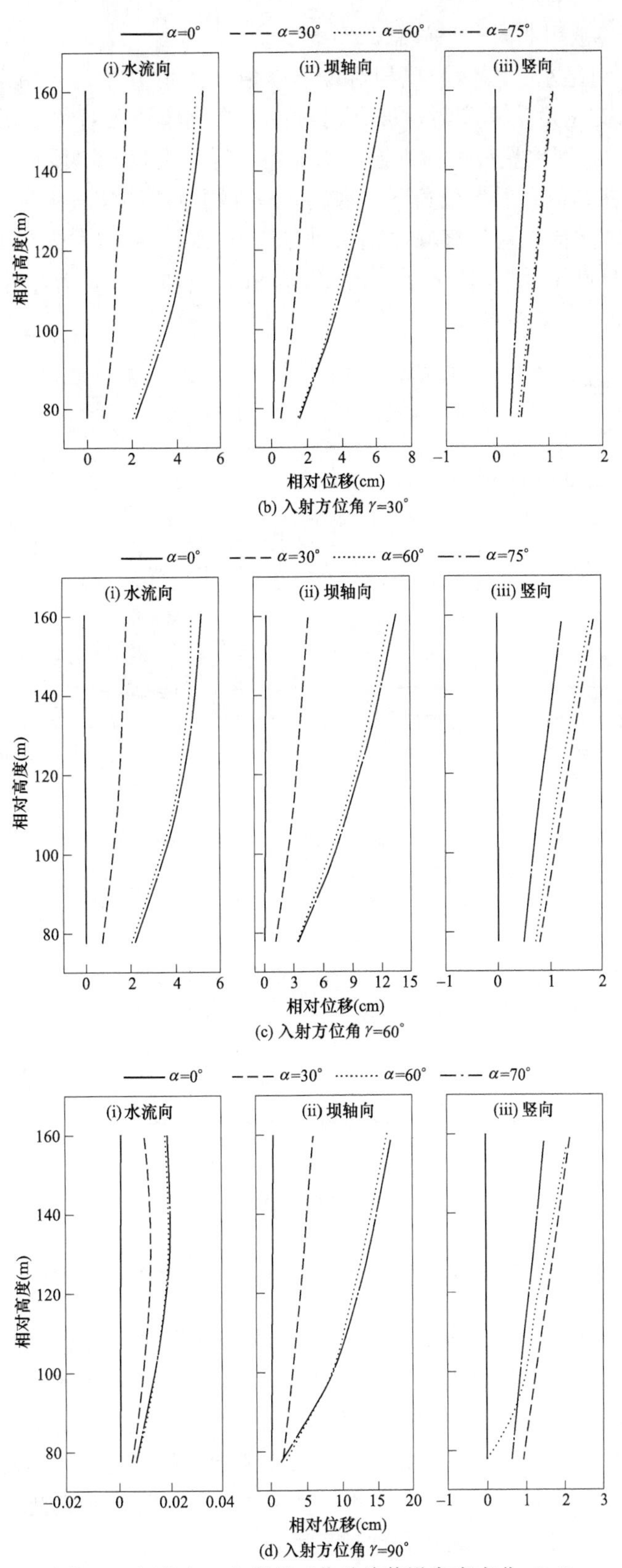

图 4-9 河谷左、右岸相对位移峰值沿高度变化（二）

4. γ和α对河谷坡顶相对位移峰值的影响

图4-10所示为河谷左、右岸坡顶相对位移峰值随入射方位角γ和斜入射角α的变化。图4-10表明，入射方位角γ不变时，坡顶相对位移峰值随斜入射角α增大而增大。入射方位角γ为0°和90°时，即地震波入射方向与水流向平行和垂直，坡顶水流向相对位移峰值非常小，可以忽略，在其他入射方位角下，水流向最大相对位移峰值在5cm左右。斜入射角α不变，坡顶坝轴向和竖向相对位移峰值随入射方位角γ增大而增大，尤其是坝轴向相对位移峰值，从$\gamma=0°$的3.11cm增大到$\gamma=90°$的17.06cm，增加了4.8倍，增大幅度显著。

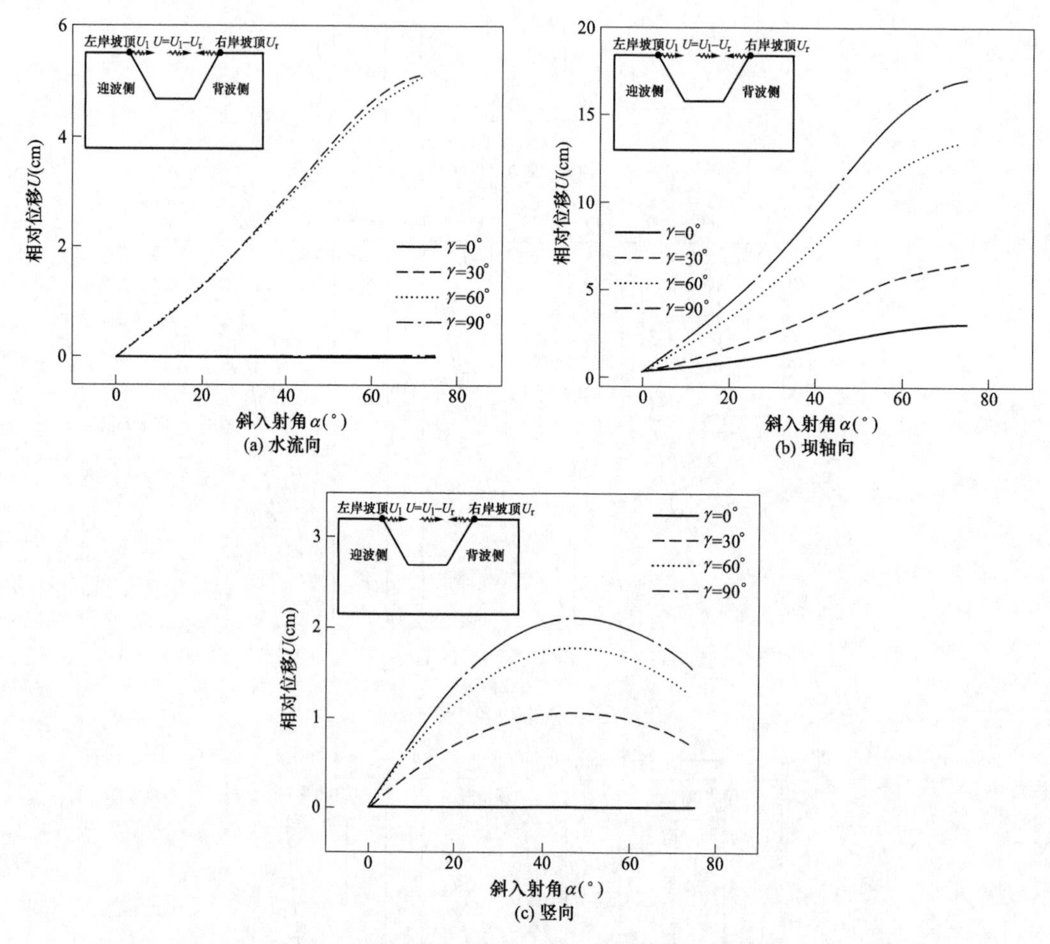

图4-10 河谷左、右岸坡顶相对位移峰值随入射方位角γ和斜入射角α的变化

P波垂直向上入射（$\alpha=0°$）时，左、右岸坡顶相对位移峰值非常小，接近于零，且不受入射方位角γ的影响，表明P波垂直向上入射时河谷左、右岸相同高程位置位移运动协调，并且左、右岸位移运动关于河谷中心线对称分布。与P波垂直入射相比，入射方向与水流向斜交、与地表法线倾斜，河谷表面左、右岸相同高程位置位移运动不协调，左、右岸地震动分布不对称，存在明显的空间差异性。入射方向与水流向夹角越大、与地表法向的夹角越大，两岸运动不协调性、空间差异性越显著。

4.4.2 沥青混凝土心墙加速度

1. γ 角和 α 角对心墙加速度峰值分布的影响

图 4-11～图 4-13 分别为 $\gamma=0°$、$\alpha=0°$；$\gamma=60°$、$\alpha=30°$和 $\gamma=60°$、$\alpha=60°$三种入射方式下心墙加速度峰值分布。

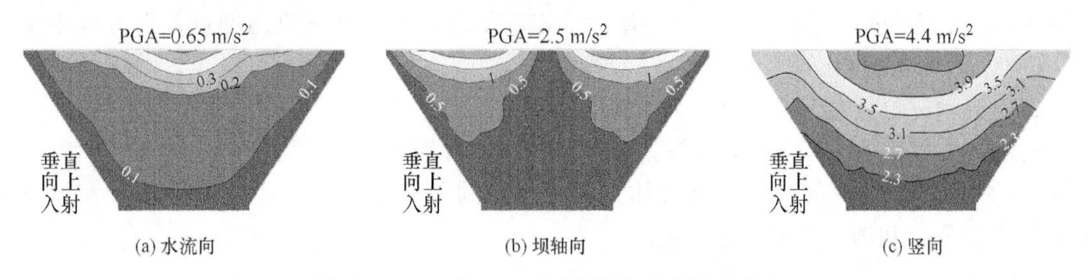

图 4-11 $\gamma=0°$、$\alpha=0°$时心墙加速度峰值分布

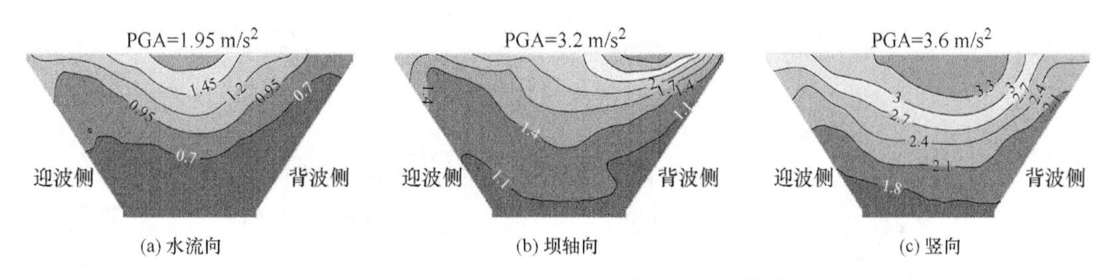

图 4-12 $\gamma=60°$、$\alpha=30°$时心墙加速度峰值分布

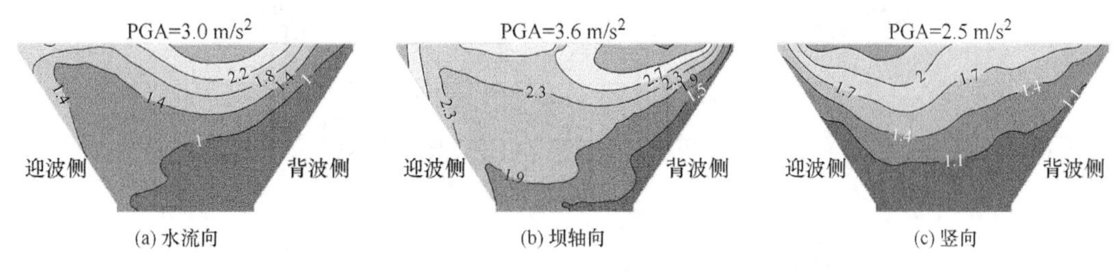

图 4-13 $\gamma=60°$、$\alpha=60°$时心墙加速度峰值分布

图 4-11 表明，P 波垂直向上入射，心墙水流向、坝轴向和竖向加速度峰值均关于心墙中心线对称，水流向和竖向最大加速度出现在顶部中心位置；坝轴向最大加速度出现在迎波侧和背波侧顶部，距心墙顶部中心 1/4 坝顶长度位置。

图 4-12 表明，P 波三维斜入射心墙加速度峰值分布明显不同于垂直向上入射的情况，$\gamma=60°$、$\alpha=30°$时，水流向、坝轴向和竖向加速度峰值等值线偏向背波侧，心墙中下部表现为迎波侧大、背波侧小的分布规律，心墙最大加速度偏离顶部中心，位于背波侧顶部。这种分布规律的原因是 P 波从迎波侧斜向上入射，并且入射方向与水流向的夹角较大，使得迎波侧河谷表面透射地震波和背波侧河谷表面反射地震波传播方向均指向心墙背波侧顶部，背波侧顶部类似于一个能量汇聚点，造成最大加速度位于心墙背波侧顶部。

图 4-13 表明，在 $\gamma=60°$、$\alpha=60°$时，水流向和坝轴向加速度峰值分布与 $\gamma=60°$、

$\alpha=30°$类似，而竖向加速度峰值等值线偏向迎波侧，最大加速度位于迎波侧顶部。由于P波入射方向与地表法线夹角较大，能量传播方向偏向迎波侧，引起能量汇聚点位于心墙迎波侧顶部，导致竖向加速度峰值出现这种分布规律。

P波入射方向与水流向斜交和垂直时，心墙最大加速度出现位置偏离顶部中心，水流向和坝轴向最大加速度出现在背波侧顶部。竖向最大加速度出现位置与入射方向与地表法线夹角有关，入射方位角在30°以内，竖向最大加速度出现在心墙背波侧顶部，入射方位角大于30°，竖向最大加速度出现在心墙迎波侧顶部。

2. γ角和α角对心墙最大加速度的影响

心墙加速度峰值分布表明，P波三维斜入射下，心墙最大加速度不一定出现在顶部中心位置，通过对不同入射方式下心墙整体加速度峰值的分析，图4-14示出了心墙最大加速度随入射方位角γ和斜入射角α的变化。

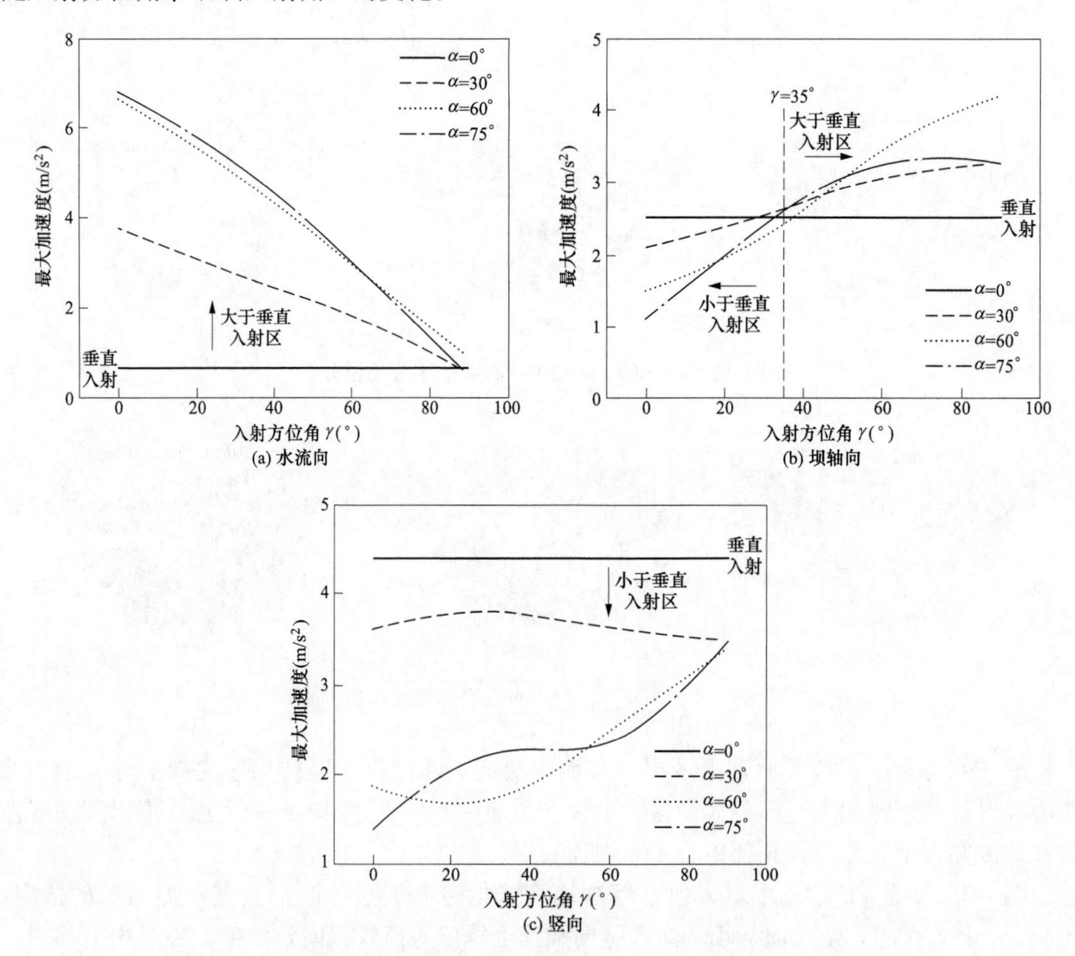

图4-14 沥青混凝土心墙最大加速度随入射方位角γ和斜λ射角α的变化

图4-14表明，P波垂直向上入射，即$\alpha=0°$，心墙各个方向最大加速度与入射方位角γ无关，最大加速度保持不变。当入射方向与地表法线夹角α（斜入射角α）不变，入射方位角γ增大，心墙水流向最大加速度减小，可从$\gamma=0°$（入射方向与水流向平行）的6.8m/s²减小至$\gamma=90°$（入射方向与水流向垂直）的0.64m/s²，减小幅度达90%，变化明显；当入

射方位角γ不变时，斜入射角α增大，心墙水流向最大加速度变大，斜入射角α超过60°后，斜入射角α变化对水流向最大加速度影响趋于稳定。

对于心墙坝轴向最大加速度而言，斜入射角α确定时，坝轴向最大加速度随入射方位角γ增大而变大，可从$\gamma=0°$的1.1m/s^{2}增大至$\gamma=90°$的3.27m/s^2，增大幅度接近2倍，入射方位角γ对坝轴向最大加速度影响显著；入射方位角γ在35°左右以内，心墙坝轴向最大加速度随斜入射角α增大有减小的趋势，所有斜入射角α下最大加速度小于垂直入射的结果，入射方位角γ大于35°，心墙坝轴向最大加速度随斜入射角α增大有变大的趋势，所有斜入射角α下的最大加速度大于垂直入射结果。

在竖向，当$\alpha=0°$时，半空间自由表面只存在竖向地震作用，心墙以竖向加速度峰值为主。心墙最大加速度随入射方位角γ的变化规律与坝轴向类似，从$\gamma=0°$到$\gamma=90°$的增加幅度达1.5倍左右。心墙最大加速度随斜入射角α的变化规律与水流向相反，斜入射角α增大，心墙竖向最大加速度减小，可从$\alpha=0°$的4.4m/s^{2}减小至$\alpha=75°$的1.4m/s^2，减小了68%。斜入射角α超过60°后，斜入射角变化对水流向最大加速度影响较小。

心墙最大加速度随入射方位角γ和斜入射角α的变化并非与半空间自由表面地震动强度随入射方位角γ和斜入射角α的变化相同，差异性主要体现在坝轴向和竖向。这种差异性来源于河谷地形和坝体对地震波的散射效应，以及土石料和沥青混凝土的动力非线性特性，即三个方向地震荷载对土石料和沥青混凝土的作用是互相影响的[84]。

平面P波各种入射方式中，在入射方向与水流向一致，且与地表法线夹角为75°时，心墙水流向加速度达到最大，为6.8m/s^2，与河谷迎波侧平坦地表地震动相比，加速度放大系数为2.65。当入射方向与水流向垂直，且与地表法线夹角为60°时，心墙坝轴向加速度达到最大，为4.2m/s^2，加速度放大系数为1.9。垂直向上入射方式下，心墙竖向加速度达到最大，最大加速度为4.4m/s^2，加速度放大系数为2.0。与垂直向上入射相比，P波三维斜入射心墙水流向和坝轴向加速度有显著的增大。

4.4.3 沥青混凝土心墙应力

1. 主应力分布规律及大小

图4-15所示为沥青混凝土心墙在P波几种典型入射方式下大主应力σ_3极值等值线分布，中压应力为负值，拉应力为正值。图4-15表明，$\alpha=0°$时，心墙大主应力σ_3关于中心线对称分布，整个心墙大主应力σ_3为压应力。由于河谷底部约束作用强，心墙下部呈现明显的拱形分布，上部为水平条带分布。心墙底部压应力最大，最大压应力$|\sigma_3|_{max}$为1.5MPa，压应力随高度增加而减小。入射方向与水流向斜交（$\gamma\neq0°$）或入射方向与地表法线倾斜（$\alpha\neq0°$），心墙大主应力σ_3等值线不再关于中心线对称，而是有倾向迎波侧的分布趋势，相同高程心墙迎波侧大主应力σ_3大于背波侧。入射方位角γ和斜入射角α较大时，心墙底部拱形分布消失，心墙上部呈现两侧大、中间小的凹形分布，由迎波侧倾斜透射波和背波侧散射波综合造成。与垂直入射相比，$\gamma=60°$、$\alpha=60°$和$\gamma=90°$、$\alpha=75°$两种入射方式下，心墙大主应力σ_3有明显的增加，心墙内部附加应力由河谷两侧不协调运动引起，如4.4.1中所述，主要为河谷表面坝轴向不协调运动，造成心墙受到较大的挤压和拉伸。

图4-16所示为几种典型入射方式下心墙小主应力σ_1极值等值线分布。图4-16表明，P波垂直向上入射，心墙小主应力σ_1同样关于中心线对称分布，在心墙下部小主应力σ_1为压

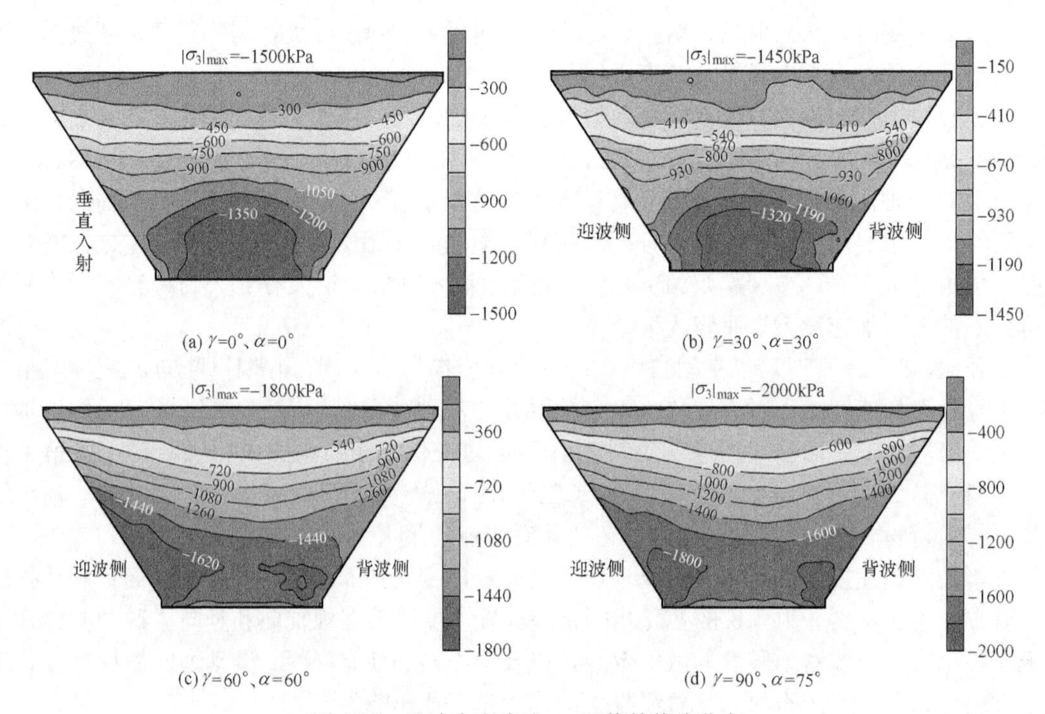

(a) $\gamma=0°$、$\alpha=0°$　(b) $\gamma=30°$、$\alpha=30°$

(c) $\gamma=60°$、$\alpha=60°$　(d) $\gamma=90°$、$\alpha=75°$

图 4-15　心墙大主应力 σ_3 极值等值线分布

应力，心墙中上部出现较小的拉应力，最大拉应力 σ_{1max} 为 0.18MPa。入射方向与水流向斜交和入射方向与地表法线倾斜，小主应力 σ_1 不再关于心墙中心线对称。入射方位角 γ 较小时，小主应力 σ_1 从底部往顶部逐渐增大，最大拉应力 σ_{1max} 出现在心墙顶部；入射方位角 γ 超过 30°，小主应力 σ_1 呈现出中间小、两边大的分布规律，并且迎波侧拉应力更大，主要是地震波从迎波侧入射，迎波侧河谷表面透射的地震动能量更强所致，最大拉应力 σ_{1max} 出现在心墙迎波侧和背波侧下部与河谷、基座连接处。然而，当入射方向与坝轴线平行，即 $\gamma=90°$、$\alpha=75°$ 入射方式下，心墙背波侧拉应力反而大于迎波侧，分析认为，地震波从迎波侧向背波侧传播，并且斜入射角较大，迎波侧河谷表面透射的地震波在背波侧河谷表面发生反射和散射，地震动能量在迎波侧下部汇聚，从而增大该部位拉应力。这也揭示了汶川大地震造成紫坪铺混凝土面板堆石坝背波侧面板震损比迎波侧面板震损严重[12,119,179]的机理，汶川地震主震方向近似与坝轴线平行，地震波从大坝的右岸入射，从右岸河谷表面透射的地震波在大坝左岸河谷表面发生散射，导致大坝左侧地震动能量增加，从而大坝左侧面板震损比右侧面板严重。

为了揭示心墙最大压应力和最大拉应力随入射方位角 γ 和斜入射角 α 的变化规律，表 4-4 给出了心墙最大压应力和最大拉应力。心墙最大压应力和最大拉应力受到三向地震动以及河谷等因素的综合影响，导致心墙最大压应力和最大拉应力的变化不同于平面 P 波三维斜入下半空间自由表面地震动强度随入射方位角 γ 和斜入射角 α 的变化规律。表 4-4 表明，入射方位角 γ 和斜入射角 α 均在 30°以内，心墙最大压应力与垂直入射下的结果接近，变化幅度可以忽略。入射方位角 γ 和斜入射角超过 30°，入射方位角 γ 和斜入射角 α 变化对心墙最大压应力有一定的影响；当 $\gamma=90°$、$\alpha=60°$，心墙最大压应力达到最大，为 2.03MPa，比垂直入射增加了 35.3%。

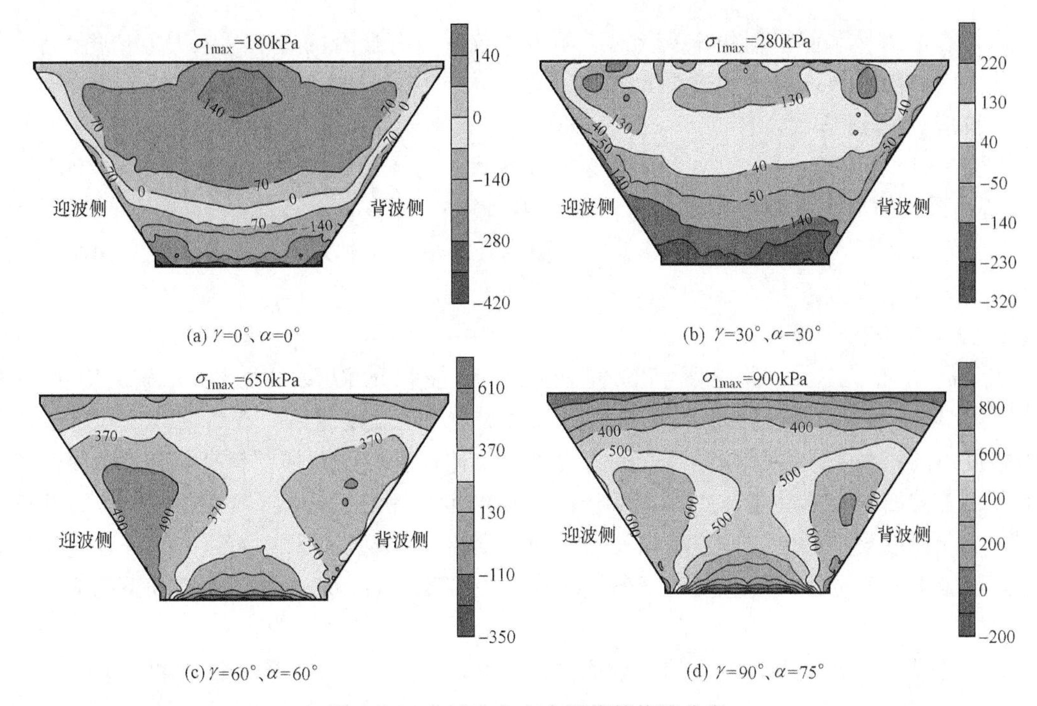

(a) γ=0°、α=0°　(b) γ=30°、α=30°

(c) γ=60°、α=60°　(d) γ=90°、α=75°

图 4-16　心墙小主应力极值等值线分布

表 4-4　**心墙最大压应力和最大拉应力**

项目	斜入射角 α (°)	入射方位角 γ(°)			
		0	30	60	90
最大压应力 (MPa)	0	−1.50	−1.50 (0.0%)	−1.50 (0.0%)	−1.50 (0.0%)
	30	−1.44 (−4.0%)	−1.43 (−0.5%)	−1.45 (−0.3%)	−1.43 (−0.47%)
	60	−1.48 (−1.3%)	−1.50 (0.0%)	−1.80 (20.0%)	−2.03 (35.3%)
	75	−1.49 (−0.7%)	−1.54 (2.7%)	−1.85 (23.3%)	−1.97 (31.3%)
最大拉应力 (MPa)	0	0.18	0.18 (0.0%)	0.18 (0.0%)	0.18 (0.0%)
	30	0.19 (5.6%)	0.29 (61.1%)	0.23 (27.8%)	0.23 (27.8%)
	60	0.28 (55.6%)	0.40 (122.2%)	0.65 (261.1%)	0.87 (383.3%)
	75	0.25 (38.9%)	0.35 (94.4%)	0.69 (283.3%)	0.90 (400.0%)

注　括号中百分比为其他各种入射方式下主应力比垂直入射方式下主应力的增幅。

入射方位角 γ 和斜入射角 α 变化对心墙最大拉应力有显著的影响，入射方位角 γ 在 30°左右范围内，随着斜入射角 α 逐渐增加，心墙最大拉应力先增大后减小，在 $\alpha=60°$时，心墙最大拉应力达到最大，在 $\gamma=0°$、$\alpha=60°$和 $\gamma=30°$、$\alpha=60°$增加幅度分别为 55.6%和 122.2%。入射方位角 γ 超过 30°，斜入射角 α 越大，心墙最大拉应力越大，在 $\gamma=90°$、$\alpha=75°$，心墙最大拉应力达到最大值，为 0.9MPa，增加了 4.0 倍。

相比垂直入射，P 波入射方向越偏向坝轴线方向，且入射方向与地表法线夹角越大，心墙的压应力和拉应力越大，心墙越容易发生受拉开裂。

2. 拉伸安全性分析

水工沥青混凝土压缩强度和拉伸强度具有很强的温度敏感性和荷载应变率效应[144-145,180-183]，温度敏感性和应变率特性主要表现为环境温度越低，沥青混凝土拉伸强度和压缩强度越高；荷载应变速率越高，沥青混凝土拉伸强度和压缩强度越高。沥青混凝土心墙被上、下游堆石料夹裹在坝体内部，所处的环境温度通常在 5～20℃范围内[144]。为获得强震作用下沥青混凝土心墙应变速率以及随时间的变化，在地震过程中每一时刻，通过坐标转换矩阵将笛卡尔坐标系中的应变速率张量转换到主应变空间，获得主应变空间下的应变速率张量[184-185]。

以心墙发生最大拉应力对应的入射方式下为例，图 4-17 示出了平面 P 波 $\gamma=90°$、$\alpha=75°$（心墙拉应力值最大）入射方式下心墙典型时刻小主应变速率 $\dot{\varepsilon}_1$ 分布。图 4-17 表明，地震过程中同一时刻心墙应变速率分布差异较大，不同时刻心墙应变速率分布形式又存在明显不同，地震前期心墙应变速率较高，后期应变速率减小，整个地震过程中应变速率最大值 $\dot{\varepsilon}_{1max}$ 达到 $10^{-2}s^{-1}$ 数量级，最小值 $\dot{\varepsilon}_{1min}$ 为 $10^{-5}s^{-1}$ 数量级。

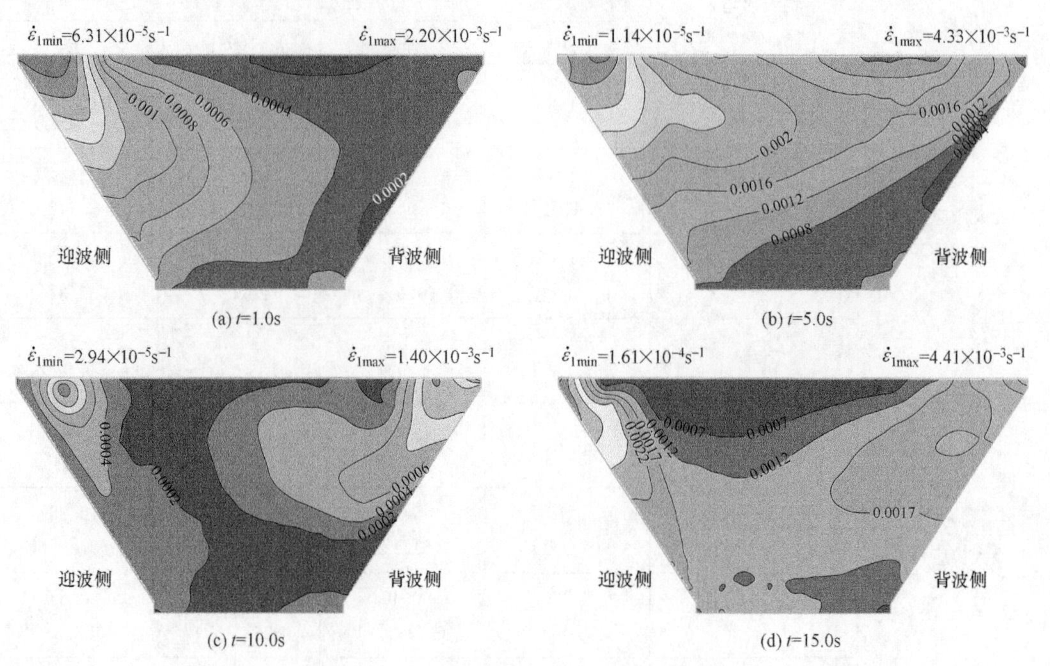

图 4-17　心墙典型时刻小主应变速率分布

地震作用下沥青混凝土心墙单元应变速率随时间变化，不同应变速率对应不同的抗拉强度，表明心墙单元抗拉强度随时间变化。不能采用最大拉应力与心墙静态抗拉强度对比的简易方法进行心墙抗拉破坏判别，原因为最大拉应力发生时刻下心墙的应变速率如果也较大，对应的抗拉强度较大，心墙可能不发生拉裂破坏。更符合实际的情况应在地震作用过程中的每一瞬时均考虑心墙单元应变速率对抗拉强度的影响，进而通过比较瞬时拉应力和瞬时抗拉强度进行心墙单元抗拉破坏判别。

依据王为标和刘云贺等人[144-145]开展的沥青混凝土单轴动态拉伸试验，整理了不同温度和不同应变速率对应的抗拉强度，如表 4-5 所示，其中 $1\times10^{-5}s^{-1}$ 为准静态应变速率。西南和西北的高山峡谷地区年平均气温一般较低，如雅砻江流域 1991—2020 年的年平均气温仅为 7.3℃[186]，金沙江流域 1960—2016 年的年平均气温仅为 9.2℃[187]。因此，选用 15℃的抗拉强度作为西南和西北沥青混凝土心墙抗拉破坏的评价标准是合适的，且偏严格。

表 4-5　不同温度和应变速率下水工沥青混凝土拉伸强度[144-145]　MPa

温度（℃）	应变速率（s^{-1}）			
	1×10^{-5}	1×10^{-4}	1×10^{-3}	1×10^{-2}
5	1.29	2.50	4.24	5.10
10	0.65	1.92	3.63	4.53
15	0.34	0.93	2.42	3.34
20	—	0.31	1.03	2.72

以表 4-5 数据为基础，采用数学回归方法和时温等效原理[180]建立了 15℃温度条件下相关水工沥青混凝土抗拉强度经验公式，即

$$f_t[\dot{\varepsilon}(t)]=\begin{cases}11.42\cdot[10^{0.0834(\lg\dot{\varepsilon}(t)-0.647)}-0.3] & \dot{\varepsilon}(t)\geqslant 1\times10^{-5}s^{-1}\\ 0.34 & \dot{\varepsilon}(t)<1\times10^{-5}s^{-1}\end{cases}\tag{4-6}$$

式中：$f_t[\dot{\varepsilon}(t)]$ 为沥青混凝土瞬时抗拉强度；$\dot{\varepsilon}(t)$ 为单元瞬时应变速率。

沥青混凝土心墙抗拉破坏判别方法：在任意时刻利用坐标变换矩阵将笛卡尔坐标系中的应变速率张量转换到主应变空间，获得主应变空间下的应变速率张量[184-185]；依据小主应变速率时程按式（4-6）获取沥青混凝土抗拉强度时程，若单元小主应力中拉应力首次超过该时刻抗拉强度则单元发生拉裂破坏，即首次超越破坏。在地震作用初始和即将结束阶段，单元应变速率可能会出现小于准静态应变速率 $1\times10^{-5}s^{-1}$ 的情况，此时，取单元应变速率为 $1\times10^{-5}s^{-1}$ 对应的抗拉强度。

在 P 波所有入射方式中，$\gamma=90°$、$\alpha=75°$ 入射方式下心墙拉应力最大，因此针对该工况结果开展沥青混凝土心墙抗拉破坏判别分析。根据上文中提出的沥青混凝土单元抗拉破坏判别方法，图 4-18 示出了心墙背波侧底部角点位置和心墙顶中心位置单元应变速率、抗拉强度和小主应力时程曲线（背波侧底部角点位置单元小主应力较大，存在超过抗拉强度的时刻，为了对比，给出了心墙顶部中心不会发生拉伸破坏情况）。

图 4-18 表明，地震初始时段和即将结束时段单元应变速率、抗拉强度较小，接近拟静态状态，地震主震时段应变速率增大，应变速率在 $1\times10^{-5}\sim1\times10^{-2}s^{-1}$ 范围内，对应的抗拉强度在 0.34～2.5MPa。背波侧底部角点位置拉应力在 9.6s 左右超过该时刻下的抗拉强度，发生拉裂破坏，即首次超越破坏。顶部中心位置拉应力较小，不会发生拉裂破坏。

在 $\gamma=90°$、$\alpha=60°$ 和 $\gamma=90°$、$\alpha=75°$ 两种入射方式下心墙发生局部拉裂破坏，拉裂破坏

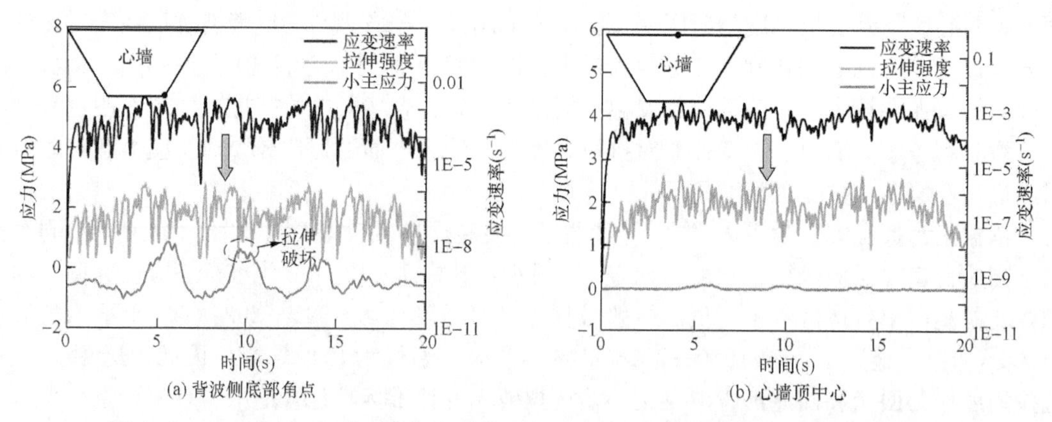

图 4-18　$\gamma=90°$、$\alpha=75°$入射方式下单元应变速率、拉伸强度和小主应力时程曲线

区域分布如图 4-19 所示。图 4-19 表明，$\gamma=90°$、$\alpha=60°$和 $\gamma=90°$、$\alpha=75°$入射方式下心墙背波侧和迎波侧下部与河谷连接区域发生局部开裂破坏，其中背波侧破坏区域比迎波侧更大。$\gamma=90°$、$\alpha=75°$入射方式，即入射方向与坝轴向一致且斜入射角较大时心墙发生更大的开裂破坏。入射方向越偏向坝轴向，背波侧破坏比迎波侧更加严重，主要原因是地震波从河谷迎波侧向背波侧传播，迎波侧河谷表面透射的地震波在背波侧发生散射，导致地震动能量在背波侧聚集，背波侧拉伸变形增大，造拉应力增大，单元发生拉裂破坏。这也揭示了汶川地震中，紫坪铺面板坝背波侧面板发生挤压和位错破坏比迎波侧更严重的机制。

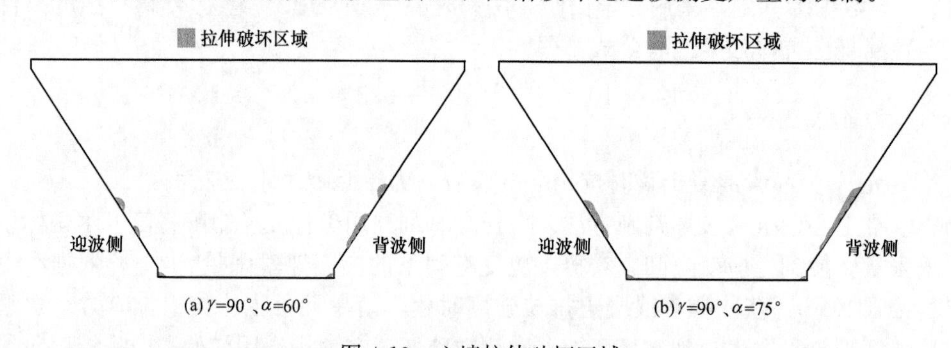

图 4-19　心墙拉伸破坏区域

传统混凝土类结构地震破坏按应力需求能力比（DCR）结合超应力累计持时评价结构的抗拉破坏程度[188]。DCR 为结构最大拉应力与混凝土静态抗拉强度的比值。① 若 DCR＝1，超应力累计持时超过 0.4s；②若 DCR＝2，超应力累计持时为 0s，均判别为严重破坏，否则为低-中等破坏。为对比传统地震破坏评价方法与本文方法下心墙拉裂破坏程度差异，图 4-20 所示为 $\gamma=90°$、$\theta=35°$入射方式下，传统评价方法下判别心墙开裂破坏情况。

图 4-20 表明，在 DCR＝1 且超应力累计持时超过 0.4s 时，在心墙中部发生大范围的开裂破坏；在 DCR＝2 且超应力累计持时为 0.0s 时，心墙迎波侧和背波侧出现局部开裂破坏，开裂破坏程度比 DCR＝1 对应的评价方法要轻，但破坏区随高度增加逐渐偏离与河谷连接处，对开裂破坏位置可能存在误判。

与 4.4.3 中提出的抗拉破坏判别方法相比，传统地震破坏判别方法获得的心墙开裂破坏区域更大，属于超严重损伤破坏，这种判别方法会高估心墙开裂破坏程度，并且对开裂破坏

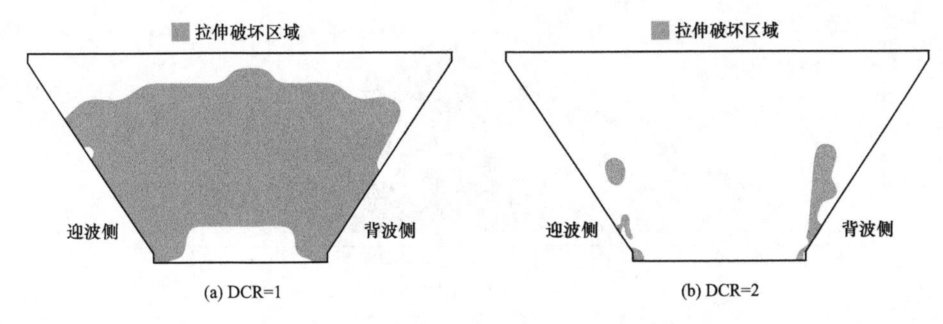

图 4-20 传统评价方法下判别心墙开裂破坏情况

区进行误判。地震作用下往往在心墙与河谷以及基座连接的薄弱部位发生局部开裂破坏，这么严重的震害实际上是不可能发生的。因此，4.4.3 中建立的沥青混凝土抗拉破坏判别方法更能反映心墙抗拉薄弱部位和破坏区。

4.4.4 坝体单元抗震安全性

地震作用下，土石坝有可能发生局部动力破坏，汶川大地震中紫坪铺混凝土面板堆石坝下游坝坡的破坏就是一种典型的局部动力破坏。坝体局部动力破坏存在引发大坝整体破坏的可能性，因此，分析和评价沥青混凝土心墙坝的局部动力稳定性，有利于揭示沥青混凝土心墙坝体抗震中的薄弱部位，进而采取合理的工程措施，确保坝体的抗震安全性。通过有限元法计算得到坝坡单元静应力和地震作用下的动应力后，在单元潜在破坏面上切向叠加静剪应力和等效动剪应力，潜在破坏面上法向有效应力等于震前法向有效应力减去动孔压，按照下式计算坝体单元的抗震安全系数 K_e[189]，即

$$K_e = \frac{\tau_f}{\tau} = \frac{(\sigma_f' \tan\phi' + c')}{\tau_s + \tau_d} \tag{4-7}$$

式中：τ_f 为单元潜在破坏面抗剪强度。τ 为单元静动力综合剪应力。σ_f' 为单元潜在破坏面法向有效应力，$\sigma_f' = (\sigma_{f0}' - u_d)$，$\sigma_{f0}'$ 为单元潜在破坏面法向有效应力，u_d 为动孔压，由于沥青混凝土心墙坝有限元计算没有考虑上游堆石料动孔压对应力的影响，为使坝体单元抗震安全系数偏安全，对上游堆石体单元潜在破坏面法向应力进行折减。参考实际工程中的孔压比计算动孔压，顾淦臣[190]研究了辽宁抚顺市大伙房水库黏土心墙砂砾石坝在Ⅷ度地震作用下地震液化情况，结果表明，坝体和坝基最大孔压比为 0.6，发生在上游浅层坝坡内，绝大部分土石料孔压比为 0.2～0.4。本小节取 0.6 作为沥青混凝土心墙坝上游堆石区单元的孔压比，进而计算获得法向有效应力。τ_s 为静剪应力。τ_d 为等效动剪应力，$\tau_d = 0.65\tau_{max}$，τ_{max} 为地震过程中潜在破坏面最大动剪应力。ϕ'为土石料内摩擦角。c'为土石料间的凝聚力。

图 4-21 所示为平面 P 波以 $\gamma=0°$、$\alpha=0°$，$\gamma=0°$、$\alpha=75°$，$\gamma=30°$、$\alpha=30°$，$\gamma=60°$、$\alpha=60°$和 $\gamma=90°$、$\alpha=75°$五种入射方式下水流向最大断面坝体单元抗震安全系数分布，坝体单元抗震安全系数 K_e 大于 1 表示单元不会发生动力破坏，小于 1 表示单元会发生动力破坏。图 4-21 表明，P 波垂直向上入射（$\gamma=0°$、$\alpha=0°$）时，沥青混凝土心墙部位单元抗震安全系数较高，抗震安全系数大多在 20 以上，最大达到 50，心墙单元安全系数高是因为沥青混凝土骨料之间的胶凝材料所致，在力学参数中由凝聚力 c 体现，如表 4-2 所示，$c=210$kPa。由心墙往上、下游方向，坝体单元抗震安全系数逐渐降低，由于上游堆石区处在库水位以

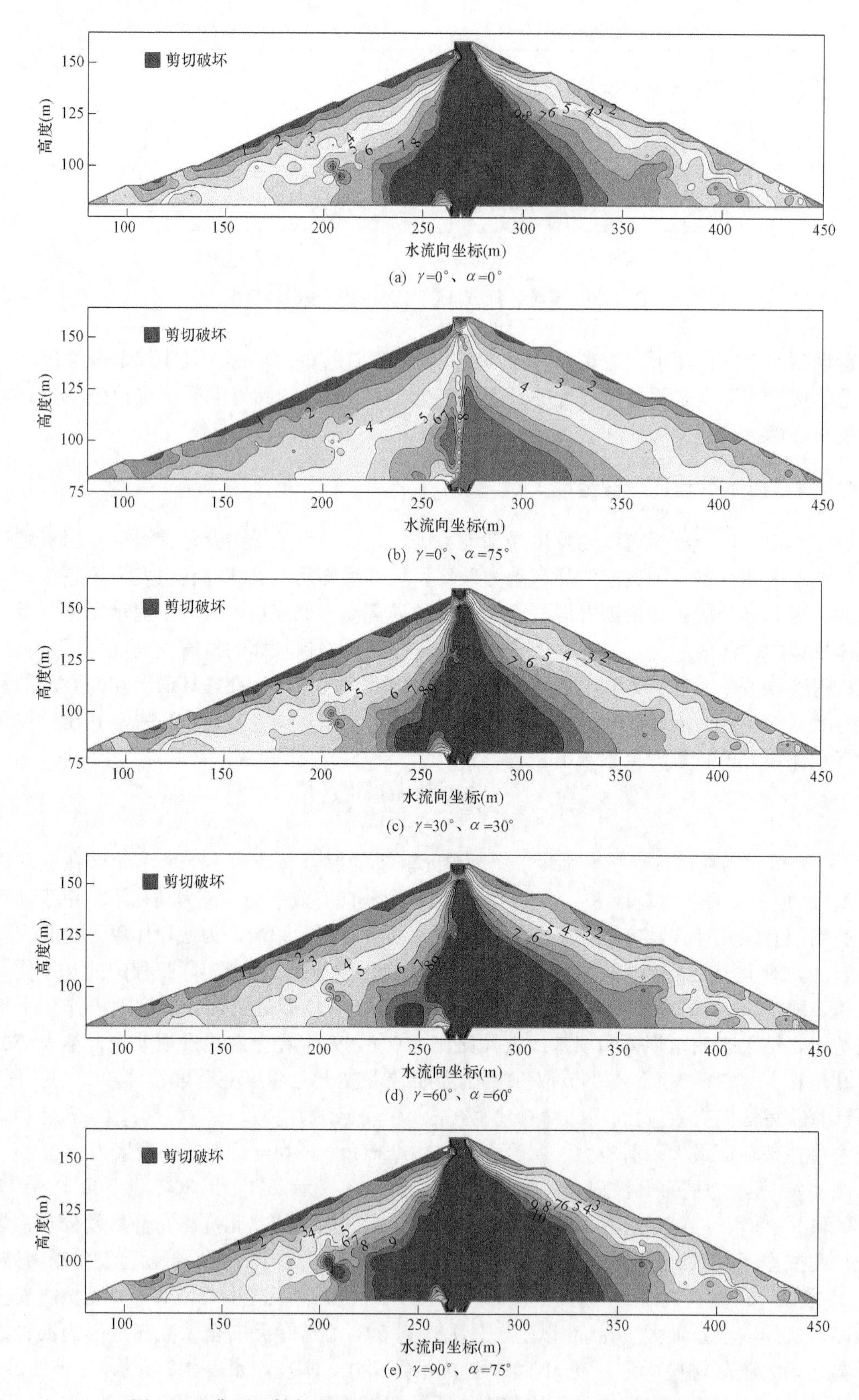

图 4-21 典型入射方式下水流向最大剖面坝体单元抗震安全系数分布

下，地震过程中上游堆石料存在动孔压，潜在破坏面法向有效应力减小，导致在距心墙相同水平距离且相同高程位置，上游坝坡单元抗震安全系数要小于下游坝坡。在上游坝坡上部和中部表层土体有少数单元抗震安全系数小于1，表明上游坝表层局部土体会发生动力剪切破坏，由于抗震安全系数小于1的区域深度浅，且在坡度方向上没有连通，不会影响坝体的整体稳定性。

与垂直入射相比，入射方向与竖向夹角变大，即 $\gamma=0°$、$\alpha=75°$，坝体和心墙单元抗震安全系数有大幅度的减小，心墙内部单元抗震安全系数集中在5～10范围内。上游坝坡抗震安全系数小于1的区域变大，区域深度加深，在顺坡向连通，从1/4坝高位置延伸至上游坝顶，在这种入射方式下有可能引起坝体的整体稳定性。坝体和心墙抗震安全系数变小的主要原因是顺水流向地震动作用变强，引起潜在破坏面剪应力增大。

随着入射方位角 γ 和斜入射角 α 增大，即在 $\gamma=30°$、$\alpha=30°$和 $\gamma=60°$、$\alpha=60°$两种入射下，坝体和心墙单元抗震安全系数减小，心墙内部单元抗震安全系数分布较为均匀，在10左右，$\gamma=60°$、$\alpha=60°$入射方式下稍小。上游坝坡抗震安全系数小于1的区域较垂直入射有一定程度的扩大，但不会引起坝体整体稳定性。

当P波入射方向与坝轴向一致时，即 $\gamma=90°$、$\alpha=75°$入射方式，坝体和心墙抗震安全系数增大，心墙内部单元抗震安全系数在30以上，最大抗震安全系数为113。与垂直入射相比，上游坝坡发生局部动剪切破坏的区域减少，剪切破坏深度变浅，沿顺坡向长度变短。入射方向与坝轴向一致，水流向不存在地震作用，潜在破坏面剪应力小，故这种入射方式下坝体和心墙单元抗震安全性最高。

为了定量分析坝体和心墙单元抗震安全系数随入射方位角 γ 和斜入射角 α 的变化规律，定义坝体动剪切破坏指数 F，即

$$F=\frac{\sum_{j=1}^{m}K_{ej}A_j}{\sum_{i=1}^{n}K_{ei}A_i} \tag{4-8}$$

式中：K_{ej} 为坝体最大剖面内小于1的抗震安全系数；A_j 为抗震安全系数小于1的单元面积；K_{ei} 为坝体最大剖面内所有单元抗震安全系数；A_i 为剖面内的所有单元面积；m 和 n 分别为抗震安全系数小于1的单元数和所有单元数。

式（4-8）表明，坝体动剪切破坏指数越大，坝体单元抗震安全系数越小，发生局部破坏的区域越大。

图4-22所示为水流向最大剖面坝体单元动剪切破坏指数随 α 和 γ 的变化。图4-22表明，P波垂直地表向上入射，坝体动剪切破坏指数很小，动剪切破坏指数为0.23，说明坝体单元抗震安全系数较高，发生局部动力剪切破坏的区域非常小，这一点可以从图4-21（a）中得到反映，进一步验证了P波垂直入射方式下坝体单元局部动剪切破坏引发坝坡发生失稳滑动的可能性较小。入射方位角 γ 相同时，斜入射角 α 越大，坝体整体剪切破坏指数增大，引发坝坡发生失稳滑动的可能性变大，主要原因是水流向地震动作用增强，局部单元剪应力增大所致。斜入射角 α 不变时，入射方位角 γ 增大，坝体整体动剪切破坏指数减小，从而引发坝坡发生失稳滑动的可能性减小。为提高上游坝坡表层土的抗震性能，从上游1/4坝高位置至坝顶段采取土工格栅加筋工程措施，可以提高加筋土石复合体的抗剪强度[191]，减少局

部剪切破坏，降低坝坡滑动失稳的可能性。

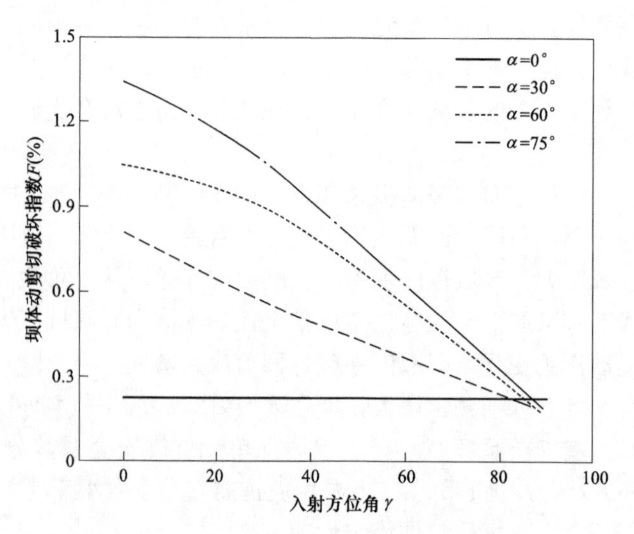

图 4-22　坝体动剪切破坏指数随 α 和 γ 的变化

平面 P 波入射方向与水流向平行，且与地表法线夹角越大，坝坡发生失稳滑动的可能性越大。入射方向与坝轴向平行，坝坡发生失稳滑动的可能性最小。

4.4.5　坝体地震残余变形

本小节以坝顶竖向沉降与最大坝高的比值，即震陷率，作为沥青混凝土心墙坝的一个抗震安全评价指标，图 4-23 所示为坝顶震陷率随入射方位角 γ 和斜入射角 α 的变化规律。图 4-23 表明，当 $\alpha=0°$时，坝顶震陷率不随 γ 角变化，即 P 波垂直向上入射时坝体震陷与入射方位无关。斜入射角 α 相同时，坝顶震陷率随 γ 角增大而增大，说明入射方向与坝轴线方向一致时，坝顶震陷率最大，达到 0.25%，竖向沉降为 21.0cm。当斜入射角 $\alpha=75°$时，入射方位角 γ 对坝顶震陷率的影响最显著，$\gamma=90°$时坝顶震陷率是 $\gamma=0°$的 1.23 倍。

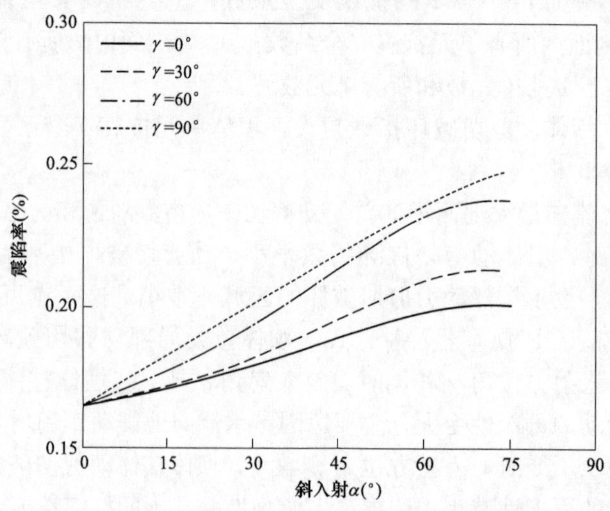

图 4-23　坝顶震陷率随角 γ 和 α 的变化规律

P 波入射方位角 γ 相同时，斜入射角 α 越大，坝顶震陷率越大，当入射方向与坝轴线一致时，斜入射角对坝顶震陷率的影响最明显，$\alpha=75°$时坝顶震陷率是 $\alpha=0°$的 1.51 倍。P 波所有的入射方式中，其入射方向与坝轴线方向一致且斜入射角为 75°时，坝顶震陷率最大，从坝体竖向沉降角度分析，坝体的抗震安全性最低。

4.5 SV 波三维斜入射

4.5.1 河谷表面差异性地震动

1. 入射方位角 γ 对河谷表面加速度峰值的影响

图 4-24 为 SV 波斜入射角 $\theta=0°$（垂直地表向上入射）和 $\theta=35°$时不同入射方位角 γ 下

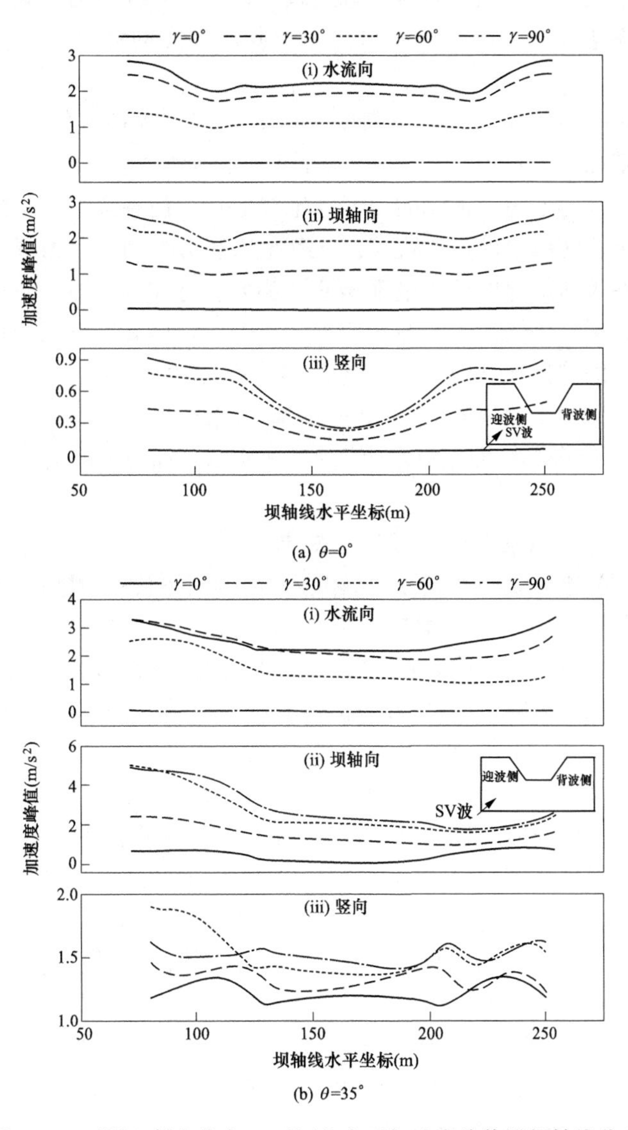

图 4-24 不同入射方位角 γ 下河谷表面加速度峰值沿坝轴线分布

河谷表面加速度峰值沿坝轴线分布。图 4-24 表明，当斜入射角 $\theta=0°$时，入射方位角 γ 变化不影响河谷表面加速度峰值的分布规律，水流向、坝轴向、竖向加速度峰值均关于河床中心对称分布。由于河谷地形效应，地震波在左、右岸岸坡表面发生散射，河谷表面加速度峰值形成了两岸大、河床小的差异性分布特征，这种分布特征在竖向更明显。与河谷底部加速度峰值相比，两岸岸坡坡顶加速度峰值放大倍数可达 1.25 倍。入射方位角 γ 变大，即地震波主震方向越偏向坝轴向时，河谷表面水流向加速度峰值减小，坝轴向加速度峰值增大，河谷表面竖向在水流向和坝轴向地震作用以及坝体堆石料对地震波散射的共同影响下产生较小的加速度，加速度峰值随入射方位角 γ 的变化规律与坝轴向相同。SV 波垂直入射，河谷表面加速度峰值随入射方位角 γ 的变化规律明显不同于 P 波垂直入射的情况，SV 波垂直向上入射，地震波振动方向随入射方位角变化，而 P 垂直向上入射，地震波振动方向不随入射方位角变化，保持为竖向。由于基岩河谷考虑为线弹性材料，使得河谷表面各向加速度峰值与入射方位角 γ 的关系主要取决于半空间自由表面各向地震动强度与入射方位角的关系，如图 2-5 所示。

当斜入射角 $\theta=35°$时，在入射方位角 $\gamma=0°$和 $\gamma=90°$两种入射方式下，在水流向和竖向，河谷表面加速度峰值分布规律与 $\theta=0°$下的四种入射方式相同。当 SV 波入射方向与地表法线倾斜时，只要入射方向与水流向或者坝轴线平行，河谷表面水流向和竖向加速度峰值分布依然保持河床小、两岸岸坡大的规律。在其他入射方位角下，由于迎波侧的散射和背波侧的绕射，造成河谷表面加速度峰值呈现出迎波侧大、背波侧小的差异性分布特征，其中在坝轴向这种差异性分布趋势最显著。与河床中心点相比，迎波侧坡顶坝轴向加速度峰值增加幅度达 1.5 倍，背波侧坡顶坝轴向加速度峰值缩小幅度达 15%左右。河谷表面各个方向加速度峰值随入射方位角的变化规律与 $\theta=0°$时的情况相同。

$\theta=15°$和 $\theta=30°$，河谷表面加速度峰值分布规律以及加速度峰值大小与入射方位角 γ 的关系与 $\theta=35°$时相同。

2. 斜入射角 θ 对河谷表面加速度峰值的影响

图 4-25 所示为 SV 波入射方位角 $\gamma=0°$和 $\gamma=60°$时不同斜入射角 θ 下河谷表面加速度峰值沿坝轴线分布。图 4-25 表明，入射方位角 $\gamma=0°$时，即入射方向与水流向平行，河谷表面加速度峰值河床小、岸坡大的对称分布特征不受斜入射角 θ 的影响，在水流向和竖向，加速度峰值最小值拐点出现在河床左、右侧底部，相对河床左、右侧底部，坡顶水流向加速度峰值增大幅度可达 50%以上；在坝轴向，加速度峰值最小值拐点位于河床中心，相对河床中心，坡顶加速度峰值放大了 13 倍，分布差异性显著。斜入射角 θ 在 0°～35°范围内，$\theta=30°$是河谷表面水流向加速度峰值的最小值点，$\theta=35°$时，水流向加速度峰值达到最大；对于坝轴向和竖向，河谷表面加速度峰值随斜入射角 θ 增大而增大。

入射方位角 $\gamma=60°$，入射方向与地表法线倾斜时，河谷表面水流向、坝轴向和竖向加速度峰值同样呈现出迎波侧大、背波侧小的差异性分布特征。迎波侧大、背波侧小的差异性分布趋势与斜入射角 θ 有关，入射角 θ 越大，这种差异性分布趋势越显著。在 $\gamma=60°$、$\theta=35°$入射方式下，与河谷底部中心点加速度峰值相比，河谷迎波侧坡顶水流向、坝轴向和竖向加速度峰值分别增大了 105%、148%和 42%，河谷背波侧坡顶水流向和坝轴向加速度峰值减小了 17%和 20%。与入射方向与水流向平行入射方式相比，入射方向与水流向斜交或与坝轴向平行改变河谷表面水流向和坝轴向加速度峰值随入射角 θ 的变化规律，迎波侧水流

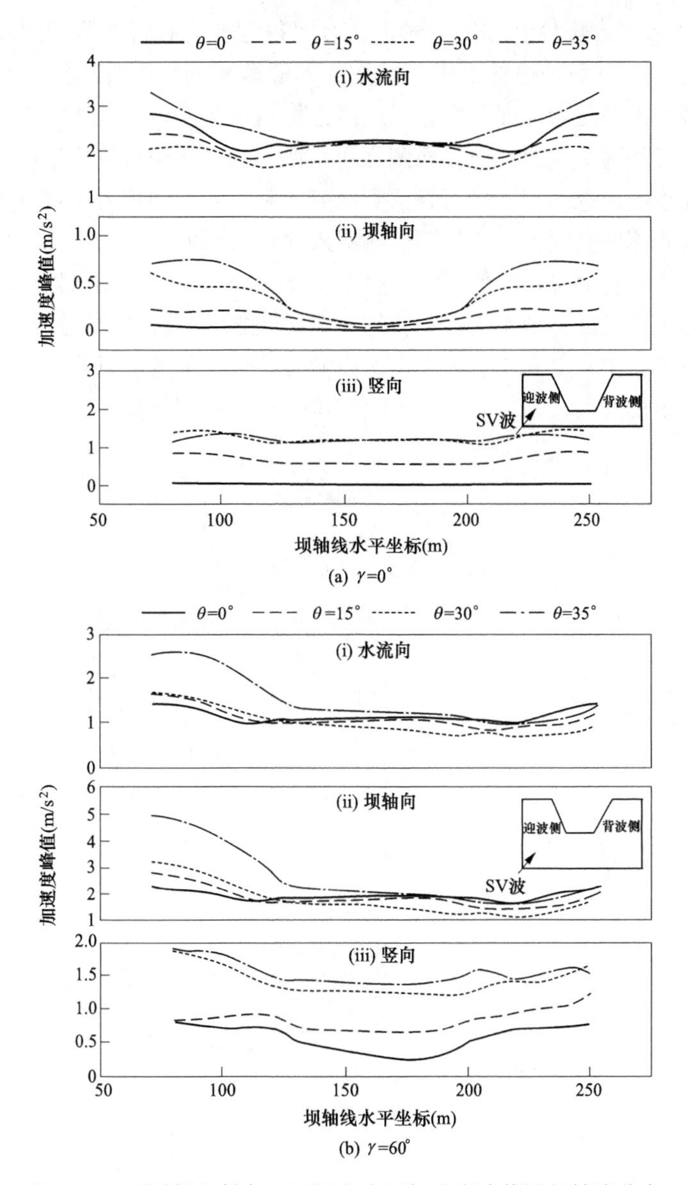

图 4-25 不同斜入射角 θ 下河谷表面加速度峰值沿坝轴线分布

向和坝轴向加速度峰值随入射角 θ 增大而增大，背波侧水流向和坝轴向加速度峰值随入射角 θ 增大先变小后变大，$\theta=30°$为最小值点；竖向加速度峰值一直增大。

入射方位角 $\gamma=30°$和 $\gamma=90°$时，河谷表面加速度峰值同样呈现出迎波侧大、背波侧小的差异性分布特征，斜入射角 θ 对河谷表面加速度峰值影响规律与 $\gamma=60°$相同。

SV 波入射方向与地表法向垂直，或者入射方向与水流向平行或坝轴向平行，河谷表面加速度峰值分布形成河床小、岸坡大且关于河谷中心线对称的特征。一旦入射方向与地表法线倾斜，或者与水流向斜交，河谷表面加速度峰值分布均呈现出迎波侧大、背波侧小的差异性特征。

3. 迎波侧和背波侧相对位移峰值沿高度变化

图 4-26 所示为入射方位角 γ 和斜入射角 θ 对河谷迎波侧和背波侧相同高程相对位移峰值的影响。图 4-26 表明，河谷两侧约束由底部往顶部逐渐减弱，河谷迎波侧和背波侧相同高程之间的相对位移峰值沿高度增加而变大。当入射方位角 γ 为 0°时，在水流向和竖向，河谷两岸承受较为协调的地震动荷载，因此河谷两侧之间水流向和竖向相对位移运动非常小，并且沿高度变化幅度小，几乎可以忽略，表明河谷两侧水流向和竖向运动较为一致。入射方位角 γ 相同时，迎波侧和背波侧相同高程相对位移峰值随斜入射角 θ 增大而增大。斜入射角 θ 相同时，迎波侧和背波侧相同高程相对位移峰值随斜入射角 γ 增大而增大。表明入射方向与地表法线夹角越大、入射方向与水流向的夹角越大，迎波侧和背波侧之间不协调位移运动更显著，其中以坝轴向不协调运动更为突出，从 4.4.1 和 4.4.3 分析结果可以得出，河谷两侧坝轴向不协调运动会使心墙内部产出附加应力，增大了心墙压缩和拉伸破坏的可能性。

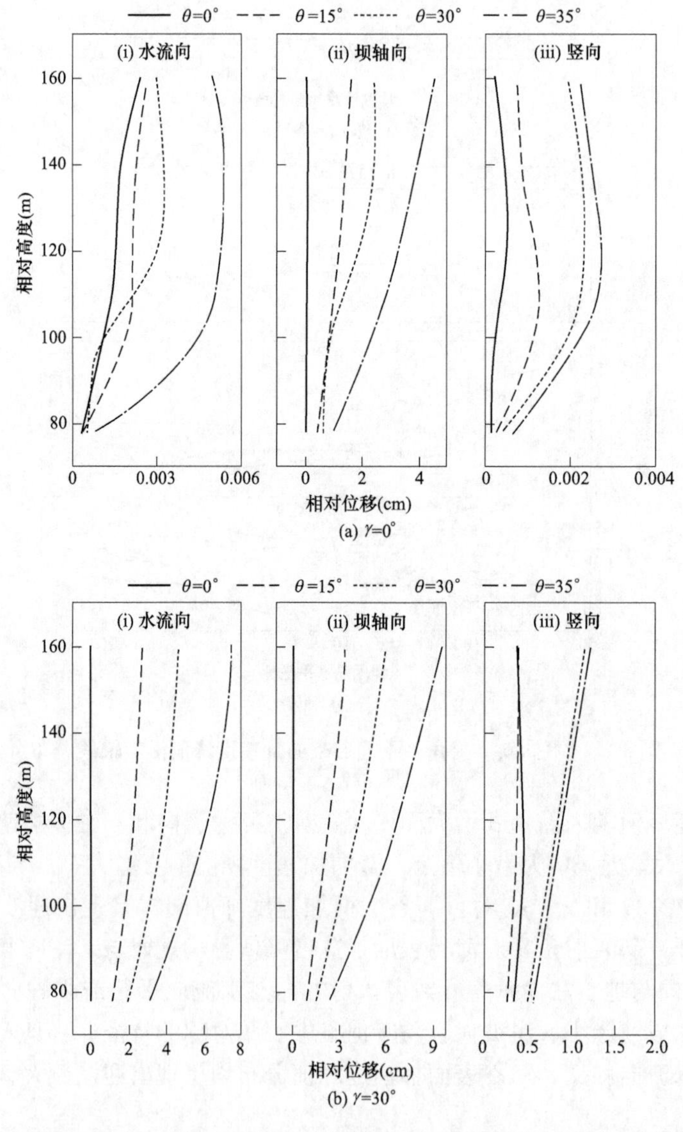

图 4-26　入射方位角 γ 和斜入射角 θ 对河谷迎波侧和背波侧相同高程相对位移峰值的影响（一）

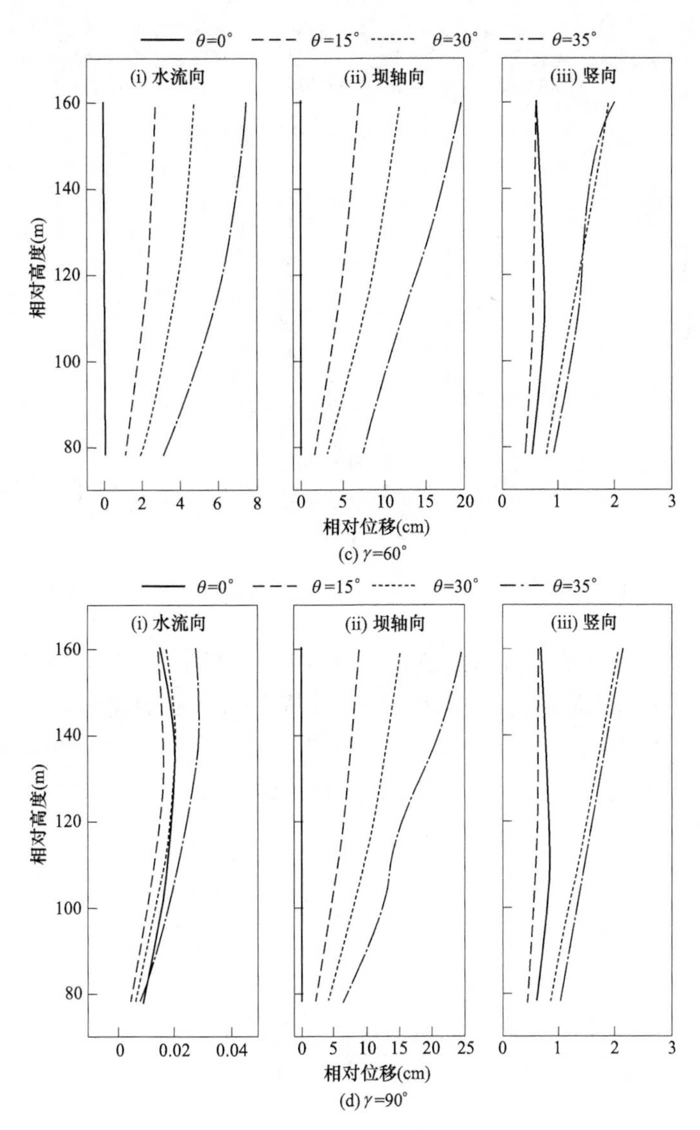

图 4-26　入射方位角 γ 和斜入射角 θ 对河谷迎波侧和背波侧相同高程相对位移峰值的影响（二）

4. γ 和 θ 对河谷坡顶相对位移峰值的影响

图 4-27 所示为入射方位角 γ 和斜入射角 θ 对河谷迎波侧和背波侧坡顶相对位移峰值的影响。图 4-27 表明，$\theta=0°$时，迎波侧和背波侧坡顶三个方向相对位移峰值非常小，可以忽略；$\gamma=0°$时，坡顶水流向和竖向相对位移峰值同样很小；$\gamma=90°$时，坡顶水流向相对位移运动也可以忽略，表明 SV 波垂直向上入射，以及入射方向与水流向平行，或者与坝轴向平行，迎波侧和背波侧坡顶某些方向运动较为一致。

图 4-27 表明入射方位角和斜入射角对坡顶坝轴向相对位移峰值的影响最为突出，其次是水流向。入射方位角 $\gamma=90°$时，坝顶坝轴向相对位移峰值可由 $\theta=15°$的 9cm 增加至 $\theta=35°$的 25cm，增加了 1.8 倍。斜入射角 $\theta=35°$时，坡顶坝轴向相对位移峰值可由 $\gamma=0°$的 5cm 增大至 $\gamma=90°$的 25cm，增大幅度达 4 倍。SV 波入射方向与坝轴向一致，且与地表法

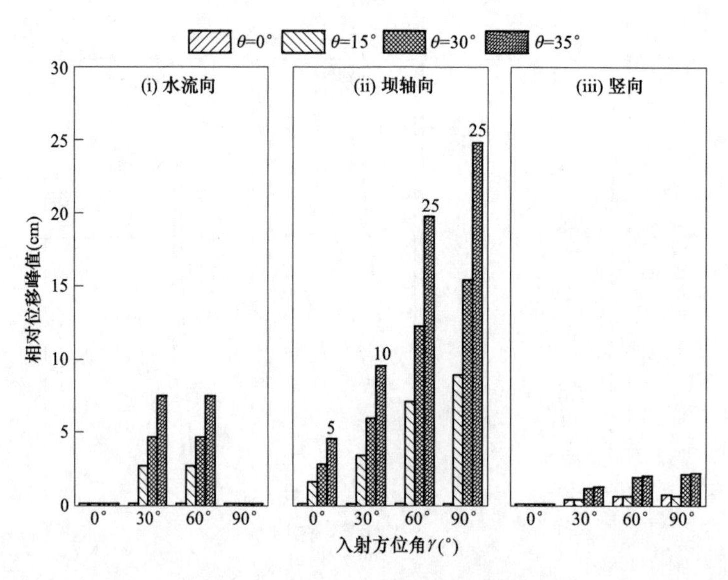

图 4-27　入射方位角 γ 和斜入射角 θ 对迎波侧和背波侧坡顶相对位移峰值的影响

线夹角为 35°时，坝轴向运动非协调性最大，为 SV 波三维斜入射中最危险的入射方式。河谷两岸运动不协调引起心墙内部存在不均匀应力，从而改变心墙破坏模式。

图 4-28 和图 4-29 分别为 $\theta=30°$和 $\gamma=60°$时迎波侧和背波侧坡顶坝轴向相对位移时程。图 4-28 和图 4-29 均表明，入射方位和入射角对迎波侧和背波侧坡顶相对位移的影响主要体现在幅值上，对位移波形也有一定的影响。

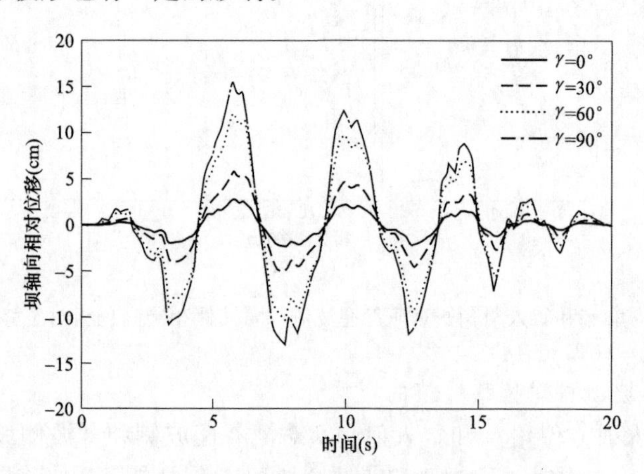

图 4-28　$\theta=30°$时坡顶坝轴向相对位移时程

对比平面 P 波和 SV 波三维斜入射发现，在相同入射方向下，如入射方位角均为 90°且斜入射角均为 30°时，P 波引起的河谷坡顶水流向、坝轴向和竖向相对位移峰值分别为 0.98cm、2.18cm 和 5.93cm，SV 波引起的河谷坡顶相对位移峰值分别为 0.12cm、15.47cm 和 2.13cm。在坝轴向，SV 波引起的坡顶相对位移峰值远高于 P 波，在其他两个方向 P 波稍大于 SV 波。所有入射方式中，P 波引起的坡顶三向相对位移峰值最大值分别为 5.18cm、17.06cm 和 5.93cm，而 SV 波引起的坡顶三向相对位移峰值最大值分别为 7.47cm、25.0cm

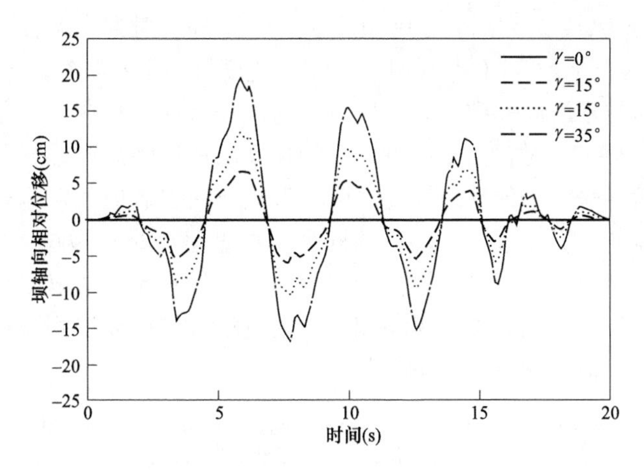

图 4-29　γ=60°时坡顶坝轴向相对位移时程

和 2.20cm。整体而言，SV 波引起的河谷两侧非协调位移运动更强，对心墙影响更为不利。

4.5.2　沥青混凝土心墙加速度

1. γ 角和 θ 角对心墙加速度峰值分布规律的影响

图 4-30 所示为 SV 波 γ=0°、θ=0°和 γ=60°、θ=0°两种入射方式下沥青混凝土心墙加速度峰值 A_{max}等值线分布。图 4-30 表明，在 γ=0°、θ=0°入射方式下，由于河谷表面加速度峰值关于河床中心对称分布，故心墙加速度峰值等值线关于河床中心对称分布。水流向和竖向峰值加速度从底部往顶部逐渐增大，加速度峰值最大值出现在心墙顶部中心；坝轴向加速度峰值从中部往两侧逐渐增大，加速度峰值最大值出现在顶部两侧，距心墙顶中心 1/4 坝顶长度位置。

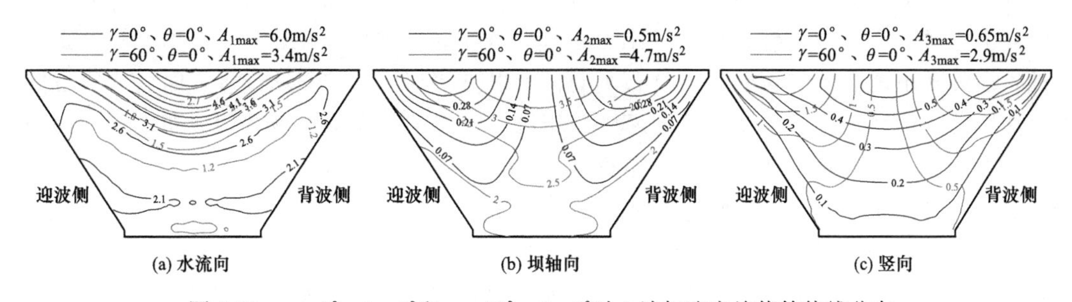

图 4-30　γ=0°、θ=0°和 γ=60°、θ=0°时心墙加速度峰值等值线分布

与 γ=0°、θ=0°入射方式相比，γ=60°、θ=0°时，水流向、坝轴向和竖向加速度峰值分布规律发生变化，水流向加速度峰值等值线有偏向迎波侧的趋势，坝轴向加速度峰值变为从底部往顶部逐渐增大，最大加速度峰值出现在心墙顶中心，竖向加速度变为从中部往两侧逐渐增大，最大加速度峰值出现在顶部两侧，距心墙顶中心 1/4 坝顶长度位置。与 γ=0°、θ=0°入射方式相比，γ=60°、θ=0°时相同部位坝轴向和竖向加速度峰值有较大幅度的增加。

与平面 P 波三维斜入射不同，当 SV 波入射方向与地表法线夹角为 0°，入射方向与水流向夹角变化不仅会改变心墙加速度的大小，而且改变心墙各个方向加速度分布规律。

图 4-31 所示为 $\gamma=0°$、$\theta=30°$和 $\gamma=60°$、$\gamma=30°$两种入射方式下心墙加速度峰值等值线分布。图 4-31 表明，当 $\gamma=0°$、$\theta=30°$时，心墙加速度峰值分布规律与 $\gamma=0°$、$\theta=0°$的情况相同，表明入射方向与水流向一致时，入射方向与地表法线夹角变化不会改变心墙加速度分布规律。当 $\gamma=60°$、$\theta=30°$时，由于河谷表面加速度峰值呈现出迎波侧大、背波侧小的分布特征，加上迎波侧河谷表面透射地震波能量强、背波侧河谷表面透射地震波能量弱，引起心墙加速度峰值等值线向背波侧倾斜，即在相同高程位置呈现出迎波侧大、背波侧小的特征。因入射方向与水流向夹角较大，主震方向指向背波侧，故水流向加速度峰值最大值出现在背波侧顶部。由于入射方向与地表法线夹角较小，地震波首先从迎波侧开始激励，导致坝轴向和竖向加速度峰值最大值出现在迎波侧顶部。

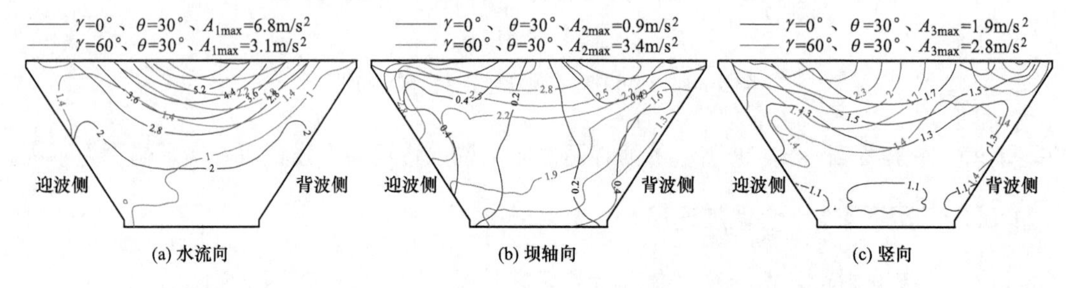

(a) 水流向　　(b) 坝轴向　　(c) 竖向

图 4-31　$\gamma=0°$、$\theta=30°$和 $\gamma=60°$、$\theta=30°$时心墙加速度峰值等值线分布

对比两种入射方式下的加速度分布规律可知，当入射方向与地表法线倾斜，且入射方向与水流向斜交或垂直时，心墙加速度分布不再关于中心线对称，而是呈现出向迎波侧倾斜的非对称分布。

对比图 4-30 中 $\gamma=0°$、$\theta=0°$和图 4-31 中 $\gamma=0°$、$\theta=30°$两种入射方式下心墙加速度峰值分布表明，入射方向与水流向平行时，斜入射角 θ 变化不改变加速度分布特征，心墙各向加速度峰值关于河谷中心对称分布。对比图 4-30 中 $\gamma=60°$、$\theta=0°$和图 4-31 中 $\gamma=60°$、$\theta=30°$两种入射方式下的心墙加速度峰值分布表明，入射方向与水流向斜交或垂直时，入射方向与地表法线之间存在夹角会改变心墙加速度分布规律，心墙各向加速度峰值分布呈现出迎波侧大、背波侧小，并向背波侧倾斜的分布特征。

2.γ 角和 θ 角对心墙最大加速度的影响

图 4-32 所示为心墙顶部最大加速度随入射方位角 γ 和入射角 θ 的变化。图 4-32 表明，入射方位角 γ 不变时，心墙最大加速度与斜入射角 θ 的关系不遵循半空间自由表面地震动强度与斜入射角 θ 的关系。斜入射 θ 在 0°～30°范围内，由于半空间自由表面地震动强度随斜入射角 θ 增大而减小的幅度较小，因此对于心墙最大加速度，这种小幅度减小的规律很容易受到以下两方面原因的干扰：一是河谷地形引起地震波发生散射效应，另一方面是地震作用下坝体土石料和心墙的动力非线性特性。心墙水流向最大加速度随斜入射角 θ 增大而增加；当入射方位角为 0°和 30°时，斜入射角 θ 增大，心墙坝轴向和竖向最大加速度增大，当入射方位角为 60°和 90°时，斜入射角 θ 增大，心墙坝轴向和竖向最大加速度先减小后增大。

入射方位角 γ 变化对半空间自由表面水平向地震动强度的影响较为明显，心墙水流向和坝轴向最大加速度与入射方位角 γ 的关系遵循半空间自由表面地震强度与角 γ 的关系。斜入射角 θ 相同时，入射方位角 γ 增大，心墙水流向最大加速度减小，坝轴向最大加速度增

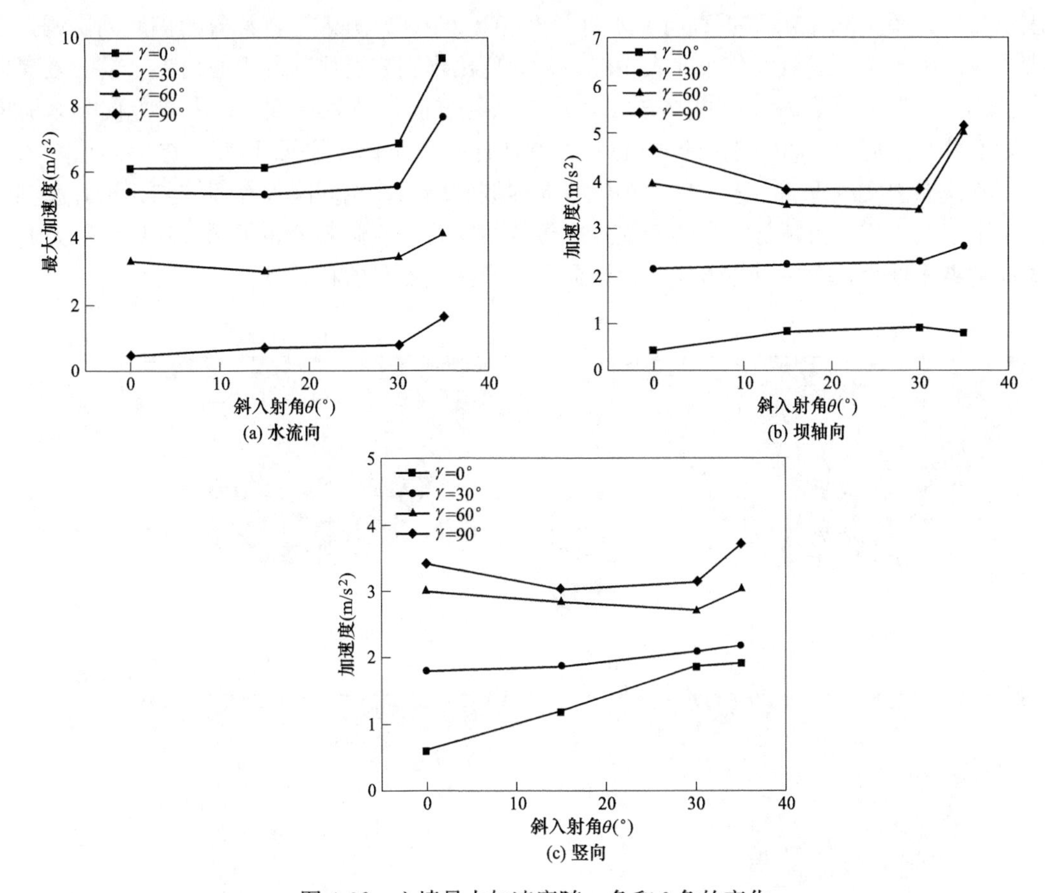

图 4-32　心墙最大加速度随 γ 角和 θ 角的变化

大。沥青心墙坝在水流向和坝轴向地震荷载共同影响下，导致心墙竖向最大加速度与入射方位角 θ 的关系不同于自由表面竖向地震动强度与入射方位角 θ 的关系，入射方位角 θ 增大，竖向最大加速度增大。

在所有入射方式中，入射方向与水流向一致且斜入射角 $\theta=35°$时，心墙水流向最大加速度达到最大值，为 9.4m/s²，与常规垂直入射（$\gamma=0°$、$\theta=0°$）相比，最大加速度增加了54%。入射方向与坝轴向一致且斜入射角为 $\theta=35°$时，坝轴向和竖向最大加速度达到最大值，分别为 5.1m/s²和 3.71m/s²，与常规垂直入射相比分别增大了 9.2 倍和 5.2 倍。整体而言，相同入射地震动强度下，SV 波引起的心墙顶部加速度最大值比 P 波要大，尤其是水流向加速度，比 P 波增加了 1.38 倍。

水工建筑物抗震设计标准[89]指出，传统垂直入射方式下土石坝顶部水流向加速度放大系数通常为 2.0～3.0，SV 波垂直入射方式下心墙顶部加速度放大系数为 2.2，符合《水工建筑物抗震设计标准》[89]要求。与河谷迎波侧平坦地表地震动相比，$\gamma=0°$、$\theta=30°$入射方式下心墙顶部加速度放大系数为 3.2，超出标准要求，应该予以进一步关注。

4.5.3　沥青混凝土心墙应力

1. 主应力分布规律及大小

图 4-33 示出了几种典型入射方式下心墙大主应力极小值分布，图中负号表示受压，正

号表示受拉。图 4-33 表明，垂直向上入射（$\gamma=0°$、$\theta=0°$）方式下，河谷两侧运动协调，心墙大主应力关于中心线对称分布，大主应力最大值出现在靠近底部的中心位置，沿心墙高度逐渐减小。在 $\gamma=30°$、$\theta=0°$入射方式下，尽管入射方向与地表垂直，但入射方向与水流向斜交，心墙大主应力不再关于心墙中心线对称，这一点不同于平面 P 波三维斜入射。入射方向与水流向斜交或垂直，大主应力等值线向迎波侧倾斜，相同高程有迎波侧大于背波侧的趋势，由于大主应力为负值，与心墙加速度等值线向背波侧倾斜分布不同。随着入射方向与水流向的夹角增大，大主应力最大值逐渐向心墙迎波侧底部偏移。

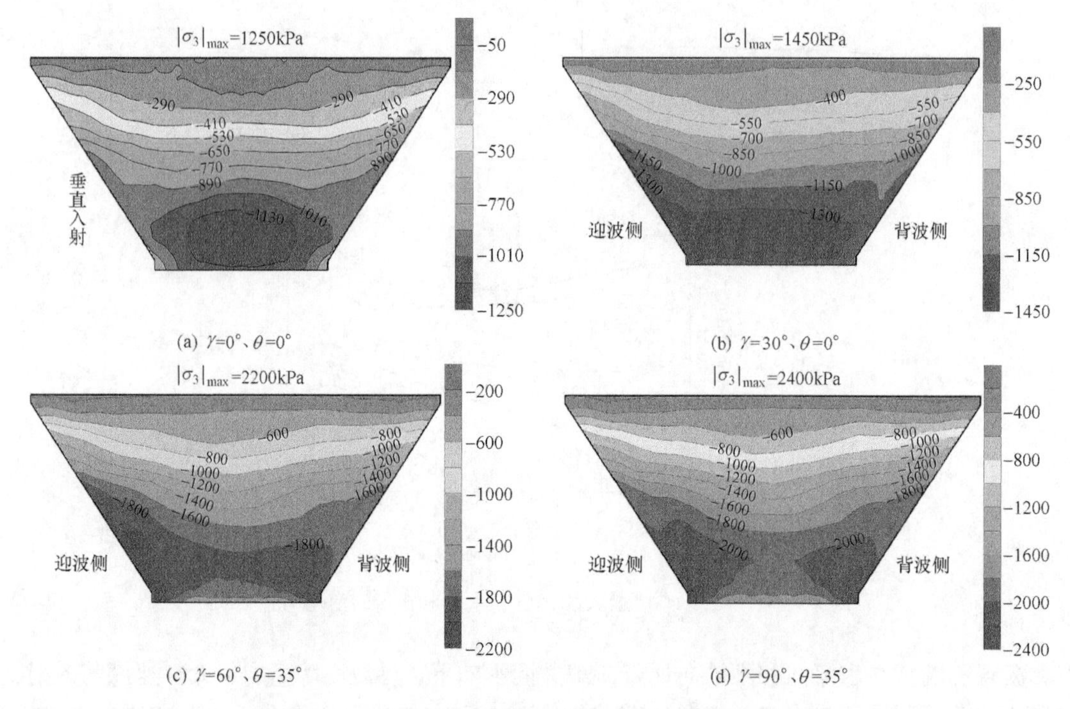

(a) $\gamma=0°$、$\theta=0°$　(b) $\gamma=30°$、$\theta=0°$

(c) $\gamma=60°$、$\theta=35°$　(d) $\gamma=90°$、$\theta=35°$

图 4-33　典型入射方式下心墙大主应力极小值分布

图 4-34 所示为 SV 波典型入射方式下心墙小主应力极大值分布。图 4-34 表明，在 $\gamma=0°$、$\theta=0°$入射方式下，心墙下部受压，上部受拉，随着入射方位角 γ 和斜入射角 θ 增大，下部受压区减小，上部受拉区增大。入射方向与水流向夹角 γ 较小时，小主应力由底部往顶部逐渐增大，在靠近顶部附近出现拉应力最大值；入射方向与水流向夹角 γ 较大时，在心墙迎波侧和背波侧下部有较大的拉应力区，最大拉应力出现在心墙两侧与河谷和基座连接的角点位置。入射方向与坝轴向一致且斜入射角为 35°时，心墙小主应力均为拉应力，是小主应力达到最大值的入射方式。

图 4-35 所示为不同入射方式下心墙下部最大压应力以及各种入射方式相对垂直入射方式的增幅。图 4-36 所示为不同入射方式下心墙最大拉应力以及各种入射方式相对垂直入射方式的增幅。图 4-35 和图 4-36 表明，垂直入射方式下，心墙底部最大压应力为 1.25MPa，心墙最大拉应力为 0.09MPa，心墙压应力和拉应力均处于较低水平，发生压缩和拉伸破坏的可能性低。与垂直入射方式相比，最大压应力和最大拉应力均与入射方位角 γ 和斜入射角 θ 呈正相关。心墙压应力和拉应力增大主要与河谷两侧坝轴向相对位移有关，坝轴向相对

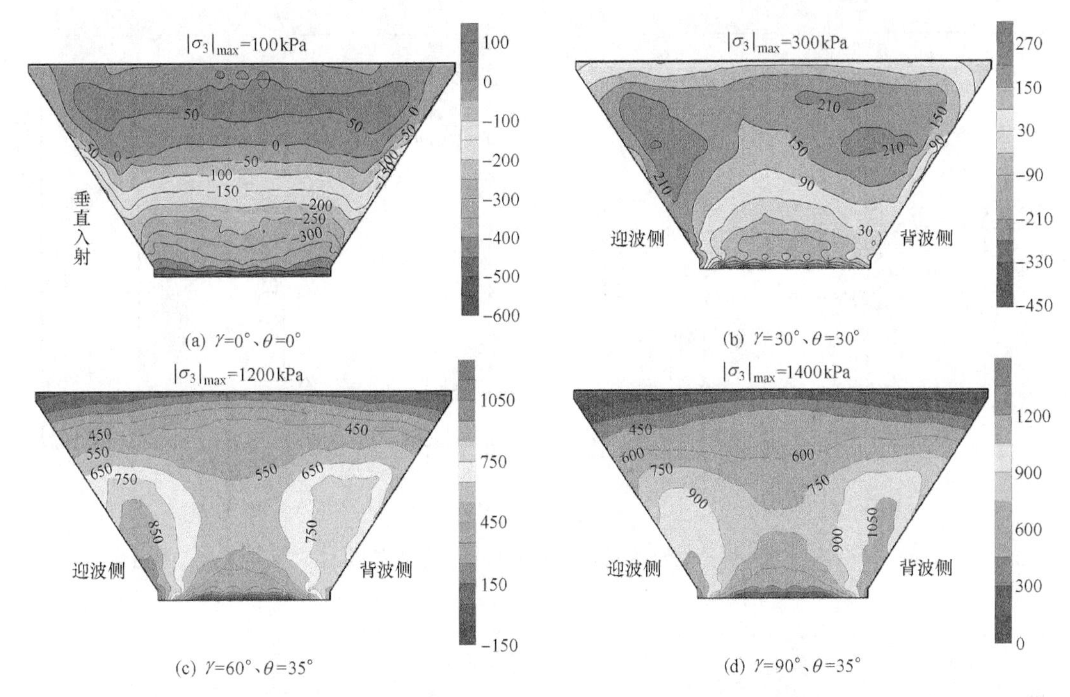

(a) $\gamma=0°$、$\theta=0°$　(b) $\gamma=30°$、$\theta=30°$

(c) $\gamma=60°$、$\theta=35°$　(d) $\gamma=90°$、$\theta=35°$

图 4-34　SV 波典型入射方式下心墙小主应力极大值分布

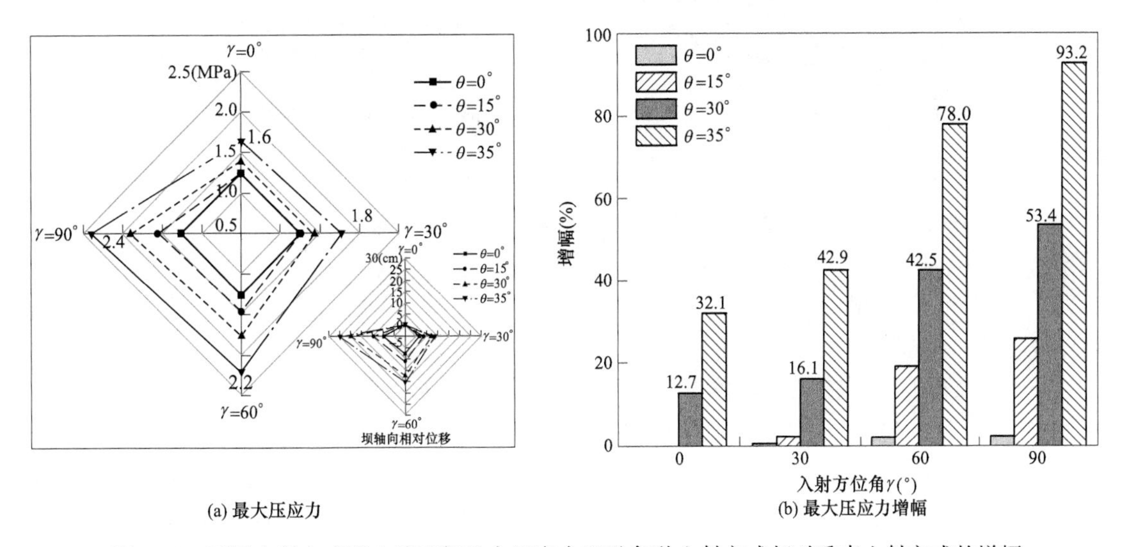

(a) 最大压应力　(b) 最大压应力增幅

图 4-35　不同入射方式下心墙下部最大压应力以及各种入射方式相对垂直入射方式的增幅

位移越大，心墙受到挤压力和拉伸力越大，心墙压应力和拉应力随之增加。可以从图 4-37 的应力矢量方向图中得到解释，图 4-37 表明，大主应力和小主应力矢量方向主要在坝轴线方向。

在 $\gamma=60°$、$\theta=30°$，$\gamma=60°$、$\theta=35°$，$\gamma=90°$、$\theta=30°$和 $\gamma=90°$、$\theta=35°$四种入射方式下，心墙最大压应力和最大拉应力有显著的增加。当 $\gamma=90°$、$\theta=30°$时，最大压应力和最大拉应力分别增加了 53.4%和 7.73 倍；当 $\gamma=90°$、$\theta=35°$时，最大压应力和最大拉应力分别

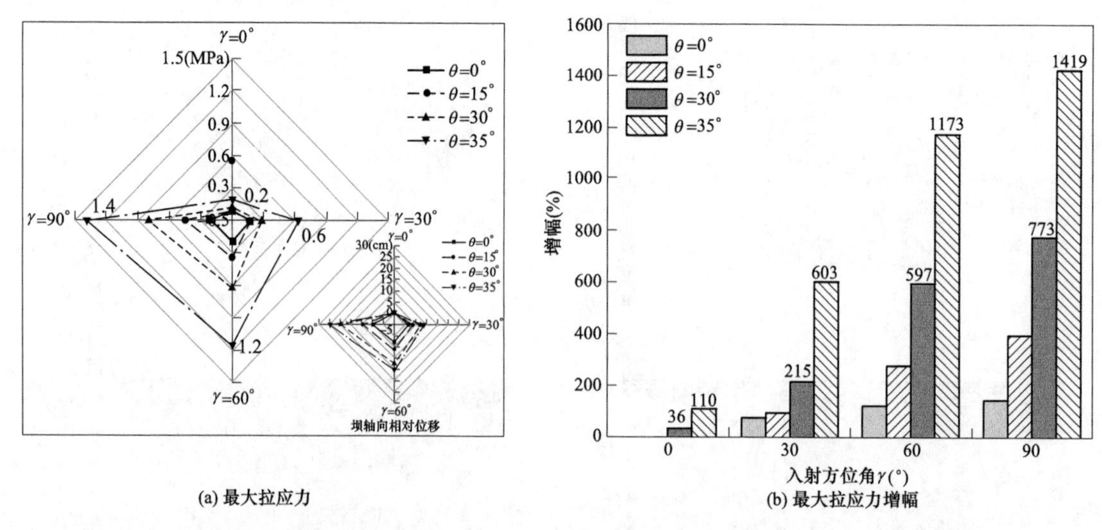

(a) 最大拉应力　　(b) 最大拉应力增幅

图 4-36　不同入射方式下心墙最大拉应力以及各种入射方式相对垂直入射方式的增幅

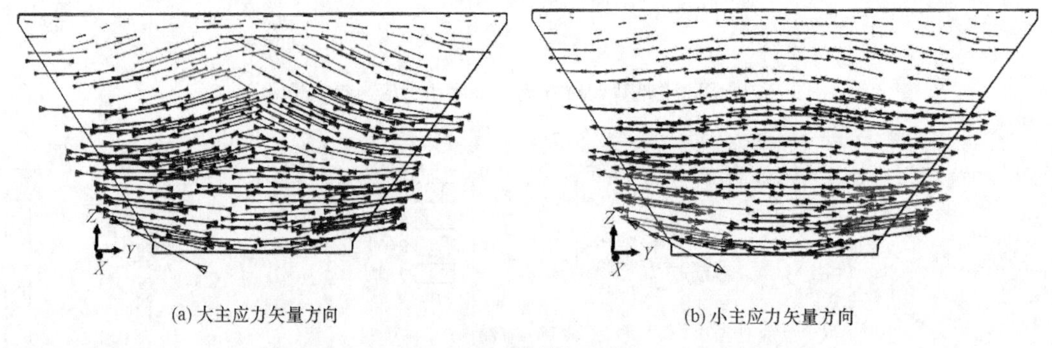

(a) 大主应力矢量方向　　(b) 小主应力矢量方向

图 4-37　$\gamma=90°$、$\theta=35°$入射方式下主应力矢量方向

增加了 93.2%和 14 倍。

2. 拉伸安全性分析

在 SV 波所有入射方式中，$\gamma=90°$、$\theta=35°$入射方式下心墙拉应力最大，因此针对该工况结果开展沥青混凝土心墙抗拉破坏判别分析。根据 4.4.3 中提出的沥青混凝土单元抗拉破坏判别方法，图 4-38 示出了背波侧底部角点位置和心墙顶中心位置单元应变速率、抗拉强度和小主应力时程曲线（背波侧底部角点位置单元小主应力较大，存在超过抗拉强度的时刻，为了对比，给出了心墙顶部中心不会发生拉伸破坏情况）。

图 4-38 表明，地震初始时段和即将结束时段单元应变速率、抗拉强度较小，接近拟静态状态，地震主震时段应变速率增大，应变速率在 $1\times10^{-5}\sim1\times10^{-2}\mathrm{s}^{-1}$范围内，对应的抗拉强度在 0.34～2.5MPa。背波侧底部角点位置拉应力在 10.0s 左右超过该时刻下的抗拉强度，发生拉裂破坏。顶部中心位置拉应力较小，不会发生拉裂破坏。

SV 波所有入射方式中，$\gamma=60°$、$\theta=35°$和 $\gamma=90°$、$\theta=35°$两种入射方式下心墙会发生局部拉裂破坏，拉裂破坏区域分布如图 4-39 所示。图 4-39 表明，$\gamma=60°$、$\theta=35°$入射方式下心墙迎波侧与河谷、混凝土基座连接区域发生开裂破坏；$\gamma=90°$、$\theta=35°$入射方式，即入

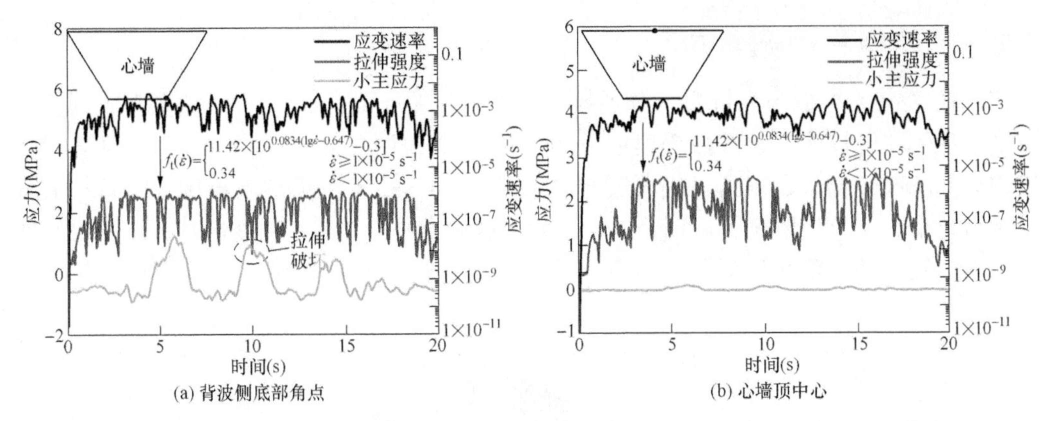

图 4-38　$\gamma=90°$、$\theta=35°$入射方式下单元应变速率、拉伸强度和小主应力时程曲线

射方向与坝轴向一致且斜入射角较大时心墙背波侧和迎波侧与河谷连接区域发生开裂破坏，其中背波侧破坏区域比迎波侧更大。当入射方向与水流向斜交时，心墙迎波侧更容易发生局部拉裂破坏；入射方向与坝轴向一致时，背波侧破坏比迎波侧更加严重。

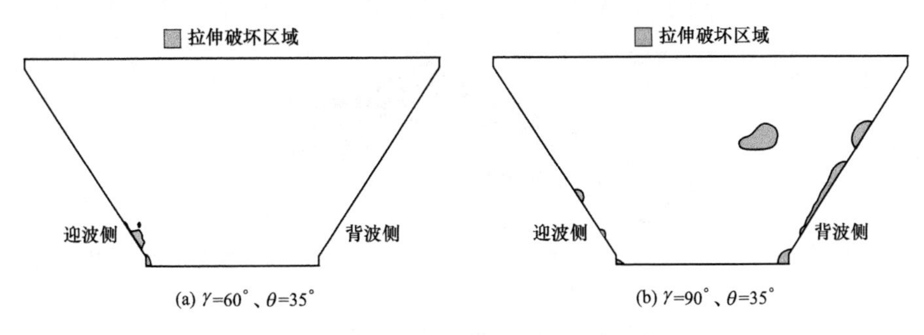

图 4-39　心墙局部拉裂破坏区域分布

图 4-40 所示为$\gamma=90°$、$\theta=35°$入射方式下，传统评价方法判别心墙开裂破坏情况。图 4-40 表明，DCR=1 且超应力累计持时超过 0.4s 时，以及 DCR=2 且超应力累计持时超过 0.0s 时，在心墙中部发生大范围的开裂破坏，其中 DCR=1 且超应力累计持时超过 0.4s 的评价方法对应的开裂破坏程度更严重。与 4.4.3 中提出的抗拉破坏判别方法相比，传统地震破坏判别方法获得的心墙开裂破坏区域更大，属于超严重损伤破坏，这种判别方法会很大程度上高估心墙开裂破坏程度。

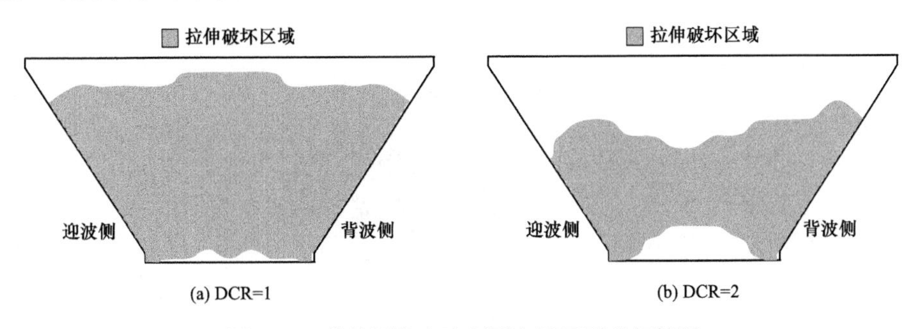

图 4-40　传统评价方法判别心墙开裂破坏情况

4.5.4 坝体单元抗震安全性

依据式（4-7）中的单元抗震安全系数分析理论，图 4-41 示出了 SV 波典型入射方式下最大剖面坝体单元抗震安全系数等值线分布。图 4-41 表明，当 $\gamma=0°$、$\theta=0°$，沥青混凝土心墙内单元抗震安全系数较高，最大安全系数为 12.6，往上、下游堆石区方向，抗震安全系数逐渐减小。上游坝坡表层一部分土体单元抗震安全小于 1，在顺坡向从 1/4 坝高位置延伸至坝顶，发生动力剪切破坏的最大深度在 5.0m 左右，有可能引发上游坝坡表层土发生滑动。

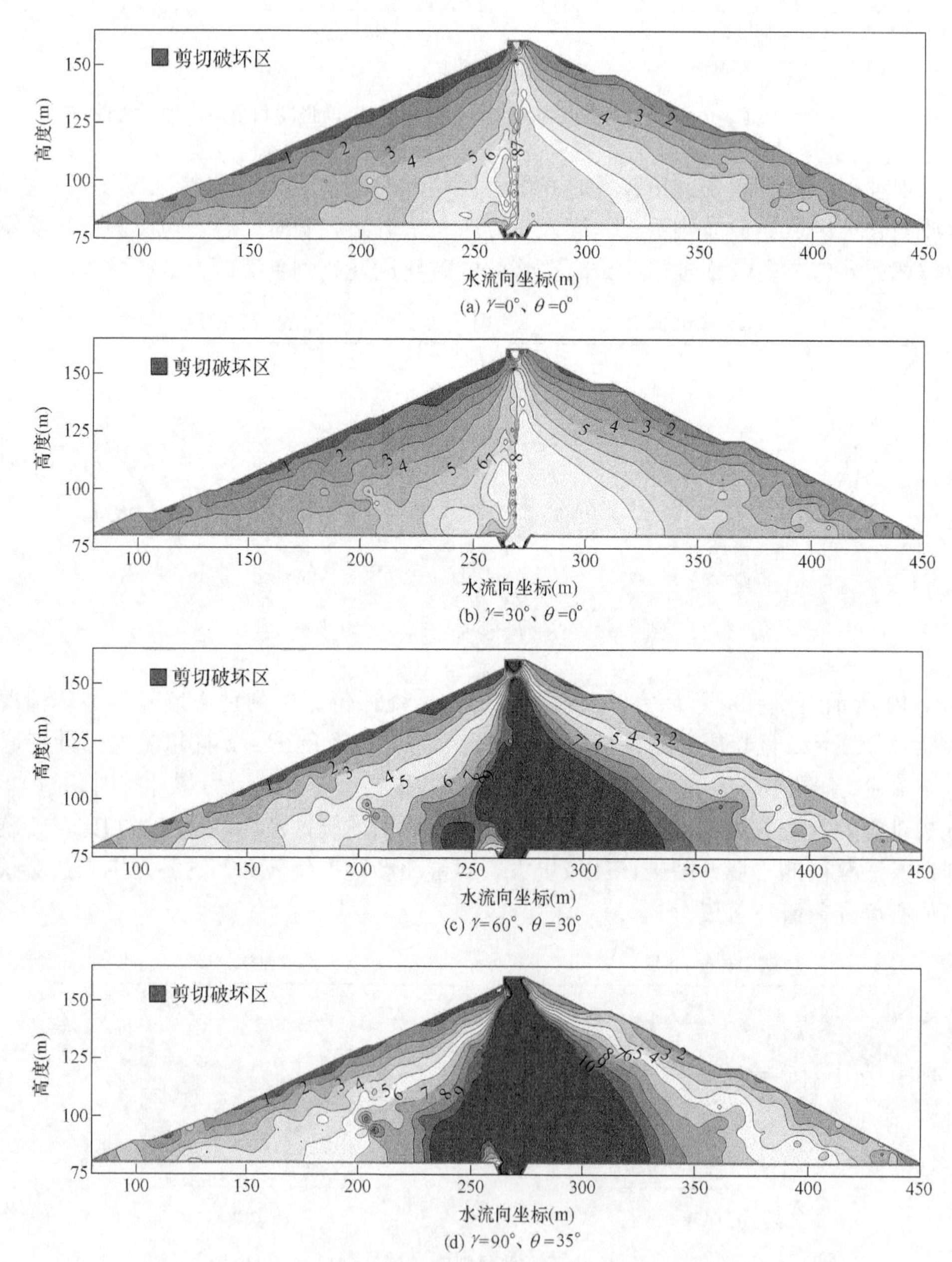

图 4-41 典型入射方式下最大剖面坝体单元抗震安全系数等值线分布

与 $\gamma=0°$、$\theta=0°$相比，在 $\gamma=30°$、$\theta=0°$入射方式下，心墙和上、下游堆石区单元抗震安全系数均有不同程度的提高，心墙最大安全系数变为 14.1，上游堆石区最大安全系数由 11.1 增大为 13.3，下游堆石区最大安全系数由 11.5 增大为 13.2，上游坝坡表层土体单元抗震安全系数稍有增大，但大多数单元抗震安全系数仍小于 1，动剪切破坏区域稍有减小，但不明显。

在 $\gamma=60°$、$\theta=30°$和 $\gamma=90°$、$\theta=35°$入射方式下，心墙和坝体单元抗震安全系数有明显的提高，心墙最大安全系数分别为 74.2 和 94.1，坝体最大安全系数分别为 50.2 和 75.3。但在上游坝坡表层有少部分单元抗震安全系数小于 1，这部分单元发生了动剪切破坏，但发生动剪切破坏区域深度浅，并且在顺坡向没有形成连通，不会引起顺坡向的滑动失稳。这两种入射方式下坝体单元抗震安全系数提高的主要原因是入射方向与水流向夹角增大，水流向地震动作用强度减弱，单元最大动剪应力减小。

依据式（4-8）定义的坝体动剪切破坏指数 F，定量评价坝体单元抗震安全性。图 4-42 示出了坝体动剪切破坏指数与入射方位角 γ 和斜入射角 θ 的关系。图 4-42 表明，入射方向与地表法线夹角 θ 不变，入射方向与水流向夹角 γ 越大，坝体动剪切破坏指数越小。同样有入射方向与水流向夹角 γ 不变，坝体动剪切破坏指数随入射方向与地表法线夹角 θ 增大而变大的趋势，但 θ 在 0°～30°范围内，动剪切破坏指数较为接近，动剪切破坏指数较小，不会引起坝体整体滑动失稳。θ 为 35°时，接近 SV 波临界入射角，坝体动剪切破坏指数有明显的提高，在 $\gamma=0°$、$\theta=35°$入射方式下，动剪切破坏指数为 1.72%，比常规垂直入射方式提高了 40%左右，该入射方式是坝体发生动剪切破坏最严重的工况，特别是上游坝坡表层土，在抗震设计中应该引起足够的重视。可以在 1/4 坝高以上区域采取土工格栅加筋技术加固上游坝坡。

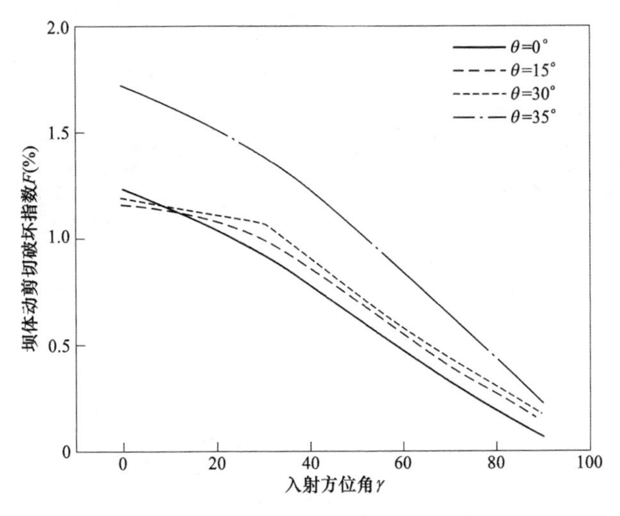

图 4-42 坝体动剪切破坏指数与入射方位角 γ 和斜入射角 θ 的关系

4.6 SH 波三维斜入射

平面 SH 波振动方向在入射平面外，为出平面运动。式（2-44）表明，平面 SH 波三维斜入射下半空间自由表面只存在水平运动，竖向无地震作用，水平向地震动强度只与入射方位角 γ 有关。因此，本节主要研究入射方位角 γ，即不考虑 SH 波斜入射 φ 的影响（斜入射角 φ 均为 0°）对河谷和沥青混凝土心墙土石坝非一致地震响应的影响。

4.6.1 河谷表面差异性地震动

1. 入射方位角 γ 对河谷表面加速度峰值的影响

图 4-43 所示为不同入射方位角 γ 下河谷表面加速度峰值沿坝轴线分布，由于入射角 φ 保持 0°，因此不存在迎波侧和背波侧。图 4-43 表明，河谷表面加速度峰值均关于河谷中心线对称，呈现出河床小、岸坡大的差异性分布特征，入射方位角变化不会改变河谷表面加速度分布特征。在水流向和坝轴向，河床中心有向上凸起的趋势，分析认为是底部混凝土基座刚度比两侧岩体大的原因所致。即使河谷－沥青混凝土心墙坝不受竖向地震动作用，在三维河谷地形效应、沥青混凝土心墙坝的散射效应以及动力非线性效应共同影响下，河谷表面竖向有一定程度的加速度反应，河床小、岸坡大的分布特征更显著。SH 波入射方向与水流向平行，振动方向为坝轴向，在河谷两侧竖向的散射最为明显，河谷两岸岸坡竖向加速度峰值最大，随着入射方向与水流向夹角减小，河谷两侧岸坡竖向散射效应减弱，两岸岸坡竖向加速度也随之减小。

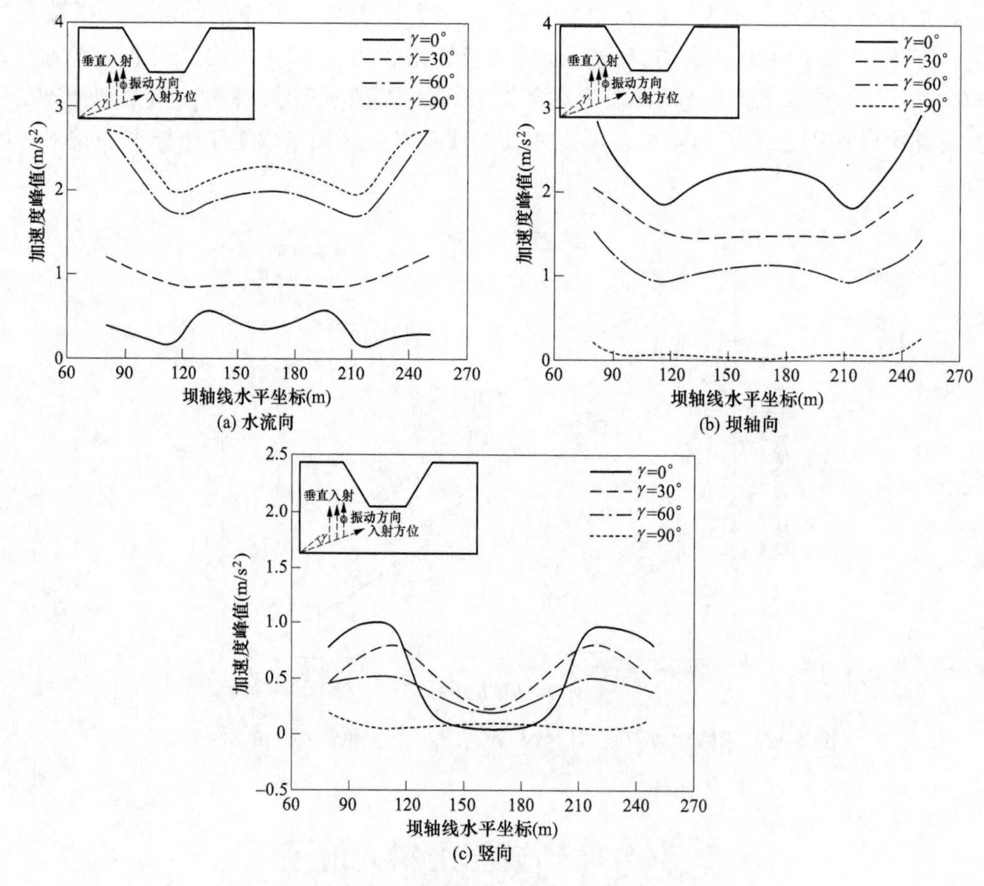

图 4-43　河谷表面加速度峰值沿坝轴线分布

平面 SH 波三维斜入射下，河谷表面水流向和坝轴向加速度峰值与入射方位角的关系严格遵循半空间自由表面地震动强度与入射方位角的关系，即入射方位角增加，水流向加速度峰值增大，坝轴向加速度峰值减小。由于 SH 波激起的是出平面运动，在入射方向与水流向平行时，坝轴向加速度峰值达到最大，加速度峰值最大值为 2.97m/s^2，放大系数为 1.35；入射方向与坝轴线平行，水流向加速度峰值达到最大，加速度峰值最大值为 2.72m/s^2，放大系数为 1.23，另外两个方向加速度较小。

2. 河谷两侧表面相对位移峰值沿高度变化

图 4-44 所示为河谷相同高程位置两侧相对位移峰值沿高度变化。

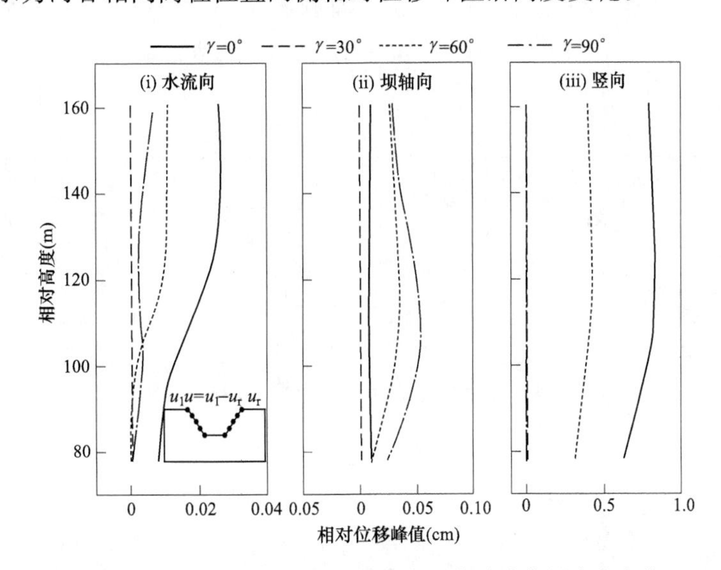

图 4-44 河谷相同高程位置两侧相对位移峰值沿高度变化

图 4-44 表明，由于河谷两侧加速度峰值分布关于中心线对称，相同高程位置位移运动协调，故相对位移峰值非常小，水流向和坝轴向相对位移峰值最大值小于 1mm，可以忽略。入射方向与水流向平行时，河谷两侧相对位移峰值最大值接近 1cm，河谷两侧竖向非协调位移运动也不明显。

4.6.2 沥青混凝土心墙动位移

为摸清地震过程中沥青混凝土心墙各部位最大位移运动特性，图 4-45～图 4-47 分别为入射方位角 $\gamma=0°$、$\varphi=0°$、$\gamma=30°$、$\varphi=0°$和 $\gamma=90°$、$\varphi=0°$三种入射方式下心墙位移峰值。图 4-45 表明，$\gamma=0°$、$\varphi=0°$时，即入射方向与水流向平行，振动方向与坝轴向一致，在坝轴向，河谷表面两侧散射和透射效应不同，造成心墙坝轴向位移峰值没有关于河谷中心线对称分布，位移峰值等值线向右侧倾斜。坝轴向位移峰值最大值为 3.6cm，出现在坝顶左岸，位移峰值向右岸逐渐减小。水流向和竖向不存在地震作用，心墙水流向位移峰值较小，竖向位移峰值关于中心线对称，竖向位移峰值表现为中间小、两岸大，在顶部呈现出 U 形分布，位移峰值最大值为 9.5cm。图 4-46 表明，$\gamma=30°$时，入射方向与水流向斜交，河谷表面两侧散射效应和透射效应差异性更明显，致使位移峰值分布差异性更为突出。图 4-47 表明，入射方向与坝轴线平行，振动方向与水流向一致，心墙位移峰值近似关于中心对称分布，位移峰值达到最大，为 7.0cm，出现在心墙顶中心。坝轴向和竖向不存在地震作用，在水流向地震动作用的影响下心墙产生较小的位移。

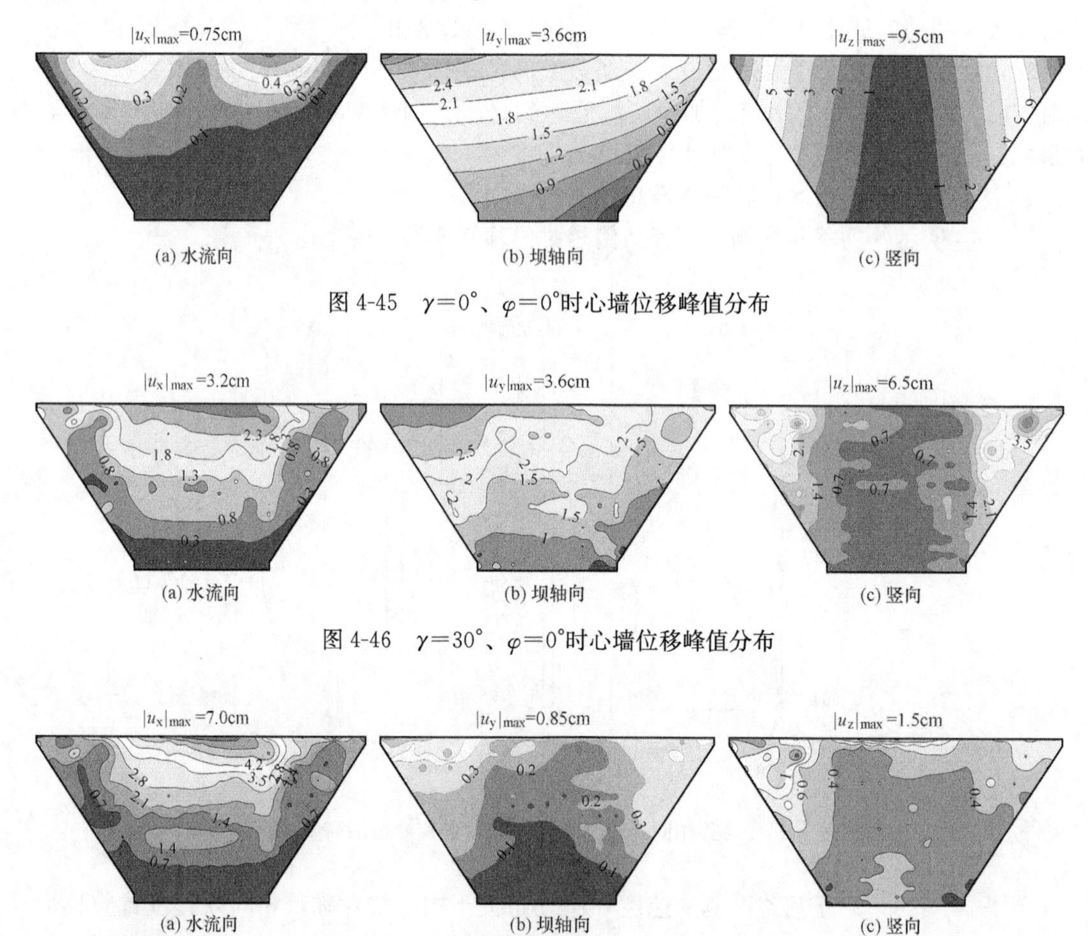

图 4-45　$\gamma=0°$、$\varphi=0°$时心墙位移峰值分布

图 4-46　$\gamma=30°$、$\varphi=0°$时心墙位移峰值分布

图 4-47　$\gamma=90°$、$\varphi=0°$时心墙位移峰值分布

4.6.3　过渡料与心墙之间脱开和位错

地震过程中心墙与上、下游过渡料之间存在相互作用，心墙与上、下游过渡料之间会发生水平脱开和竖向位错。图 4-48 所示为不同入射方位角 γ 下坝体中部上、下游过渡料相对心墙的水流向最大脱开和竖向最大位错沿高度变化，其中负值表示过渡料相对心墙有向上游和向下的位移，正值表示过渡料相对心墙有向下游和向上的位移。图 4-48 表明，河谷下部对过渡料和心墙的约束强，上部对过渡料和心墙的约束弱，致使过渡料相对心墙的水平脱开和竖向位错沿高度增加而变大。上游过渡料相对心墙有向上游的脱开位移，脱开位移有随入射方位角 γ 增加而变大的趋势，上游脱开位移较小，最大脱开位移在 1.0cm 左右。下游过渡料相对心墙有向下游的脱开位移，脱开位移随入射方位角 γ 增加而变大的规律显著，地震波入射方向与坝轴向一致时，其振动方向与水流向平行，水流向地震动强度最大，下游过渡料与心墙之间的水平脱开位移达到最大值，为 16.2cm。

上、下游过渡料相对心墙均有竖直向下的位错，上游过渡料竖直向下的位错大于下游过

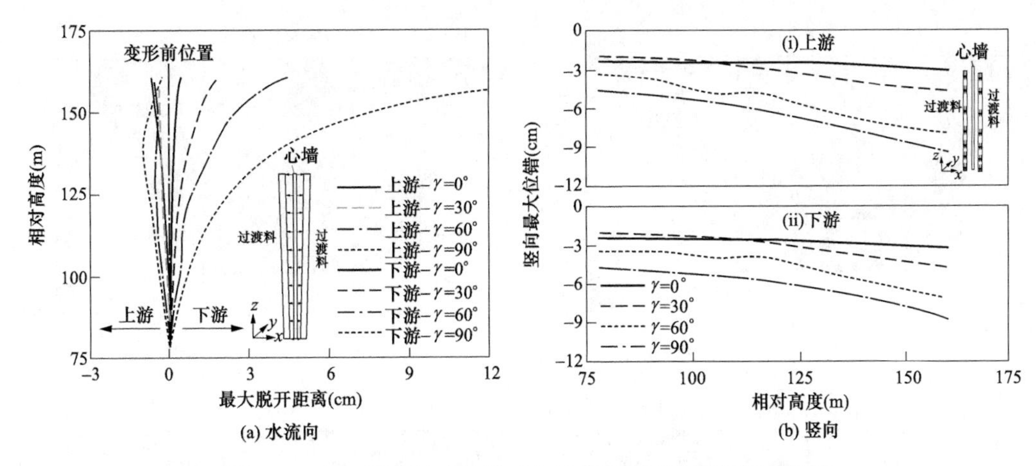

图 4-48　上、下游过渡料相对心墙水平脱开距离和竖向位错

渡料竖直向下的位错，这种计算规律符合 Siamak[176]开展的沥青混凝土心墙坝振动台试验结果规律。分析认为，上游堆石料和过渡料在向上浮托力的影响下，上游堆石料和过渡料震前围压比下游小，进而导致上游土体的最大剪切模量小，刚度较弱，比下游过渡料和堆石料更容易发生竖直向下的变形。在 $\gamma=0°$、$\varphi=0°$，$\gamma=30°$、$\varphi=0°$，$\gamma=60°$、$\varphi=0°$和 $\gamma=90°$、$\varphi=0°$四种入射方式下，上游过渡料顶部位错分别为－3.1cm、－4.7cm、－8.0cm 和－9.4cm，下游过渡料顶部位错分别为－2.9cm、－4.5cm、－6.9cm 和－8.6cm。

在水流向，上、下游过渡料相对心墙分别有向上游和向下游的水平脱开位移；在竖直向，上、下游过渡料相对心墙均有竖直向下的位错，表明地震过程中，在某些瞬间心墙上部与上、下游过渡料完全脱开，心墙上部自身反应可能会变大，鞭梢效应增强。这种水平脱开和竖直位错对于心墙上部变形特性是不利的，心墙上部反应若过于强烈，心墙上部可能会发生开裂。

4.6.4　沥青混凝土心墙应力

1. 大主应力和小主应力

图 4-49 所示分别为不同入射方位角 γ 下沥青混凝土心墙大主应力 σ_3 极值分布，负值表示心墙受压，正值表示受拉。图 4-49 表明，心墙大主应力 σ_3 均为压应力，最大压应力位于心墙底部与混凝土基座连接处，从底部往顶部压应力逐渐减小。入射方位角 $\gamma=0°$，心墙底部最大压应力 $|\sigma_3|_{max}$ 为 1700kPa，随着入射方向与水流向夹角逐渐增大，相同位置处心墙大主应力 σ_3 有减小的趋势。入射方位角 $\gamma=90°$，心墙底部最大压应力 $|\sigma_3|_{max}$ 为 1300kPa，比 $\gamma=0°$时减小了 23%。

图 4-50 所示分别为不同入射方位角 γ 下沥青混凝土心墙小主应力 σ_1 极值分布。图 4-50 表明，心墙下半部受压，在心墙底部与混凝土基座连接处压应力最大，心墙上半部受拉，在心墙顶部附近拉应力达到最大值。在 $\gamma=90°$、$\varphi=0°$入射方式下，在心墙顶部附近出现拉应力集中，拉应力最大值 σ_{1max} 为 700kPa。随入射方向与水流向夹角增加，相同高程位置心墙小主应力 σ_1 增大。

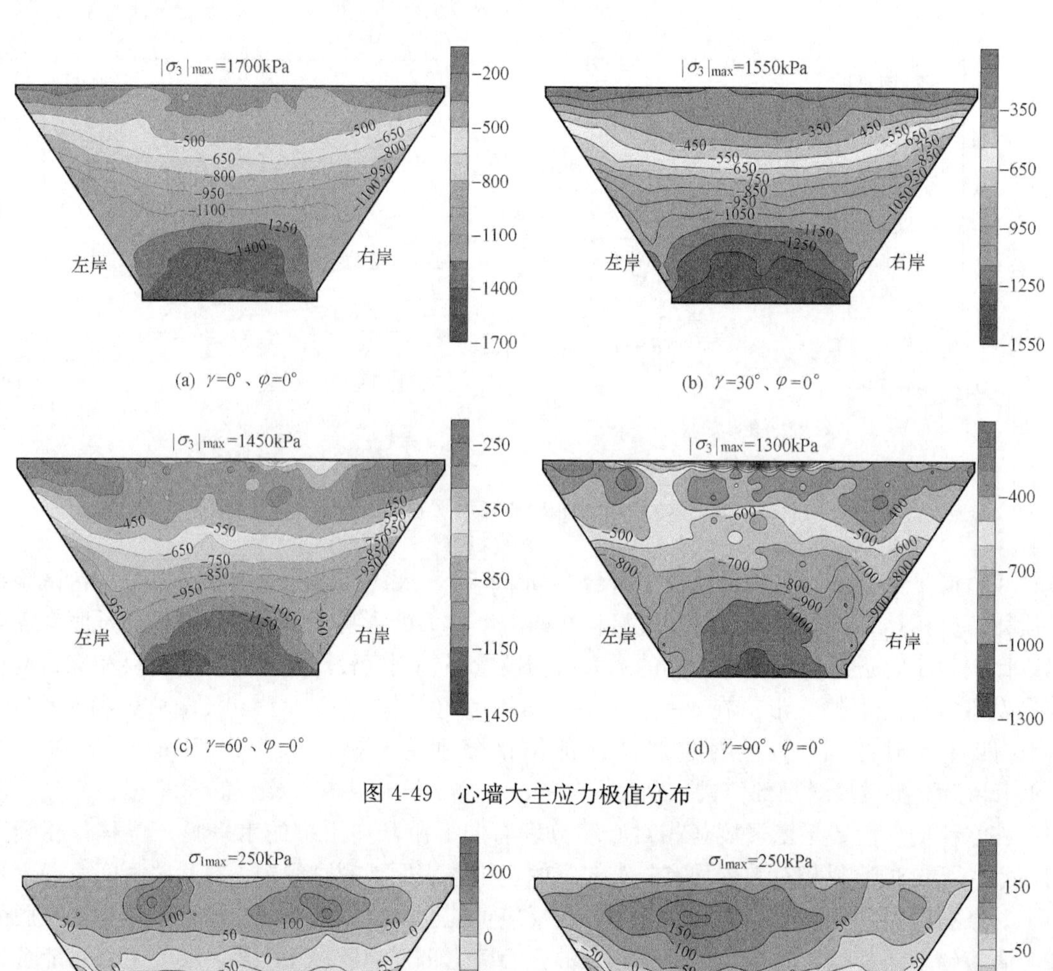

(a) γ=0°、φ=0°　(b) γ=30°、φ=0°

(c) γ=60°、φ=0°　(d) γ=90°、φ=0°

图 4-49　心墙大主应力极值分布

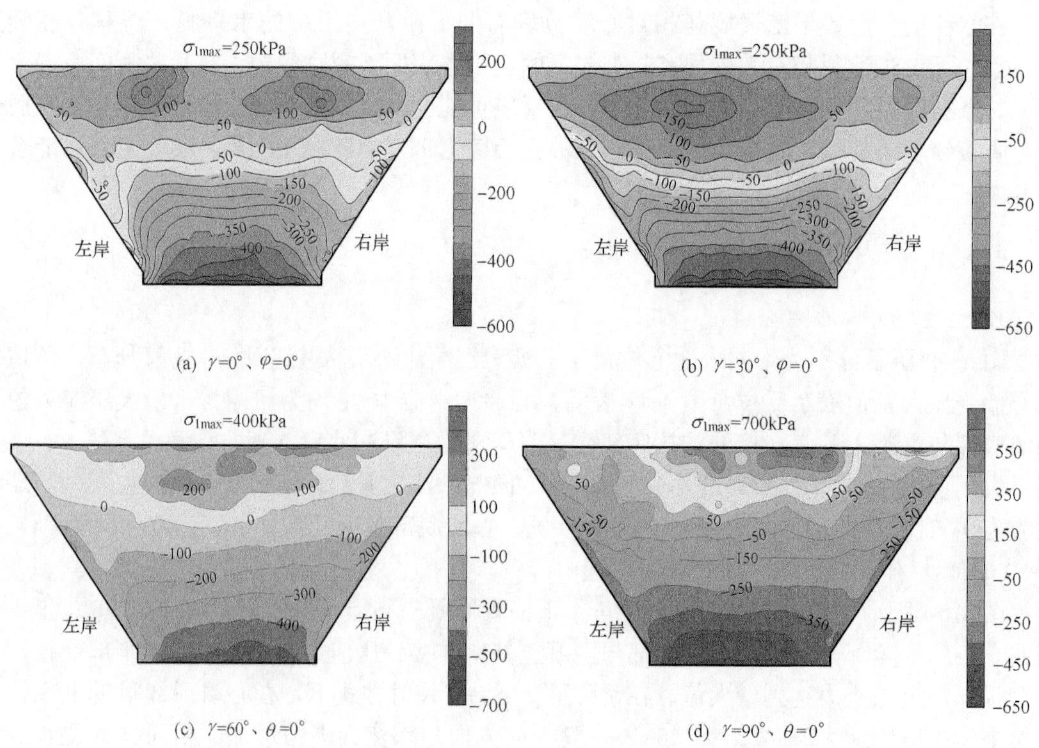

(a) γ=0°、φ=0°　(b) γ=30°、φ=0°

(c) γ=60°、θ=0°　(d) γ=90°、θ=0°

图 4-50　心墙小主应力极值分布

图 4-51 所示为 $\gamma=0°$、$\varphi=0°$入射方式下沥青混凝土心墙大主应力 σ_3 和小主应力 σ_1 矢量分布。图 4-51 表明，心墙大主应力 σ_3 矢量方向近似于坝轴线方向，心墙主要在坝轴线方向受到挤压，由于坝轴向地震动强度随入射方位角 γ 增大而减弱，故心墙大主应力 σ_3 随入射方位角 γ 增大而减小。心墙小主应力 σ_1 矢量方向为倾斜向上，心墙主要在竖直倾斜方向受到拉伸，由图 4-43 可知，河谷表面竖向加速度峰值随入射方位角 γ 增大而增加，心墙小主应力 σ_1 也随之增大。在 $\gamma=90°$、$\varphi=0°$入射方式下，SH 波振动方向与水流向一致，水流向地震动强度最大，心墙大主应力 σ_3 和小主应力 σ_1 矢量方向均在水流方向上，如图 4-52 所示。

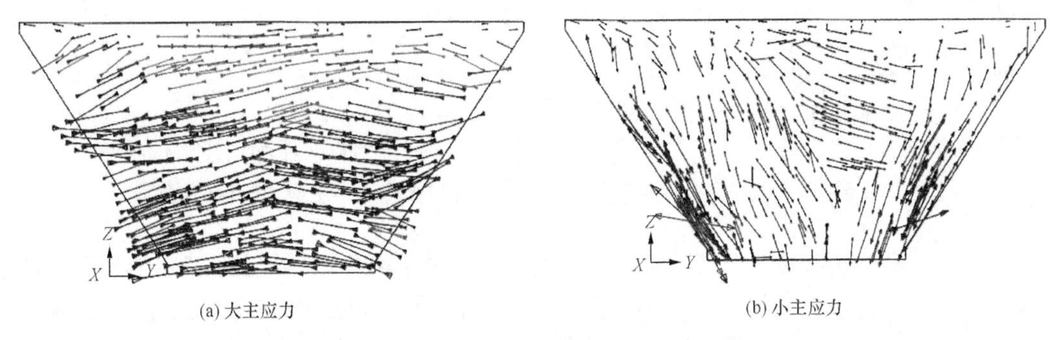

(a) 大主应力　　(b) 小主应力

图 4-51　$\gamma=0°$、$\varphi=0°$入射方式下心墙主应力矢量分布

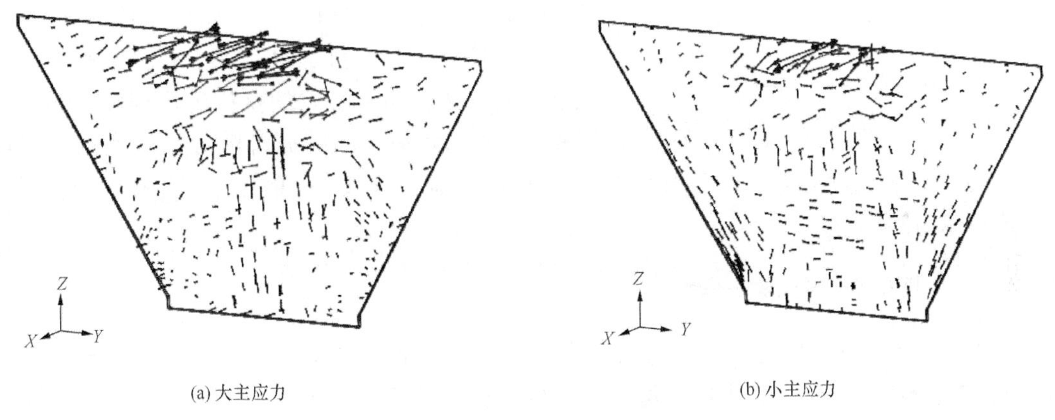

(a) 大主应力　　(b) 小主应力

图 4-52　$\gamma=90°$、$\varphi=0°$入射方式下心墙主应力矢量分布

2. 拉伸安全性评价

在 SH 波所有入射方位中，当 $\gamma=90°$、$\varphi=0°$时心墙拉应力最大，因此以该入射方式为例，开展沥青混凝土心墙抗拉破坏判别分析。根据 4.4.3 中提出的沥青混凝土单元抗拉破坏判别方法，图 4-53 给出了心墙顶部最大拉应力单元应变速率、抗拉强度和小主应力时程曲线，同时给出了按准静态应变速率确定的抗拉强度和小主应力时程曲线。

图 4-53（a）表明，地震初始阶段单元应变速率、抗拉强度较小，接近拟静态状态，地震主震时段应变速率增大，应变速率在 $1\times10^{-5}\sim1\times10^{-2}\,s^{-1}$ 范围内，对应的抗拉强度在 1～2.5MPa。心墙顶部最大拉应力不会超过抗拉强度，拉应力远远小于抗拉强度，地震过程中不会发生抗拉破坏。图 4-53（b）表明，若按传统的准静态应变速率（即没有考虑应变速

率对沥青混凝土拉伸强度的影响，地震过程中抗拉强度保持不变）判别，在6.35s时刻，心墙顶部最大拉应力首次超过抗拉强度，该单元发生抗拉破坏。

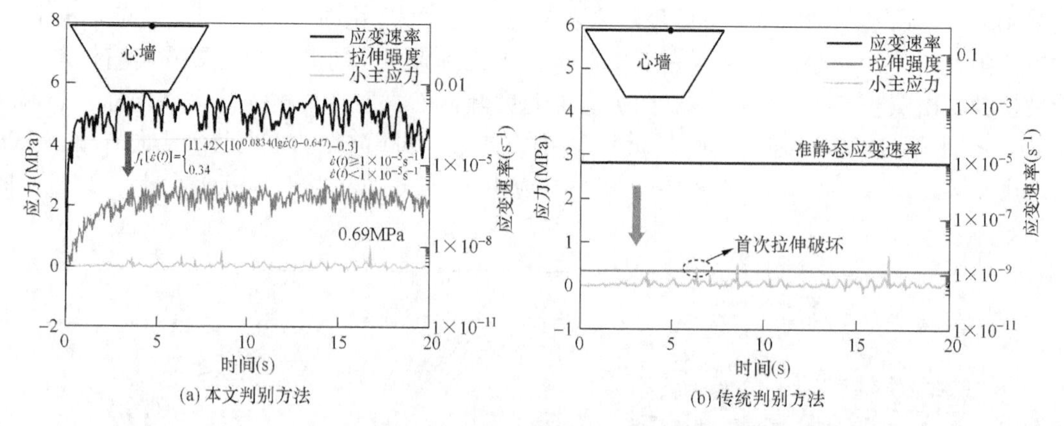

图4-53 $\gamma=90°$、$\varphi=0°$时单元应变速率、抗拉强度和小主应力时程曲线

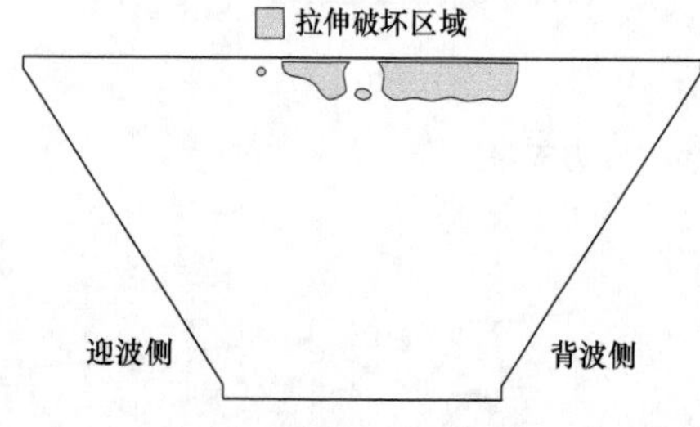

图4-54 传统判别方法下心墙抗拉破坏区

按4.4.3中提出的方法判别SH波不同入射方位角下沥青混凝土心墙单元拉伸安全性，心墙均不会发生抗拉破坏。若按传统的准静态抗拉强度方法判别心墙单元的拉伸安全性，在$\gamma=90°$、$\varphi=0°$时，即SH波入射方向与坝轴向垂直时，心墙顶部会发生局部抗拉破坏，如图4-54所示。传统准静态抗拉强度判别方法会高估心墙的抗拉破坏程度，偏离实际震害，4.4.3中提出的沥青混凝土心墙抗拉破坏判别方法考虑了沥青混凝土单元瞬时抗拉强度随瞬时应变速率变化而变化，能够更合理判别心墙抗拉薄弱部位。

4.6.5 坝体单元抗震安全性

图4-55所示为不同入射方位角γ下坝体水流向最大剖面单元抗震安全系数分布，图4-55中抗震安全系数小于1表明单元可能会发生动剪切破坏，大于1表明单元不会发生动剪切破坏。图4-55表明，在$\gamma=0°$、$\varphi=0°$入射方式下，坝体内部抗震安全系数较高，心墙由于沥青混凝土存在210kPa的凝聚力，其抗震安全性最高，最大安全系数达185。由心墙往上、下游堆石区，抗震安全系数逐渐减小，但坝体内部有较大区域单元抗震安全系数在8以上。但在坝体上游坝坡，局部表层土体单元抗震安全系数小于1，有可能会发生动剪切破坏，在地震过程中可能出现滚石的现象。$\gamma=0°$、$\varphi=0°$入射方式下，水流向地震作用最小，仍然得出上游坝坡表层少数单元会发生动剪切破坏的结论，主要原因是上游堆石区动孔压按最大孔压比确定，上游坝坡表层单元抗震安全性偏安全。

入射方位角γ增大，入射方向与水流向夹角增大，水流向地震作用增强，造成最大动剪应力增大。因此，与$\gamma=0°$、$\varphi=0°$相比，在$\gamma=30°$、$\varphi=0°$和$\gamma=90°$、$\varphi=0°$入射方式下，坝体内部抗震安全系数降低，抗震安全系数小于8的区域缩小，沿上游坝坡方向抗震安全系数小于1的区域长度变长，形成了连通区，可能发生动剪切破坏的深度加深，并且在靠近坝

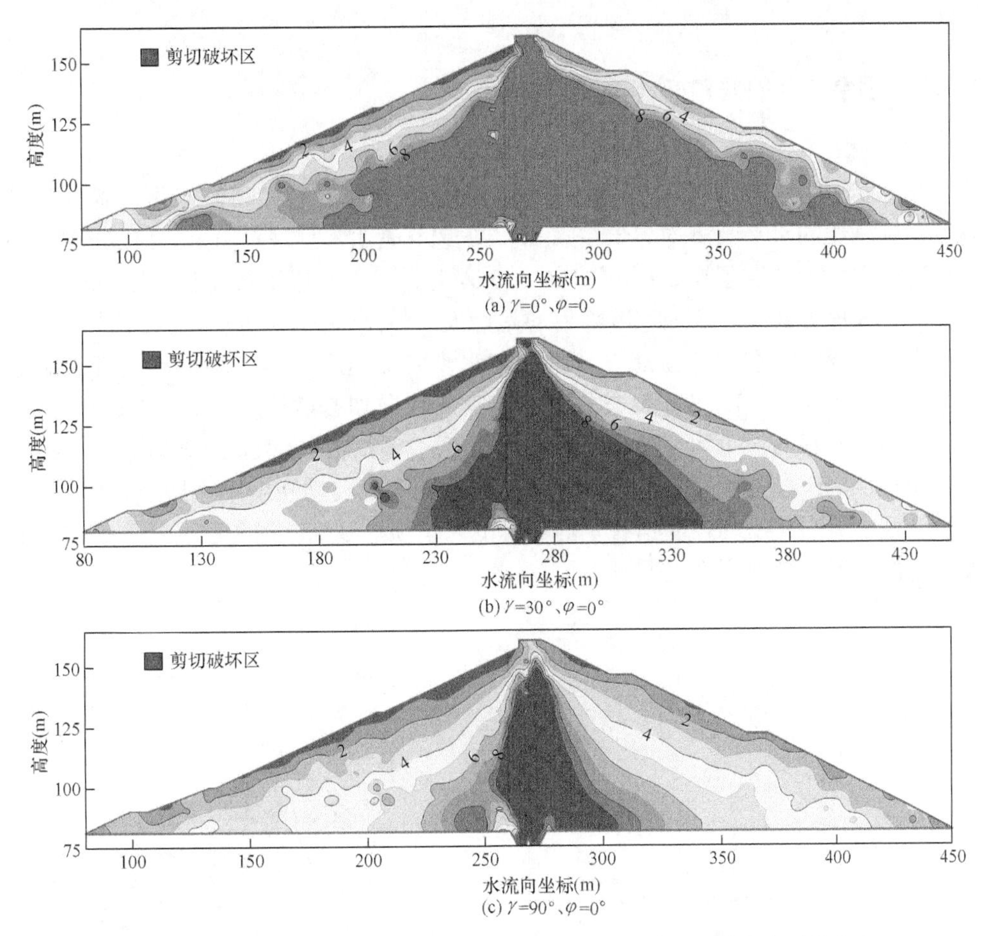

图 4-55 不同入射方位角 γ 下坝体水流向最大剖面单元抗震安全系数分布

顶的下游坝坡局部区域也可能发生动剪切破坏。$\gamma=90°$、$\varphi=0°$，坝体堆石区和心墙的抗震安全系数最低，上游坝坡可能发生动剪切破坏的区域和深度最大，有引起上游坝坡发生整体滑动的可能性。

4.7 基于两向设计地震动的 P 波和 SV 波组合斜入射

4.4～4.6 分别研究了基岩中不同类型波单独作用下沥青混凝土心墙坝响应特性和抗震性能，通常地表一定深度基岩处地震动实测记录较少，相对而言，地表实测记录丰富一些，另外设计地震动作用下沥青混凝土心墙坝的地震响应更具有实际工程意义，其抗震安全性尤为受到关注。本节基于半无限空间均质岩体在平坦地表的两向设计地震动反演控制点处斜入射 P 波和 SV 波时程，构建弹性均质半空间自由场，将自由场转换为三维河谷地基边界结点等效荷载，进而分析 P 波和 SV 波组合斜入射角对沥青混凝土心墙顶加速度的影响，最后探讨设计地震动控制点距坝轴线的水平距离 L_C 对心墙坝地震响应的影响。其中，控制点两向设计地震动分别对应 2.6.4 中 El Centro Array9 号台站记录的一个水平向地震动（I_I-ELC180）和竖向地震动（I_I-ELC-UP），水流向和竖向地震动峰值加速度分别为 2.07m/s^2

和 1.75m/s²。

4.7.1 组合斜入射角对心墙地震的影响

1. 心墙加速度

图 4-56 所示为不同斜入射角组合下心墙中部加速度峰值沿坝高的变化，所有入射方式中控制点距坝轴线的水平距离均为 1000.0m。图 4-56 表明，与垂直向上入射（P 波和 SV 波入射角均为 0°）相比，除了在 $\alpha=15°$、$\theta=8.6°$入射方式下心墙下部水流方向加速度峰值稍小，其他组合入射方式中心墙加速度峰值均是增大。整体而言，组合斜入射下水流向加速度峰值比垂直入射要大，在心墙顶部组合斜入射水流向加速度峰值平均值比垂直入射增加了 12.6%，在 $\alpha=60°$、$\theta=30.4°$入射方式下心墙顶水流向加速度峰值增大了 31.5%。水流向加速度峰值随组合斜入射角和两种类型波入射角度之差增加而增大，分析认为，与控制点水流向地震动相比，P 波入射角增加，引起坝址处水流向地震动强度增大明显，SV 波入射角增大，坝址处水流向地震动强度稍有减弱，总的来说坝址处水流向地震动强度是增大的，从而心墙水流向加速度峰值增大。

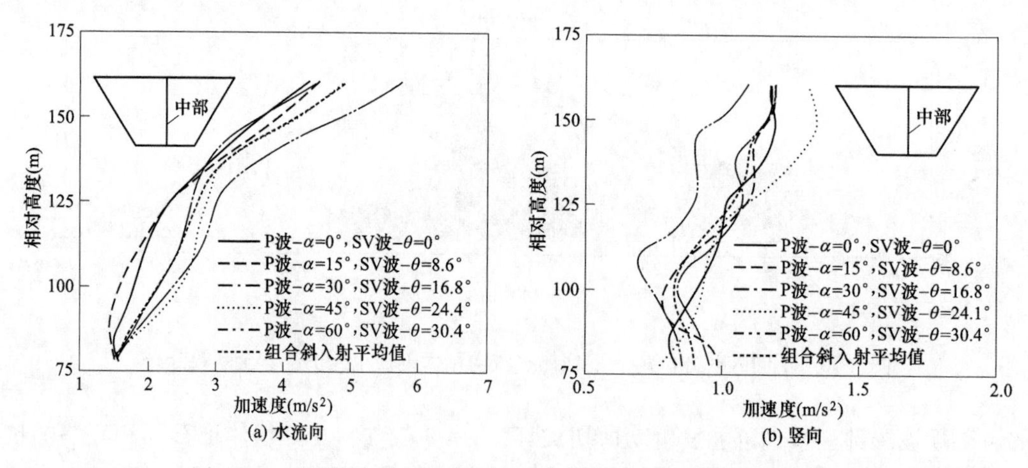

图 4-56 不同斜入射角组合下心墙中部加速度峰值沿坝高的变化

在竖向，组合斜入射方式中加速度峰值有大于垂直入射的情况，也有小于垂直入射的情况，加速度峰值平均值与垂直入射的结果相近。与控制点竖向设计地震动相比，P 波入射角增大，引起坝址处竖向地震动强度减弱，SV 波入射角增大，坝址处竖向地震动强度增强，因此心墙加速度峰值比垂直入射大或小取决于 P 波和 SV 波引起的竖向地震动分量随入射角减小或增大的幅度。

2. 心墙小主应力

图 4-57 所示为不同入射角组合下心墙小主应力 σ_1 极大值分布。图 4-57 表明，垂直入射下心墙下部为压应力，压应力最大值位于底部与混凝土基座连接处，上半部为拉应力，最大拉应力位于心墙顶部附近区域，拉应力最大值仅为 0.081MPa。P 波和 SV 波组合斜入射角增大，坝址处水流向地震动强度增强，致使静动综合压应力区域缩小，压应力最大值减小；从而拉应力区域扩大，拉应力最大值增加，在 $\alpha=30°$、$\theta=16.8°$和 $\alpha=45°$、$\theta=24.1°$入射方式下，拉应力最大值出现位置转变至心墙上部两侧区域。在 $\alpha=45°$、$\theta=24.1°$入射方式下，

拉应力最大值为 0.175MPa，与垂直入射相比增加了 1.15 倍，组合斜入射对心墙拉应力影响显著，进而从坝体响应方面论证了有必要基于设计地震动反演基岩中斜入射波时程。心墙拉应力最大值均较小，因此在峰值加速度为 0.2g 左右的地震作用下不会出现拉伸破坏问题。

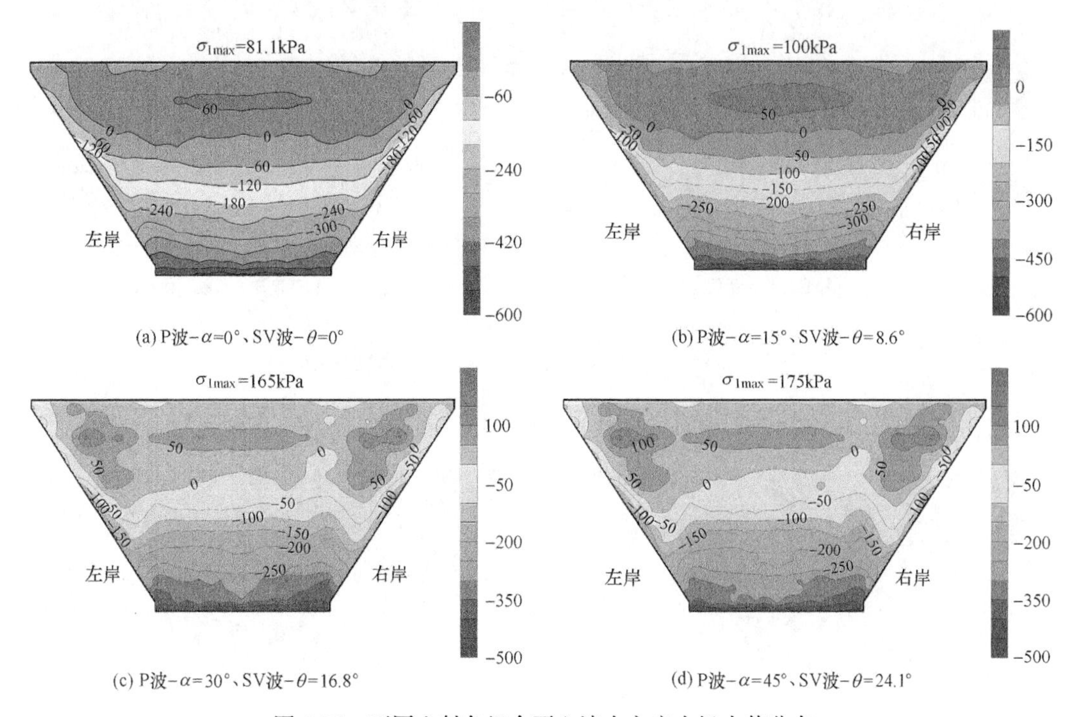

(a) P波-α=0°、SV波-θ=0°　(b) P波-α=15°、SV波-θ=8.6°

(c) P波-α=30°、SV波-θ=16.8°　(d) P波-α=45°、SV波-θ=24.1°

图 4-57　不同入射角组合下心墙小主应力极大值分布

4.7.2　设计地震动与坝轴线的距离对心墙响应的影响

分析设计地震动控制点与坝轴线之间的距离 L_C 这个因素，P 波和 SV 波斜入射角分别为 30°和 20°。

1. 心墙加速度

图 4-58 所示为控制点不同水平距离 L_C 下心墙中部加速度放大系数沿高度变化。图 4-58 表明，控制点与坝轴线之间水平距离 L_C 在 2000m 以内，加速度放大系数变化不明显，并且心墙顶水流向加速度放大系数在 2.5 左右，符合水工建筑物抗震设计标准[89]规定值。L_C 超过 2000m，水流向和竖向加速度放大系数均随 L_C 变远而增大，L_C=5000m 时，心墙顶水流向加速度放大系数达 3.4，在峰值加速度为 0.2g 左右的地震作用下，心墙顶加速度放大系数超出规范值偏多，这时通过地震波叠加原理来反演斜入射波，构建组合波斜入射下的自由场，进而研究心墙坝地震响应可能偏离实际，超出坝址小范围构建自由场的标准。初步认为，在进行沥青混凝土心墙坝抗震设计和安全评价中可以采用距坝轴线 2.0km 以内基岩平坦地表的地震动。

2. 心墙小主应力

图 4-59 所示为控制点不同水平距离下心墙小主应力 σ_1 极大值分布。图 4-59 表明，控制点 L_C 距坝轴线水平距离在 2000m 范围内，心墙小主应力分布类似，压应力最大值和拉应力

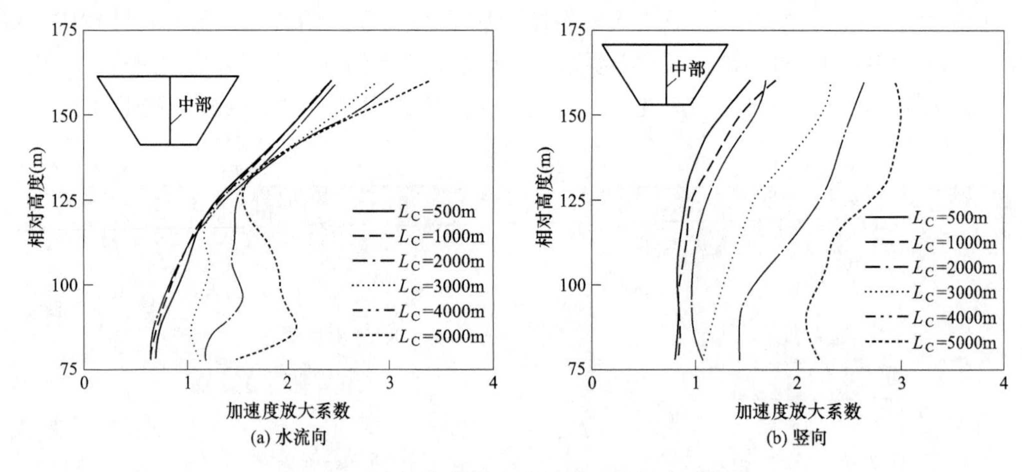

图 4-58　心墙中部加速度放大系数沿高度变化

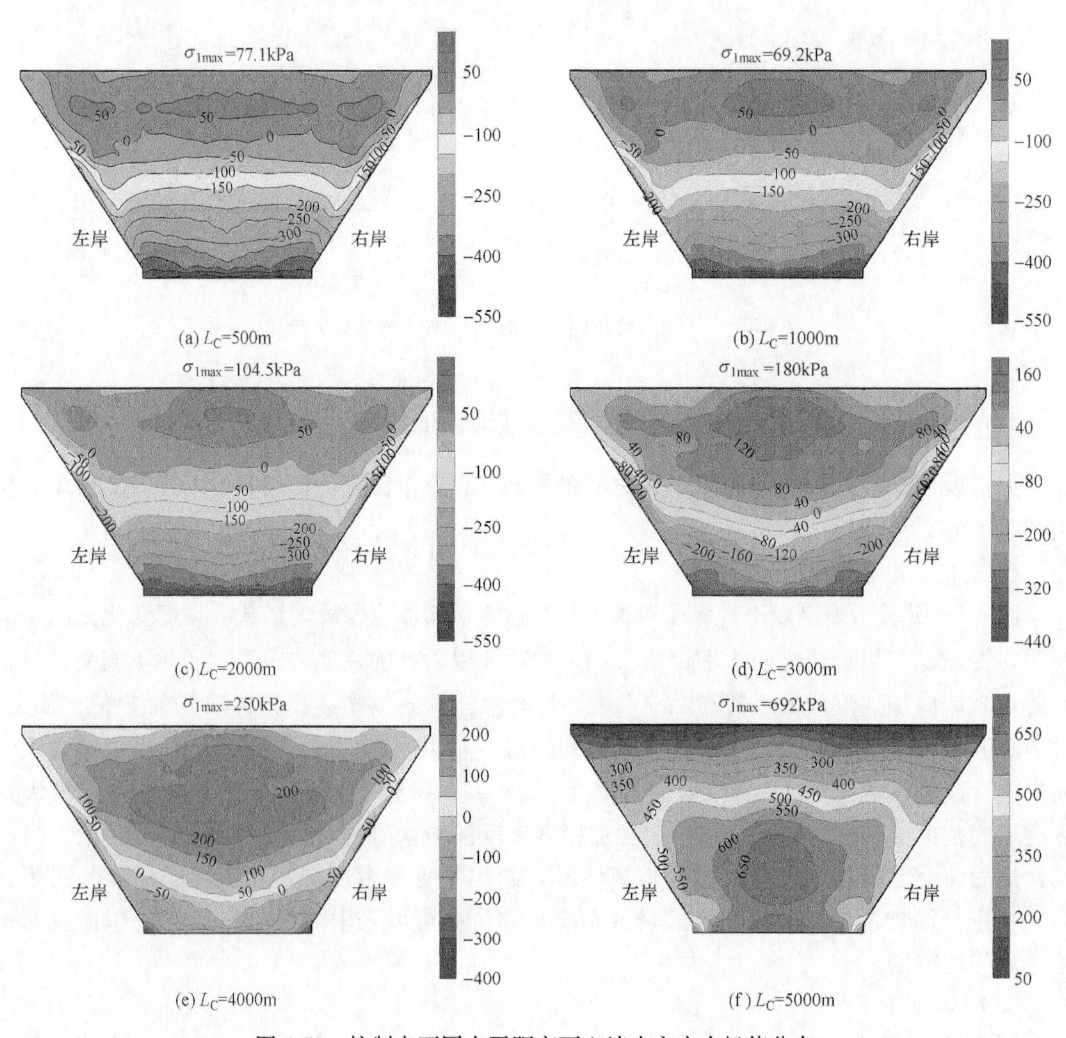

图 4-59　控制点不同水平距离下心墙小主应力极值分布

最大值相近，拉应力最大值均出现在心墙顶附近。L_C 超过 2000m，心墙拉应力区往下部扩大，拉应力最大值增加显著，与 $L_C=2000$m 相比，$L_C=3000$m 和 $L_C=5000$m 时，拉应力最大值分别增加了 72%和 5.6 倍。因此，进一步说明控制点距坝轴线距离在 2000m 以内，其地震动可以用来分析沥青混凝土心墙坝的响应特性。

4.8 基于三向设计地震动的 P 波、SV 波和 SH 波组合斜入射

二维反演方法忽略了另外一个水平方向地震动作用，前面的分析结果表明，水流向地震动对坝体单元的抗震安全性有显著的影响，坝轴向地震动对心墙的拉伸安全性影响明显。本节进一步基于基岩地表三向设计地震动反演平面内斜入射 P 波和 SV 波时程以及平面外 SH 波，构建弹性半空间三维自由场，采用建立的组合波作用下波动输入方法研究地震动一维、二维和三维时域反演方法下沥青混凝土心墙坝响应特性和抗震安全性能。控制点设计地震动距坝轴线水平距离为 1000m，三向设计地震动分别对应 2.4.2 中 El Centro Array9 号台站记录的水平两个方向（I_I-ELC180 和 I_I-ELC180）和竖向（I_I-ELC-UP）地震动记录，水流向、坝轴向和竖向地震动峰值加速度分别为 2.07m/s^2、2.75m/s^{2}和 1.75m/s^2。

基于三向设计地震动的三维时域反演方法任意选取了三种不同入射方式研究沥青混凝土心墙坝响应特性，三种入射方式中 P 波、SV 波和 SH 波入射方位角相同，入射方式 1 中入射方位角 $\gamma=0°$，P 波、SV 波和 SH 波斜入射角 α、θ 和 φ 分别为 50°、10°和 10°；入射方式 2 中入射方位角 $\gamma=30°$、$\alpha=60°$、$\theta=10°$和 $\varphi=60°$；入射方式 3 中入射方位角 $\gamma=60°$、$\alpha=30°$、$\theta=30°$和 $\varphi=30°$。基于两向设计地震动二维反演方法研究了 $\gamma=0°$、$\alpha=50°$和 $\theta=10°$入射方式下心墙坝地震响应，基于三向设计地震动一维反演方法，即 $\gamma=0°$、$\alpha=\theta=\varphi=0°$垂直向上入射方式心墙坝地震响应。

4.8.1 河谷表面差异性地震动

图 4-60 所示为河谷坝轴线表面加速度放大系数。图 4-60 表明，水流方向上，基于地震动一维反演和二维反演得到的放大系数相近；坝轴线方向上，地震动二维反演没有考虑坝轴向地震动作用，故地震动二维反演下的放大系数非常小；竖直方向上，地震动一维反演的放大系数比二维反演要大。基于设计地震动一维和二维反演方法获得的河谷表面加速度放大系数关于河谷中心线对称，河床地震动均小于控制点对应方向的设计地震动，两岸坡顶水流向和坝轴向地震动放大系数接近于 1.0，坡顶竖向地震动放大系数在 1.3 左右，说明坝址河谷两岸平坦地表上地震动场与控制点自由场差异性不大。

基于设计地震动三维反演方法获得的河谷表面水流向和坝轴向放大系数呈现出迎波侧大、背波侧小的差异性分布特征，由迎波侧散射和背波侧绕射引起。而河谷表面竖向加速度放大系数表现为背波侧大、迎波侧小的趋势。河床和岸坡坡顶地震动放大系数差异性大，如在入射方式 2 中，河床水流向、坝轴向和竖向放大系数最小值分别为 0.8、0.85 和 0.6，坡顶放大系数最大值分别为 1.8、1.8 和 1.3，表明基于设计地震动的三维反演方法下河谷地震动空间差异性更显著，并且河谷两岸坡顶地震动与控制点设计地震动之间的差异性较大。

图 4-61 所示为河谷左、右岸相同高程之间相对位移峰值沿坝高变化。图 4-61 表明，基于地震动一维和二维反演方法获得的河谷左、右岸相对位移较小，河谷两岸运动协调。基于

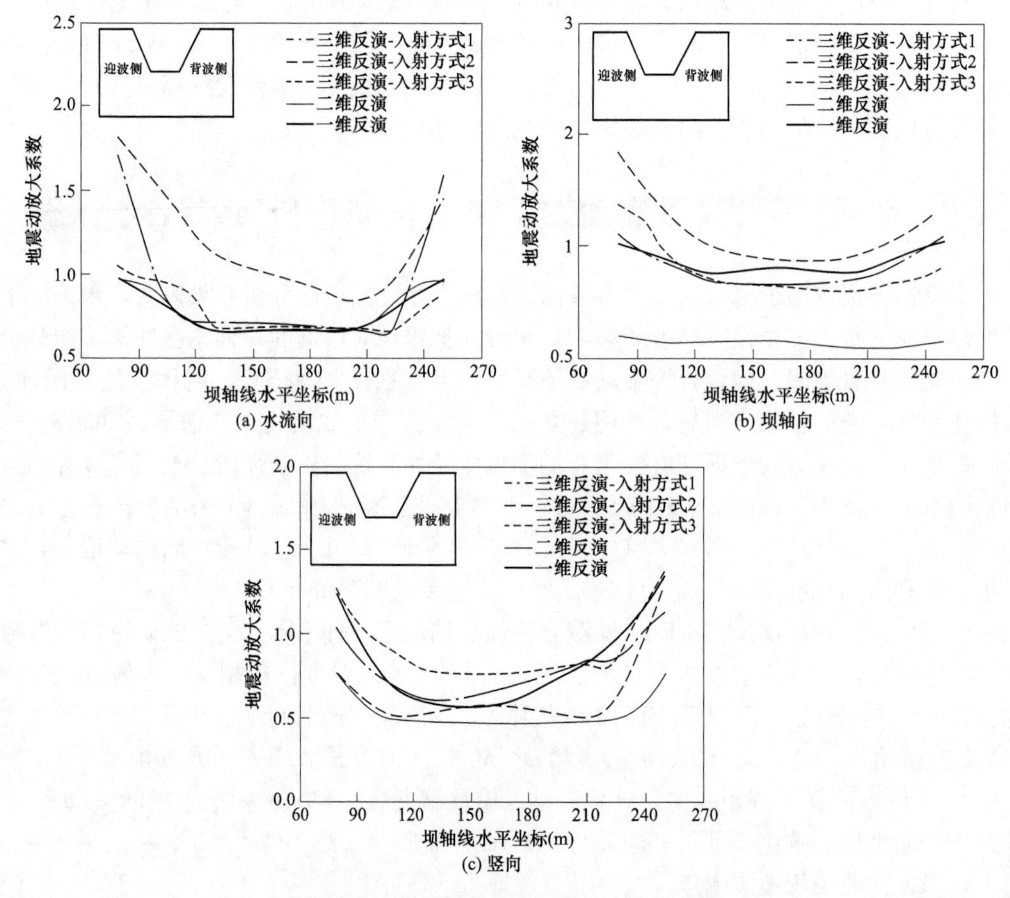

图 4-60　河谷坝轴线表面加速度放大系数

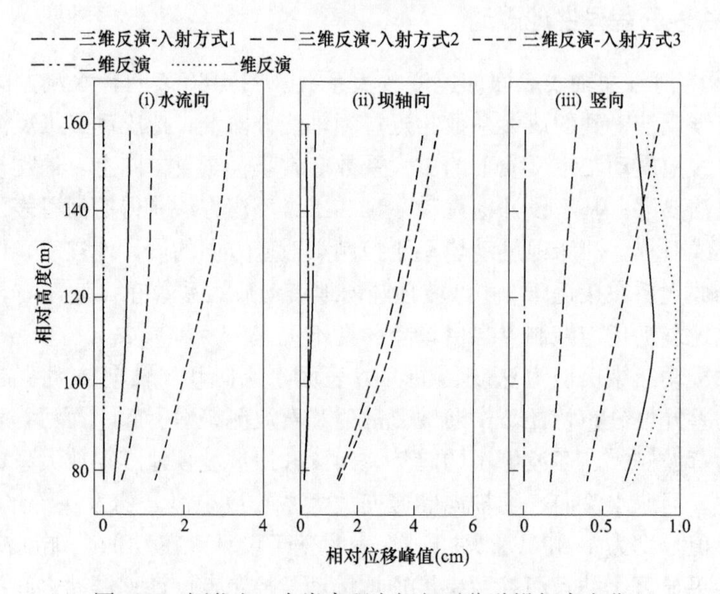

图 4-61　河谷左、右岸高程之间相对位移沿坝高变化

地震动三维反演方法得到的相对位移较大，在水流方向和坝轴向均比一维反演和二维反演获得的结果要大。三维反演得到的相对位移主要以坝轴向为主，在入射方式 3 下两岸坡顶相对位移峰值达到 5.0cm 左右，水流向相对位移次之，表明基于地震动三维反演方法下的河谷两岸运动非一致性较强。由前几节的分析可知，坝轴向较强的非一致性运动会增大心墙内部的应力，致使心墙发生拉伸破坏和压缩破坏的可能性增大。

图 4-62 所示为迎波侧、背波侧坡顶（点 f 和点 b）相对位移时程，其中三维反演下的结果是入射方式 2 获得的。图 4-62 表明，水流向和坝轴向，基于地震动三维反演获得的相对位移最大，尤其是坝轴向相对位移，非常突出，基于地震动一维和二维反演下相对位移接近于零。在竖向，由于基于地震动一维反演方法下河谷背波侧加速度有稍大于迎波侧的趋势，导致河谷两岸坡顶相对位移比其他两种方法大，但数值较小，对心墙内部应力影响小。

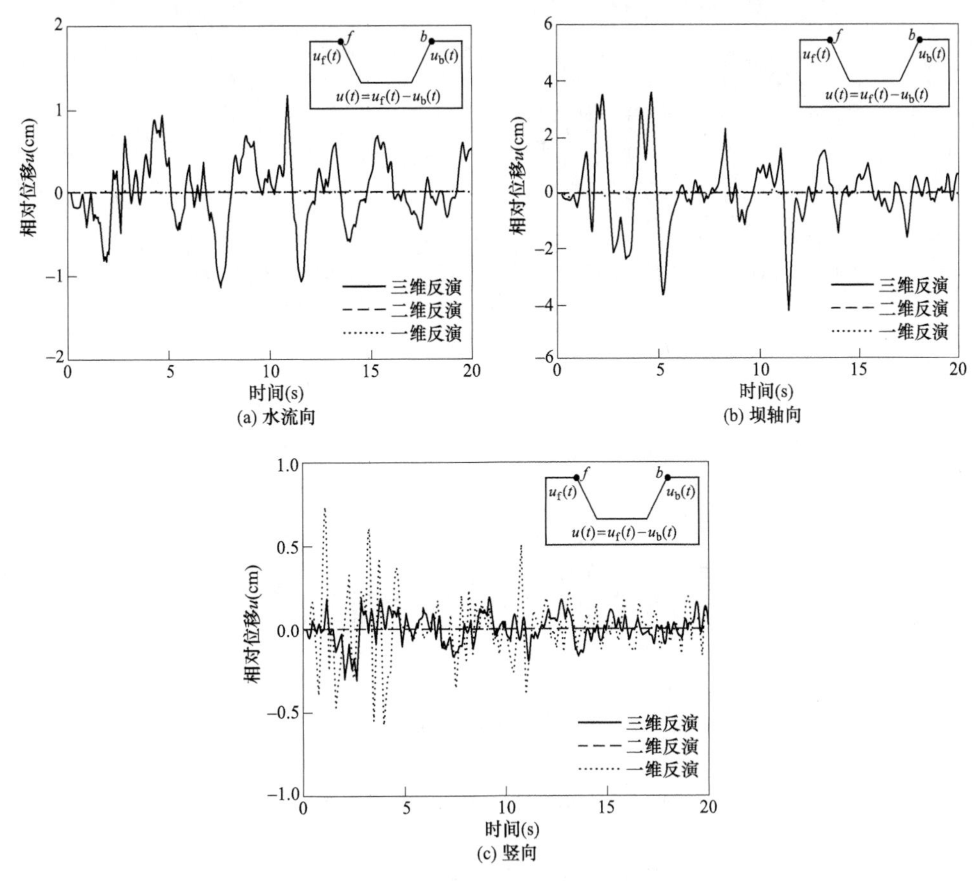

图 4-62 迎波侧、背波侧坡顶相对位移时程

4.8.2 沥青混凝土心墙加速度

图 4-63 所示为沥青混凝土心墙中部加速度放大系数沿坝高变化。图 4-63 表明，加速度从底部至顶部逐渐被放大，水流向加速度放大效应最明显。基于地震动一维反演获得的心墙顶水流向、坝轴向和竖向加速度放大系数分别为 3.0、1.9 和 0.6；基于地震动二维反演获得的心墙顶水流向和竖向加速度放大系数为 2.5 和 0.63，坝轴向无地震作用，坝轴向加速

度较小。与地震动一维反演方法相比，基于地震动三维反演获得的水流向和坝轴向加速度放大系数有减小的入射方式，也有增大的入射方式，减小的入射方式中心墙顶水流向和坝轴向加速度放大系数分别减小 26.8%和 13.3%，增大的入射方式中心墙顶水流向和坝轴向加速度放大系数分别增加 25.6%和 7.5%。在水流向和坝轴向，基于地震动三维反演获得的加速度放大系数平均值与地震动一维反演的结果相近，但在竖向，基于地震动三维反演获得的加速度放大系数均要大，加速度放大系数平均值是基于地震动一维反演的 2.8 倍。基于地震动二维反演获得的水流向、坝轴向和竖向加速度放大系数最小。

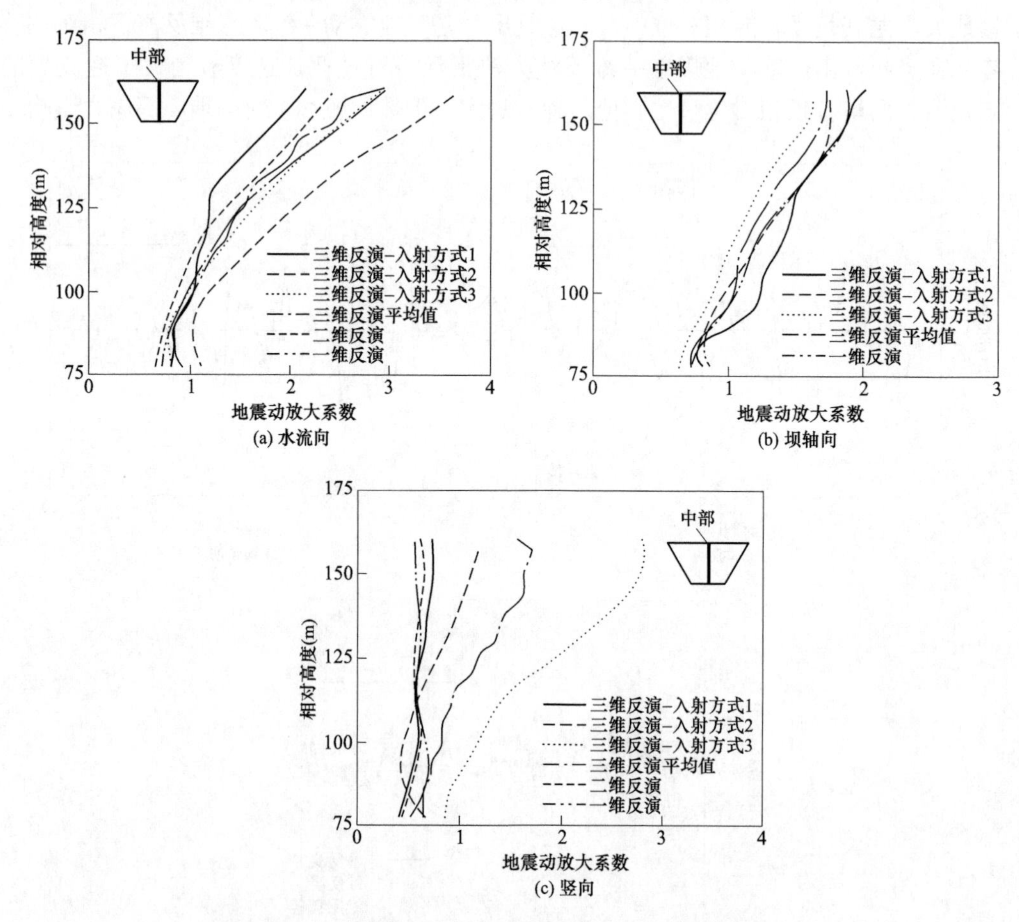

图 4-63　沥青混凝土心墙中部加速度放大系数沿坝高变化

图 4-64～图 4-66 分别为基于地震动三维、二维和一维反演获得的心墙加速度峰值等值线分布，基于地震动三维反演只给出了 $\gamma=30^{\circ}$、$\alpha=60^{\circ}$、$\theta=10^{\circ}$和 $\varphi=60^{\circ}$入射方式下的结果。图 4-64 表明，在水流向和坝轴向，心墙加速度峰值等值线呈现出倾向背波侧的分布特征，即在相同高程位置，有背波侧大于迎波侧的趋势；在竖直方向上，心墙加速度峰值等值线表现为倾向迎波侧的分布特征，相同高程位置有迎波侧大于背波侧的分布趋势。基于地震动三维反演下心墙加速度峰值分布与地震波入射方位角、斜入射角以及河谷岸坡坡度有关，在 $\gamma=30^{\circ}$、$\alpha=60^{\circ}$、$\theta=10^{\circ}$和 $\varphi=60^{\circ}$这种入射方式下，入射方向与水流向存在斜交，地震波在河谷迎波侧表面发生三维空间透射，由于河谷迎波侧坡度较陡，导致水流向和坝轴向主要激励方向指向背波侧顶部，竖向主要激励方向指向迎波侧顶部。

图 4-65 和图 4-66 表明，与地震动三维反演相比，基于地震动二维和一维反演获得的心墙加速度峰值 A_{max} 近似关于中心线对称，坝轴向和竖向最大加速度出现在心墙顶中心，竖向最大加速度位于心墙两侧，由于竖向最大加速度不一定位于心墙顶中心，以至于在分析心墙中部竖向加速度放大系数时获得较小的结果。

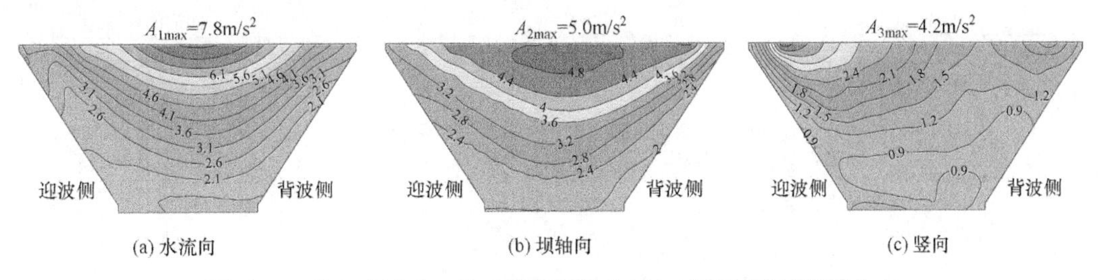

(a) 水流向　(b) 坝轴向　(c) 竖向

图 4-64　基于地震动三维反演获得的心墙加速度峰值等值线分布

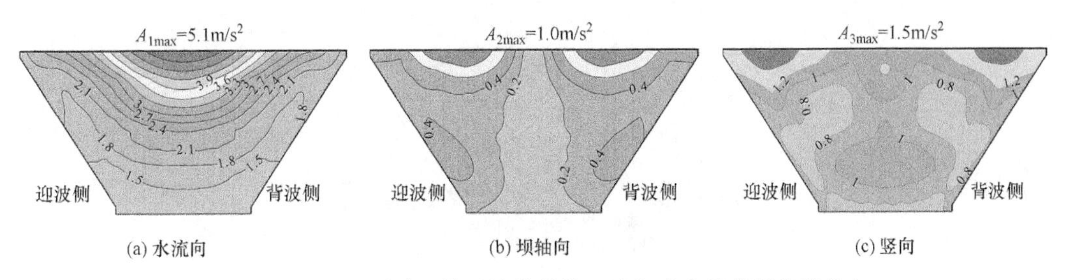

(a) 水流向　(b) 坝轴向　(c) 竖向

图 4-65　基于地震动二维反演获得的心墙加速度峰值等值线分布

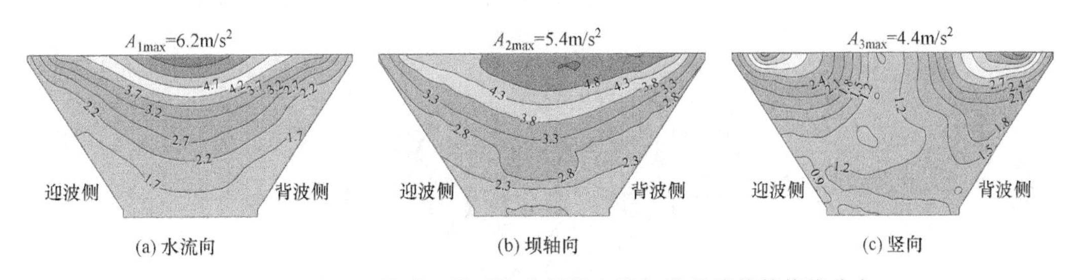

(a) 水流向　(b) 坝轴向　(c) 竖向

图 4-66　基于地震动一维反演获得的心墙加速度峰值等值线分布

与地震动一维反演相比，基于地震动三维反演下心墙加速度放大系数平均值没有明显的变化，但有些入射方式下心墙加速度放大系数要大许多，对心墙的影响是不可忽视的，心墙加速度峰值分布呈现出明显的空间非对称差异性分布，这种差异性分布可能会增加心墙内部应力；基于地震动二维反演方法获得的加速度放大系数要小，加速度峰值分布特征相近。

4.8.3　沥青混凝土心墙应力

图 4-67～图 4-69 分别为基于地震动三维反演、二维反演和一维反演方法获得的心墙小主应力极大值分布，图中负值表示受压，正值表示受拉。图 4-67 表明，心墙下部受压，压应力最大值位于底部与混凝土基座连接处；上部受拉，拉应力最大值出现在心墙上部两侧，三种入射方式下，心墙拉应力最大值分别为 0.392MPa、0.450MPa 和 0.410MPa，拉应力最大值平均值为 0.418MPa。由于基于地震动三维反演获得的心墙加速度峰值呈现空间非对

称差异性分布，造成心墙小主应力分布同样表现为差异性分布。在入射方式 1 中，即使地震波入射方向与水流向平行，心墙小主应力极值仍然有迎波侧小、背波侧大的分布趋势，在 4.6.4 中已经出现过相同的现象，分析认为，主要由 SH 波在河谷两侧表面发生不一致的透射效应引起。

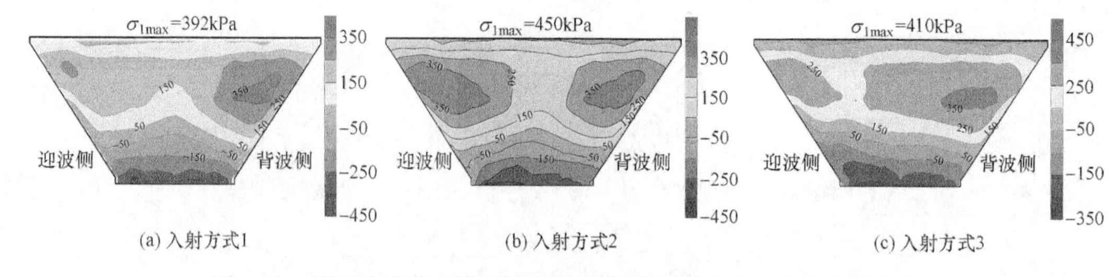

图 4-67　基于地震动三维反演方法获得的心墙小主应力极大值分布

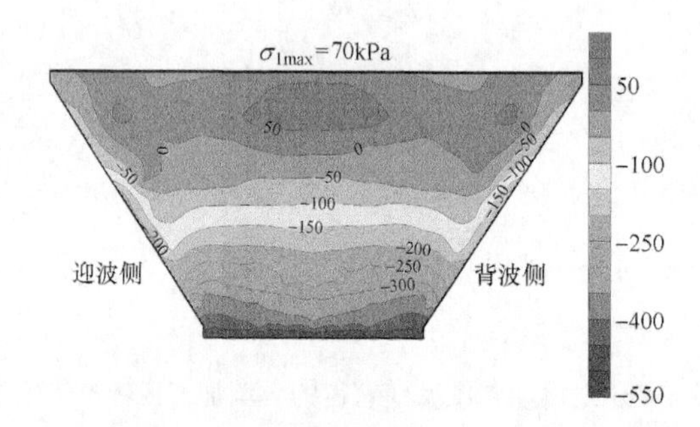

图 4-68　基于地震动二维反演方法获得的心墙小主应力图极大值分布

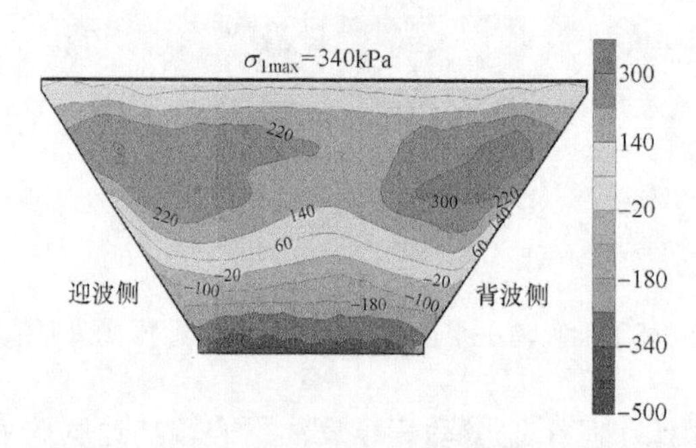

图 4-69　基于地震动一维反演方法获得的心墙小主应力极大值分布

图 4-68 表明，基于地震动二维反演下心墙仅在顶部附近受拉，范围很小，拉应力最大值仅为 0.070MPa。在入射方向与水流向平行且没有考虑 SH 波的作用下，基于地震动二维反演获得的心墙小主应力等值线关于中心线对称。图 4-69 表明，基于地震动一维反演下拉应力最大值出现在心墙上部背波侧，拉应力最大值为 0.340MPa。基于地震动一维反演方法中各类型波入射方向均与地表垂直，同样在 SH 波影响下河谷两侧表面透射效应不一致，心墙小主应力在两侧呈现差异性分布。

与基于地震动三维反演获得的结果相比，基于地震动二维和一维反演下心墙拉应力区缩小，拉应力最大值比三维反演结果的平均值分别减小了 83.3%和 20.0%。

4.8.4 坝体地震残余变形

图 4-70 所示为基于地震动三维反演和一维反演获得的沥青混凝土心墙坝坝体竖向震陷分布，其中地震动三维反演为入射方式 2 的结果。图 4-70 表明，坝体震陷呈现由底部往顶部逐渐增大的分布规律，最大震陷位于坝顶中心附近，由于上游堆石区受到向上的浮托力，堆石单元震前围压比下游堆石单元要小，最大动剪切模量相对较小，导致上游堆石区残余应变稍大，最终造成上游堆石区竖向震陷稍大于下游堆石区。不同地震动反演方法下，坝体竖向震陷分布规律相同，但基于地震动三维反演入射方式 2 中坝顶竖向震陷为 0.31m，3 种入射方式下坝顶竖向震陷平均值为 0.29m，而基于地震动一维反演下坝顶竖向震陷为 0.24m，地震动二维反演下坝顶竖向震陷最小，仅为 0.2m。与基于地震动三维反演获得的坝顶竖向震陷平均值相比，基于地震动一维和二维反演下坝顶竖向震陷分别减小了 18%和 31%。

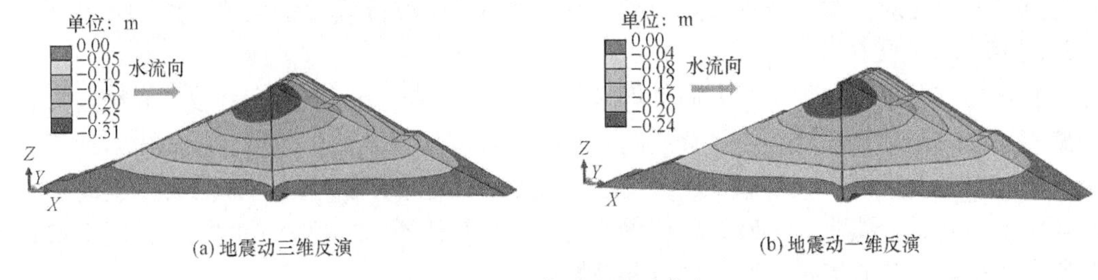

(a) 地震动三维反演　(b) 地震动一维反演

图 4-70　坝体竖向震陷分布

与传统地震动一维反演方法相比，基于两向设计地震动的 P 波和 SV 波组合斜入射，由于没有考虑坝轴向地震动作用，河谷表面地震动放大系数偏小，心墙拉伸应力和坝体竖向震陷稍小；基于控制点三向设计地震动的 P 波、SV 波和 SH 波组合斜入射下，河谷表面地震动空间差异性更为突出，地震动放大系数更强，心墙拉伸应力有明显的增加，坝体竖向震陷更大。因此，在沥青混凝土心墙坝抗震设计中有必要考虑控制点设计地震动由斜入射地震波贡献形成，参考地震动三维反演下的计算结果，进而在相同设防烈度下提高沥青混凝土心墙坝抗震性能。

4.9 本章小结

本章研究了基岩中平面 P 波、SV 波和 SV 波单独空间三维斜入射、基于平坦基岩地表两向设计地震动的 P 波和 SV 波组合斜入射，以及基于平坦基岩地表三向设计地震动的 P 波、SV 波和 SH 波三维组合斜入射下河谷—沥青混凝土心墙坝响应特性。揭示了心墙拉伸破坏机制，基于试验结果建立了沥青混凝土瞬时抗拉强度随应变速率变化的经验公式，提出了依据瞬时拉应力和瞬时抗拉强度进行单元抗拉破坏判别的心墙安全评价新方法。基于有限单元抗震安全系数法，开展了坝体抗剪破坏评价，明确了坝体的抗震薄弱部位。主要得出以下几点结论。

(1) P 波、SV 波和 SH 波三维斜入射，河谷表面加速度峰值随入射方位角和斜入射角的变化规律遵循自由场强度与入射方位角和斜入射角的解析关系。P 波和 SV 波入射方向与大坝水流向斜交或垂直，河谷表面加速度峰值呈现出迎波侧大、背波侧小的空间差异性分布特征，坝轴向差异性最明显，入射方向越偏向坝轴线方向、与地表法线夹角越大，这种差异性分布越显著，河谷两侧坝轴向相对位移运动越突出。SH 波三维斜入射下河谷表面地震动关于中心线对称，分布特征与入射方位无关。

（2）P 波和 SV 波入射方向与水流向斜交或垂直，心墙加速度等值线向背波侧倾斜，加速度最大值出现位置取决于入射方位角、斜入射角与河谷迎波侧坡度的关系。受沥青混凝土和堆石料动力非线性特性的影响，心墙加速度最大值随入射方位角和斜入射角的变化不同于自由场强度与入射方位角和斜入射角的关系。相同入射地震动强度下，SV 波引起的心墙加速度最大值比 P 波要大，其中水流向增大幅度最明显，是 P 波的 1.38 倍。

（3）P 波、SV 波三维斜入射河谷两侧坝轴向非协调运动是引起心墙发生压缩和拉伸的主要原因，从而引起心墙大主应力和小主应力增加以及发生拉伸破坏；SH 波三维斜入射下心墙主应力方向随入射方位角变化。入射方向与坝轴向一致且入射角越大，心墙主应力越大，与垂直入射拉应力最大值相比，P 波、SV 波和 SH 波拉应力最大值增加幅度可达 4.0 倍、14.2 倍和 2.8 倍。

（4）入射方向越偏向坝轴线方向且斜入射角度越大，心墙迎波侧和背波侧底部与河谷连接处更容易发生局部开裂破坏，且背波侧开裂破坏程度比迎波侧更严重。相同入射地震动强度下，SV 波引起心墙拉伸破坏程度更严重。传统的地震开裂破坏判别方法会严重高估心墙的破坏程度，并且会误判开裂破坏的位置，与实际情况不符。本文建立的沥青混凝土抗拉破坏判别方法更能反映心墙抗拉薄弱部位和破坏区。

（5）震前上游堆石体受到向上的浮托力作用，地震作用下坝体上游坝坡 1/5 坝高至坝顶区域表层单元更容易发生动剪切破坏。当 P 波和 SV 波入射方向与水流向平行、SH 波入射方向与坝轴向平行时，水流向地震动作用增强，上游坝坡发生动剪切破坏深度加深，剪切破坏区域连通，极端入射方式下可能会引发整体滑动问题，需在上游坝坡 1/5 坝高至坝顶区域一定深部范围采取加固措施。

（6）基于相同设计地震动强度反演的 P 波和 SV 波组合斜入射下心墙水流向加速度峰值比反演的 P 波和 SV 波组合垂直入射大 13%左右，并且拉应力区扩大，拉应力最大值增加幅度可达 115%。设计地震动位置距坝轴线距离在 2km 以内，基于设计地震动反演的 P 波和 SV 波组合斜入射各种方式对心墙加速度和小主应力影响小，初步认为，沥青混凝土心墙坝抗震设计和安全评价中可以采用距坝轴线 2.0km 以内平坦基岩地表的地震动。

（7）与三向设计地震动反演的 P 波、SV 波和 SH 波组合垂直入射相比，反演的 P 波、SV 波和 SH 波三维组合斜入射下河谷表面地震动空间差异性更大，并且具有任意性，表明建立的地震三维反演方法更全面反映设计地震动下坝址地震动场情况；P 波、SV 波和 SH 波组合斜入下心墙加速度峰值等值线向背波侧倾斜，心墙拉应力区扩大，拉应力更大，但不会发生拉伸破坏，坝体竖向震陷更大。

5 深厚覆盖层上沥青混凝土心墙土石坝地震响应特性

5.1 概　　述

为真实反映覆盖层上土石坝地震响应，需要准确确定覆盖层底部输入地震动以及采用合理的地震动输入方法。当前，覆盖层底部输入地震动按照基岩基底底部输入地震动确定方法，并且大多采用地震动一致输入结合固定边界或者一致输入结合黏弹性边界的方法。由于覆盖层的存在以及覆盖层土体在强震作用下表现明显的非线性特性，覆盖层内地震动幅值、相位和频谱等特性与底部输入地震动均存在较大的差异，上述输入地震动确定方法和地震动输入方法对于覆盖层上土石坝地震响应的分析是不适用的。为阐明地震波在覆盖层地基中的波动规律，揭示覆盖层地基-沥青混凝土心墙坝动力相互作用，较为准确获得深厚覆盖层上沥青混凝土心墙坝地震反应，本章利用第 3 章建立的非线性波动输入方法，分别研究了地震波垂直入射和斜入射深厚成层覆盖层地基上沥青混凝土心墙坝响应特性。

5.2 工程概况及有限元模型

以西南地区大渡河上已建的一座沥青混凝土心墙土石坝为研究对象，坝址河床覆盖层深厚，覆盖层最大深度超过 420m。有限元计算中，覆盖层深度取至地表以下 150m 深度位置，分别依据基岩地表和覆盖层地表地震动求解地震波垂直入射和斜入射下覆盖层底部和侧向边界上自由场，将其转换为黏弹性人工边界单元上的等效结点荷载，实现波动输入。

图 5-1 所示为沥青混凝土心墙土石坝材料分区和覆盖层地质剖面示意图，沥青混凝土心墙、混凝土基座和混凝土防渗墙构成沥青混凝土心墙坝的防渗系统，悬挂式防渗墙深度为 140m，防渗墙厚度为 1.2m。心墙坝坝顶高程为 2654.5m，最大坝高为 124.5m，坝顶宽度为 14m，心墙沿坝高为变厚度型式，底部厚度为 1.2m，顶部厚度为 0.6m。在高程为 2620.0m 的大坝上游坝坡设置马道，马道宽 4.0，马道以上和以下坝坡坡度均为 1∶2；在高程分别为 2624.5m、2594.5m 和 2564.5m 的下游坝坡位置设置马道，高程 2624.5m 以上坡度为 1∶1.8，高程 2624.5m 以下坡度均为 1∶2.2。上、下游盖重区分别向上、下游方向延伸 150m 和 215m，厚度分别为 48.5m 和 22.0m。根据坝体设计图纸和覆盖层剖面资料，采用 ABAQUS 有限元分析软件建立沥青混凝土心墙土石坝-覆盖层系统二维有限元模型，在覆盖层地基上、下游方向各延伸 200m，延伸长度相当于 1.6 倍左右坝高。覆盖层-沥青混凝土心墙土石坝有限单元总数为 23 845，其中坝体单元数为 4334，覆盖层地基单元数为

19 511。心墙和防渗墙沿厚度剖分 4 层单元，在心墙和过渡料、防渗墙和覆盖层土体之间考虑接触相互作用，法向行为考虑为硬接触，切向行为为库仑摩擦接触[180-181]，摩擦系数为 0.5，能够较为准确地反映沥青混凝土心墙和混凝土防渗墙的应力和变形。

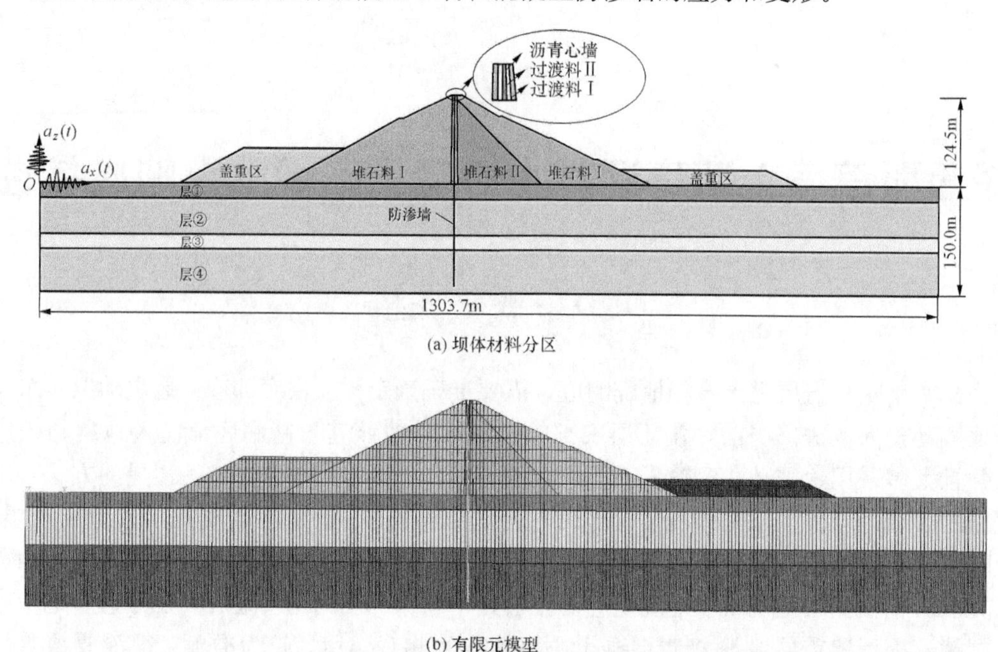

(a) 坝体材料分区

(b) 有限元模型

图 5-1　沥青混凝土心墙土石坝材料分区和覆盖层地质剖面示意图

静力计算采用邓肯-张 E-v 本构模型，坝体填筑采用分层激活单元法模拟，分 10 级填筑。水库蓄水分 4 级完成，最终蓄水至正常蓄水位，静水压力作用于防渗体上游面，上游水位以下堆石料受到向上的浮托力作用。表 5-1 所示为沥青混凝土和坝体等材料静力计算参数，静力计算获得的围压作为动力计算的初始条件。

表 5-1　　　　静力计算参数

材料	ρ (g/cm³)	K	n	R_f	c(kPa)	φ(°)	G	D	F	K_{ur}
沥青混凝土	2.43	850	0.33	0.76	400	27	0.38	15	0.05	1200
过渡料Ⅰ	2.20	1200	0.52	0.68	0	45	0.34	6.0	0.08	2400
过渡料Ⅱ	2.20	1200	0.52	0.67	0	43	0.32	5.0	0.06	2400
堆石料Ⅰ	2.25	1200	0.50	0.72	0	48	0.33	6.0	0.06	2000
堆石料Ⅱ	2.30	1000	0.45	0.65	0	50	0.31	3.0	0.05	1800
防渗墙	2.45	300 000	0	0	2000	48	0.167	0	0	300 000
围堰及压重	2.3	600	0.3	0.70	0	38	0.31	3.0	0.05	1000
①砂卵石层	1.38	921	0.36	0.79	0	47.2	0.32	6.0	0.1	1866
②含砾中砂层	1.22	728	0.44	0.77	28.4	39.48	0.40	3.3	0.08	1456
③粉质黏土层	1.17	686	0.43	0.8	24.7	38.2	0.39	3.5	0.11	1395
④粗粒土	1.4	1300	0.45	0.68	0	52	0.42	3	0.01	3000

动力计算采用沈珠江改进的等效线性黏弹性本构模型，土体等效动剪切模量比 G 和等效阻尼比 λ 是归一化剪应变 $\overline{\gamma}_d$ 的函数，如式（2-75）和式（2-76），表 5-2 为沥青混凝土和坝体等其他材料的动力计算参数。坝体地震残余变形采用沈珠江模型，残余体应变和残余剪应变分别如式（4-1）和式（4-2）所示，地震残余变形计算参数见表 5-2。

表 5-2　　动力和地震残余变形计算参数

材料	改进的黏弹性模型				沈珠江模型				
	k_1	k_2	n	λ_{max}	c_1(%)	c_2	c_3	c_4(%)	c_5
沥青混凝土	19	720	0.47	0.28	0.03	0.18	0	15.0	0.9
过渡料Ⅰ、Ⅱ	24	2200	0.42	0.235	0.73	0.64		6.0	0.66
堆石料Ⅰ、Ⅱ	26	2472	0.425	0.245	0.65	0.76	0	6.0	0.63
围堰及压重	20	1200	0.385	0.29	0.70	0.57	0	5.7	0.41
①砂卵石层	15.2	1155.1	0.618	0.245	0.673	0.705	0	5.864	1.128
②含砾中砂层	5.5	382.4	0.612	0.278	1.183	1.405	0	3.498	1.239
③粉质黏土层	4.42	277.1	0.648	0.282	0.747	1.435	0	6.965	1.440
④粗粒土	17.6	1304.4	0.562	0.238	0.783	0.725	0	5.864	1.128

5.3　P 波和 SV 波组合垂直入射系统加速度

本节中覆盖层底部输入地震动应用 2.5 节中的方法，根据河谷左或右岸平坦基岩地表设计地震动反演与覆盖层底部同等深度处岩体中入射波，考虑基岩-覆盖层分层面透射放大效应，求解覆盖层底部输入地震动，其中平坦基岩地表地震动见图 2-34。

分析地震波垂直入射下覆盖层不同侧向边界条件下系统加速度相对近似精确解（远置边界）的计算精度，侧向边界包括固定边界（方案 1）、自由边界（方案 2），以及 3.5.1 中发展的随覆盖层土体动剪应变实时动态变化的等效黏弹性人工边界单元（方案 3）。同时在黏弹性人工边界条件的基础上，对比分析自由场波动输入和等效惯性力一致输入方法的计算精度，等效惯性力输入即在地基底部和侧向边界上施加同相位等幅值的地震加速度，即一致地震动输入（方案 4）。侧向边界为固定边界、自由边界和等效黏弹性人工边界单元时，在覆盖层地基上、下游方向延伸 1.5 倍左右坝高的长度，远置边界方案（方案 5）在上、下游方向延伸 10 倍坝高的长度，5 种侧向边界方案下覆盖层底部施加黏弹性人工边界单元和由底部自由场转换而来的等效结点荷载。以加速度为分析指标，研究不同侧向边界方案对覆盖层-坝体响应的影响。

进一步分析 2.5.1 节提出的覆盖层底部地震动确定方法、平坦基岩地表地震动作为覆盖层底部地震动以及平坦基岩地表地震动幅值 1/2 调幅后作为覆盖层底部地震动 3 种输入地震动确定方法下系统加速度反应。明晰基岩-覆盖层分层面透射效应影响因素对系统加速度反应影响规律。

5.3.1　覆盖层侧向边界条件对系统加速度的影响

图 5-2 示出了以上 5 种不同侧向边界条件下覆盖层-沥青混凝土心墙土石坝系统 *A-A* 剖

面加速度峰值沿高度变化，*A-A* 剖面为坝轴线位置。图 5-2 表明，水平向加速度从覆盖层底部到坝顶部逐渐增大，且在坝体上部出现明显的“鞭梢效应”，竖向加速度从底部到顶部先减小后增大。远置边界条件下心墙顶水平向和竖向加速度分别为 3.68m/s^2 和 0.66m/s^2，放大系数分别为 1.67 和 0.45，明显小于基岩地基上沥青混凝土心墙坝放大系数。强震作用下，覆盖层土体动力非线性力学特性明显，土体阻尼耗能效果强，大部分地震动能量被覆盖层土体吸收，输入给坝体的能量显著降低，导致坝体加速度反应小。

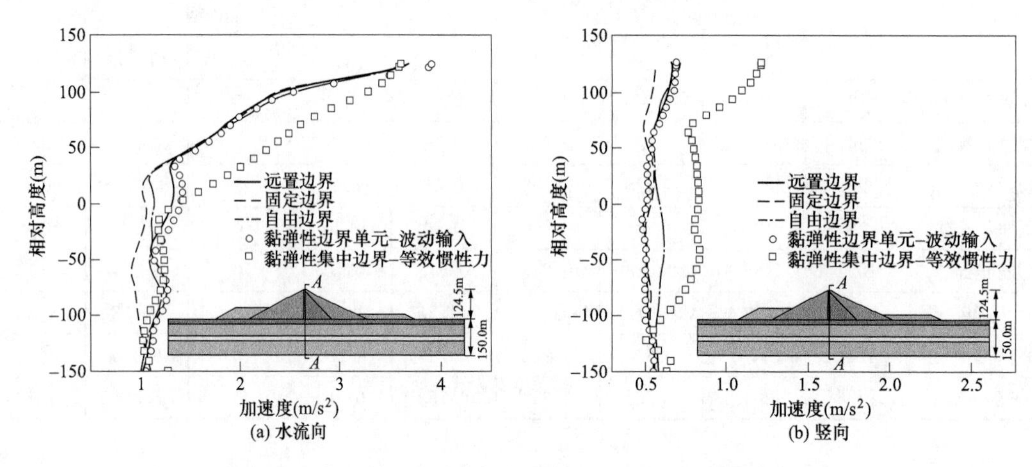

图 5-2 覆盖层-沥青混凝土心墙土石坝系统 *A-A* 剖面加速度峰值沿高度变化

图 5-2 中各边界条件下结果对比表明，黏弹性人工边界单元结合等效结点荷载的非线性波动输入方法获得的加速度反应与远置边界下计算结果拟合良好，与远置边界结果相比，非线性波动输入方法下水平向加速度最大误差为 7.23%，竖向加速度最大误差为 5.31%。侧向边界自由时，水平向加速度最大误差为 19.5%，竖向加速度最大误差为 26.3%；侧向边界固定时，水平向加速度最大误差为 26.3%，竖向加速度最大误差为 17.5%；黏弹性集中人工边界结合等效地震惯性力的一致输入方法计算精度最低，由于该方法等价于在覆盖层地基边界所有结点上同时作用一条等幅值和同相位的地震加速度记录，受地震波行波效应和土体动力非线性特性的影响，导致覆盖层底部和侧向边界上实际响应明显不同于平坦基岩地表地震动或覆盖层底部输入地震动。整体而言，非线性波动输入方法计算精度最高。

图 5-3 所示为非线性波动输入下覆盖层 *A-A* 剖面不同深度位置处加速度反应谱。图 5-3 表明覆盖层土体动力非线性性质改变了地震动频谱特性。与覆盖层底部输入地震动加速度反应谱相比，从覆盖层底部到建基面，加速度反应谱形状发生了较大的变化，具体表现为特征周期延长，地震动长周期谱值变大，并且在 1.3s 左右出现次峰值，离覆盖层地表越近，次峰值越明显。反应谱特征周期由覆盖层底部的 0.3s 延长至高程为－144.0m 位置的 0.45s，反应谱次峰值由覆盖层底部的 2.0m/s^2 变大为高程为－6.0m 位置的 2.88m/s^2，次峰值增加了 44%。表明覆盖层地基内部地震动与底部输入地震动相比，不仅在幅值上存在明显的差异，在频谱特性上也明显不同。

图 5-4 所示为覆盖层地基侧边界土体单元最大动剪应变随深度的分布，图 5-5 为覆盖层侧边界所有土体单元迭代收敛后剪切模量比与归一化剪应变的关系。采用等效线性方法模拟土体的非弹性和非线性，因此图 5-4 中为每次迭代结束后土体最大动剪应变，以反映相同深

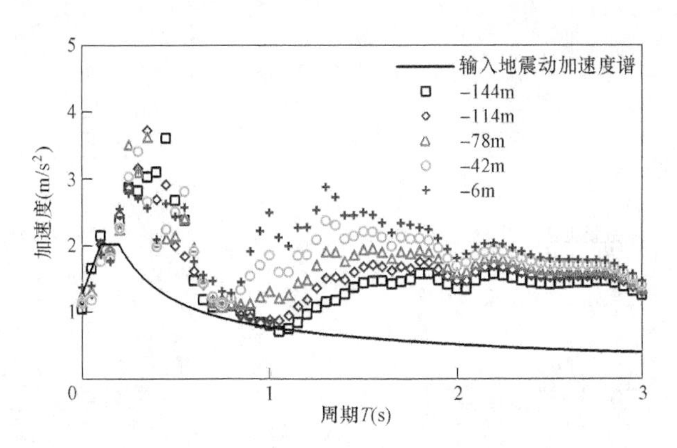

图 5-3 覆盖层 A-A 剖面不同深度位置处加速度反应谱

度处土体最大动剪应变在整个地震过程中的非线性变化。图 5-4 表明，地基侧边界土体单元最大动剪应变随深度分布范围较大，相同深度位置，最大动剪应变在迭代过程中先有较大变化，然后逐步收敛，土体单元动剪应变在空间和时间上的非线性变化引起土体单元动剪切模量比的非线性变化。

图 5-5 中归一化剪应变由最大动剪应变计算，如式（2-77）所示，图 5-5 中实线是根据式（2-75）建立的理论曲线，标记点为数值计算迭代收敛的结果。图 5-5 表明侧边界土体单元动剪切模量比沿深度分布较广，集中在 0.63～0.95 区间内。基于此，在深度方向和迭代过程中不能假定地基侧边界土体单元刚度和阻尼矩阵为不变值，需要考虑黏弹性边界单元参数以及等效结点荷载随土体动剪应变变化而变，从而也证明了采用非线性波动输入方法分析覆盖层地基上沥青混凝土心墙坝地震响应特性的必要性。

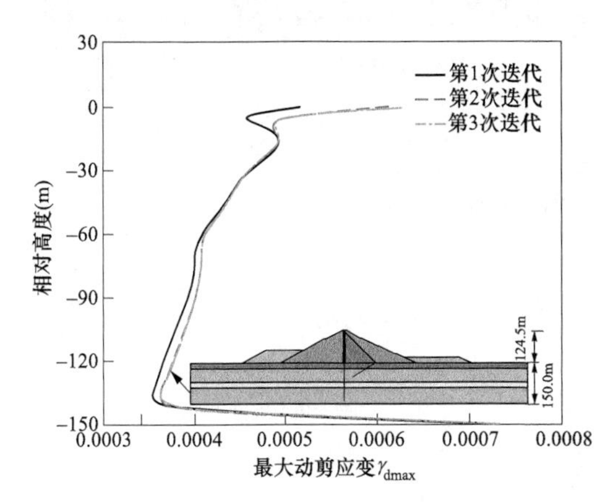

图 5-4 侧边界单元最大动剪应变随深度变化的分布

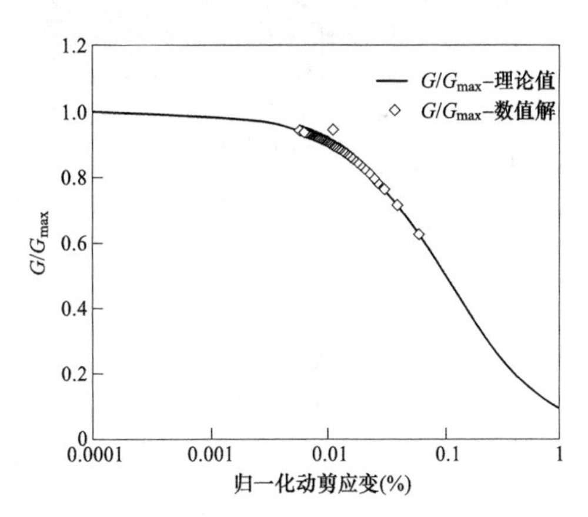

图 5-5 侧边界单元剪切模量比随归一化的动剪应变变化

为进一步验证非线性波动输入方法的精度以及全面了解覆盖层-沥青混凝土心墙坝加速度反应，图 5-6～图 5-9 分别给出了覆盖层-坝体系统竖直剖面 B-B（桩号：0-110.00m）、剖面 C-C（桩号：0-404.00m）和水平剖面 D-D（相对高度：0.00m）、剖面 E-E（相对高度：48.50m）的加速度峰值反应，表 5-3 为 4 种不同侧向边界条件下不同剖面位置处加速度峰值相对近似精确解的最大误差。

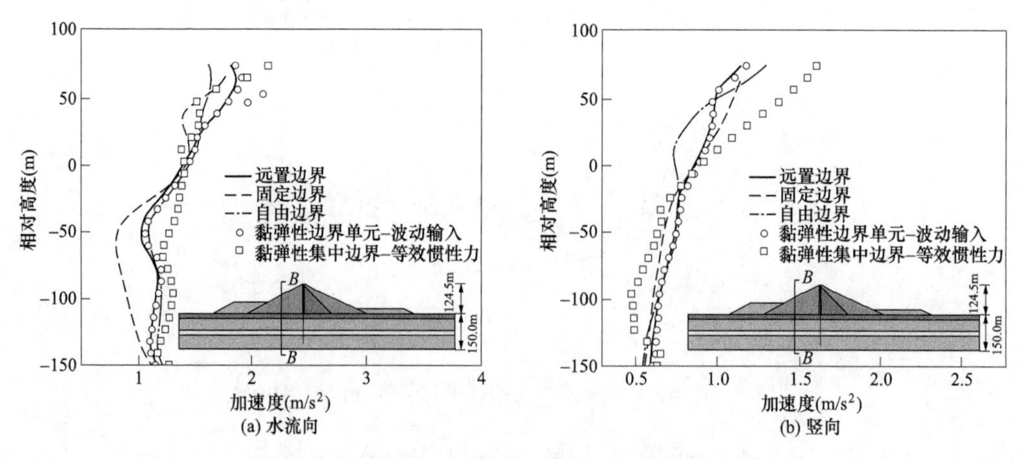

图 5-6　覆盖层-坝体 *B-B* 剖面的加速度峰值

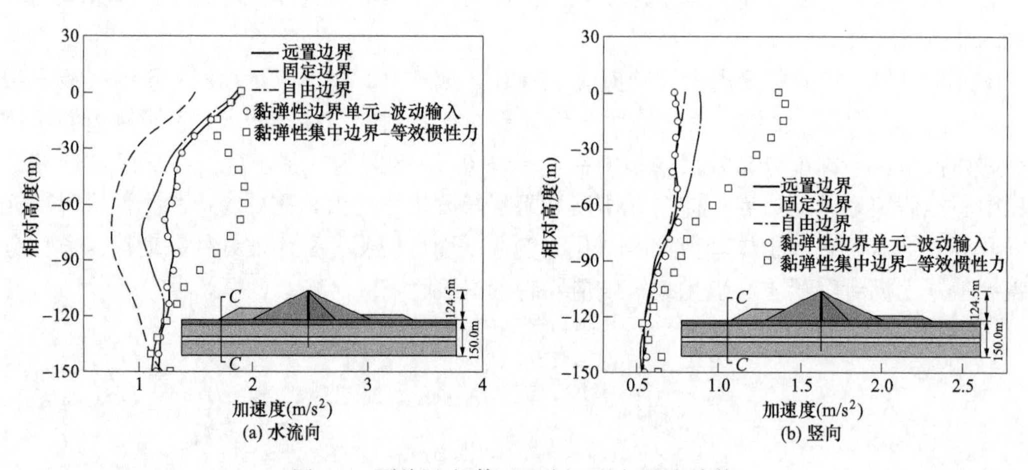

图 5-7　覆盖层-坝体 *C-C* 剖面的加速度峰值

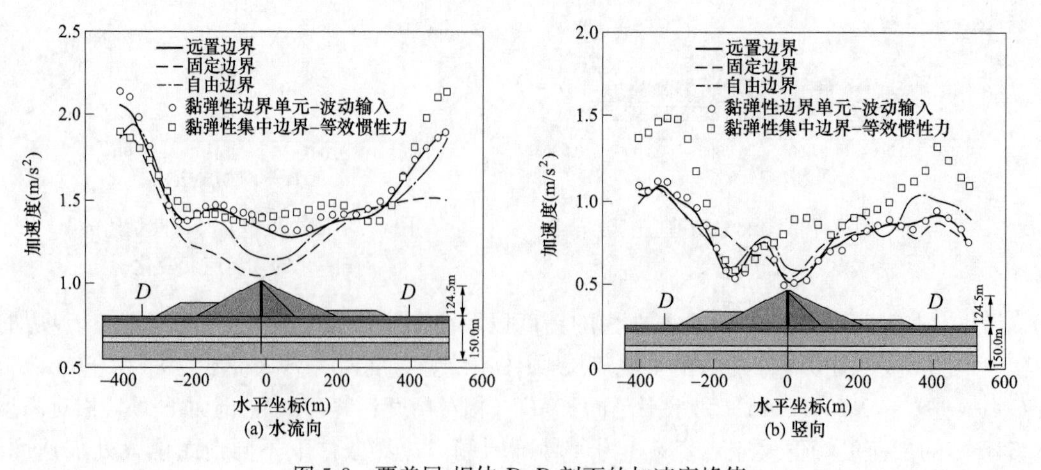

图 5-8　覆盖层-坝体 *D-D* 剖面的加速度峰值

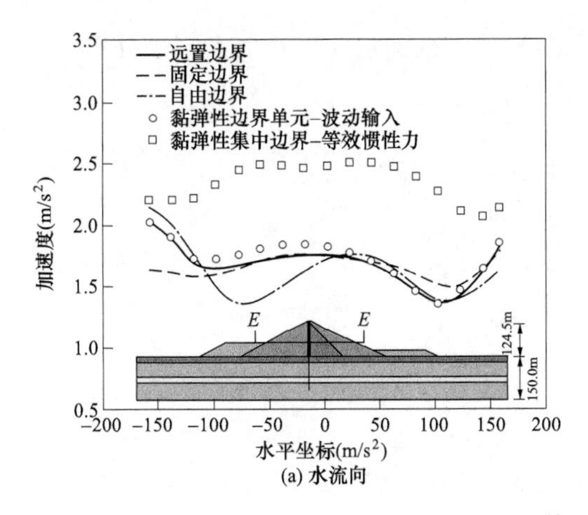

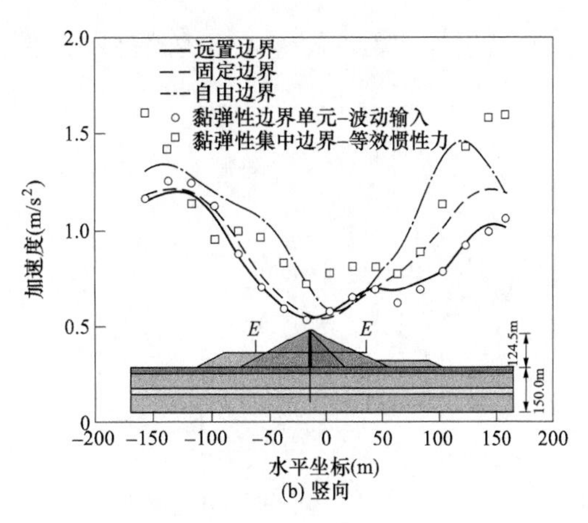

图 5-9 覆盖层-坝体 *E*-*E* 剖面的加速度峰值

图 5-6～图 5-9 表明，黏弹性人工边界单元结合等效结点荷载的非线性波动输入下覆盖层-坝体系统 *B*-*B*、*C*-*C*、*D*-*D* 和 *E*-*E* 剖面加速度峰值与远置边界的计算结果拟合度最高。与平坦基岩地表地震动峰值加速度相比，非线性波动输入下水平向加速度最大放大系数为 1.72，竖向最大放大系数为 0.54，与远置边界下的结果接近。由于强震作用下覆盖层土体具有强非线性特性，土层刚度弱、阻尼耗能作用强，致使覆盖层上沥青混凝土心墙坝坝顶地震动放大系数明显较《水工建筑物抗震设计标准》规定的值[89]要小。表 5-3 表明，非线性波动输入方法下加速度峰值最大误差在 6%以内，而固定边界、自由边界下加速度峰值最大误差高达 45%和 60%，黏弹性集中人工边界结合等效惯性力输入精度最低，最大误差接近 90%。黏弹性人工边界单元结合等效结点荷载的非线性波动输入计算精度较高，能够满足工程计算的要求。

表 5-3　　不同侧向边界条件下加速度峰值相对远置边界的最大误差　　%

剖面	方向	固定边界	自由边界	非线性波动输入	等效惯性力输入
B-*B*	水流向	28.4	11.4	5.9	27.7
	竖向	12.2	19.5	4.5	48.5
C-*C*	水流向	41.5	20.0	2.3	55.6
	竖向	9.2	21.0	4.5	87.0
D-*D*	水流向	22.4	13.5	5.6	8.0
	竖向	45.8	21.8	5.9	86.0
E-*E*	水流向	19.1	21.5	5.6	69.0
	竖向	31.4	60.2	4.2	57.0

5.3.2 不同输入地震动确定方法下加速度反应

覆盖层底部输入地震动的确定方法不同导致覆盖层-沥青混凝土心墙坝系统地震响应的差异，本小节基于非线性波动输入分析平坦基岩地表地震动（方法 1）、平坦基岩地表地震动按 0.5 的系数调幅（方法 2），以及平坦基岩地表地震动按 0.5 的系数调幅后考虑基岩-覆盖层分层面透射放大效应（方法 3）作为覆盖层底部输入地震动下覆盖层-坝体系统加速度。

图 5-10 所示为 3 种不同输入地震动确定方法下系统 A-A 剖面加速度峰值沿高度分布。

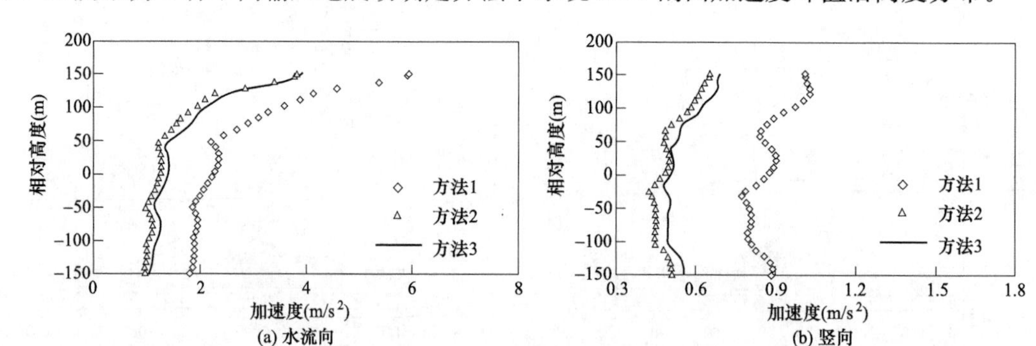

图 5-10　不同输入地震动确定方法下系统 A-A 剖面加速度峰值沿高度分布

方法 3 考虑了地震波传播特性对平坦基岩地表地震动的影响，同时考虑了基岩-覆盖层分层面处透射效应，推荐该方法确定覆盖层底部输入地震动，因此以该方法获得的计算结果为参考解。与方法 3 相比，方法 1 得到的系统加速度反应要大，方法 2 获得的加速度反应要小；方法 1 计算得到的水平向和竖向加速度峰值最大增幅均接近 75%，方法 2 计算得到的水平向和竖向加速度峰值最大降幅均接近 16%。若按方法 1 确定覆盖层底部输入地震动，坝体响应偏大；若按方法 2 确定覆盖层底部输入地震动，坝体响应偏小。此外，方法 1、方法 3 和方法 2 输入地震动强度比例关系为 1.5∶1.0∶0.8，但 3 种输入地震动作用下坝体加速度峰值较大程度偏离这个比例关系，从侧面反映了覆盖层-坝体系统地震响应的非线性特性。

5.3.3　透射效应影响因素对加速度反应的影响

由 2.5.1 中分析结果可知，覆盖层-基岩分层面处地震波透射系数与土体动力参数 k_2、n 和土体泊松比 v 以及基岩弹性模量 E 密切相关。不同覆盖层土体动力参数 k_2、n 的差异，直观表现为土质不同，可以分为软弱细砂土（k_2 较小，n 较大）和粗砂砾土（k_2 较大，n 较小）。本小节基于建立的非线性波动输入方法研究这几个因素对覆盖层-沥青混凝土心墙坝系统地震响应的影响。

1. 覆盖层底部有无软弱土层的影响

为反映土体动力参数 k_2 和 n 对覆盖层-坝体系统加速度的影响规律，图 5-11 所示为覆盖层底部存在软弱土层（厚度为 24.0m，$k_2=680$、$n=0.64$，即覆盖层与基岩为细砂-基岩交界面）和无软弱土层（$k_2=3895$，$n=0.46$，即覆盖层与基岩为粗砂-基岩交界面）情况覆盖层-坝体加速度峰值。

图 5-11 表明，覆盖层底部存在软弱土层时，覆盖层-坝体系统加速度响应小于无软弱土层的情况，心墙顶水流向加速度减小了 32%，竖向加速度减小了 8%。依据图 2-29～图 2-31 分析可知，覆盖层底部存在软弱土层（$k_2=680$、$n=0.64$）时，剪切波和压缩波透射放大系数分别为 1.547 和 1.275，无软弱土层（$k_2=3895$、$n=0.46$）时，剪切波和压缩波透射放大系数分别为 1.288 和 1.006。与无软弱土层情况相比，存在软弱土层时剪切波和压缩波透射放大系数分别增大了 20%和 25%。而加速度反应减小的原因是软弱土层阻尼耗能效应比软弱土层的透射放大效应更强所致。

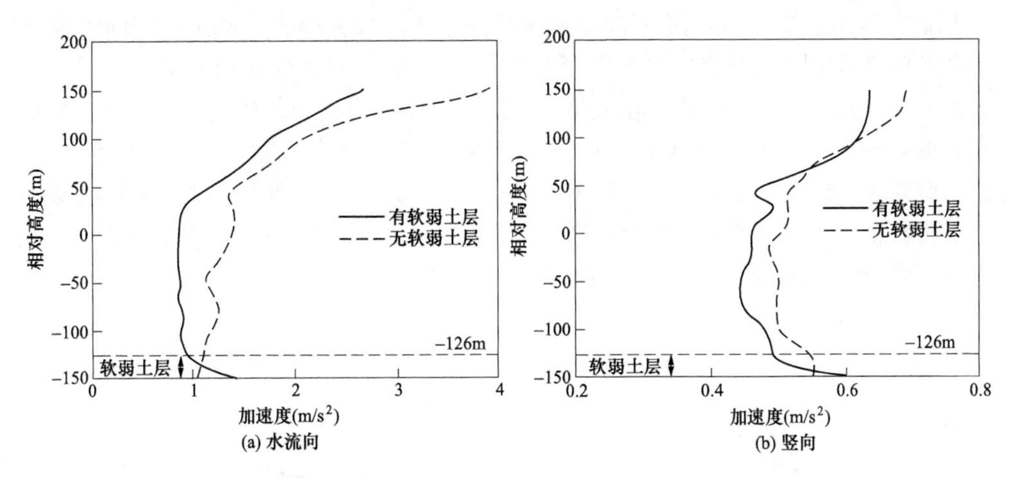

图 5-11　覆盖层底部有无软弱土层情况覆盖层-坝体加速度峰值

图 5-12 所示为有、无软弱土层时覆盖层地基中部（即 A-A 剖面）土体剪切模量比和阻尼比随剪应变变化曲线（最后一次迭代结果）。图 5-12 表明，与无软弱土层相比，软弱土层的存使得在－150～－126m 土层范围内动剪应变显著增大，阻尼比平均增大近 4 倍，剪切模量比平均下降了 11%。在－126～0m 深度范围内，两种情况中剪应变水平没有明显差异，土体对地震波的阻尼耗能能力相同。Park 等[192]研究结论表明：地震动强度越大，坝体地震响应也越大，依据这个结论初步认为，覆盖层底部存在软弱土层时地震波透射放大效应更显著，输入地震动强度更强，覆盖层-坝体加速度反应本该随透射放大效应的增强而变大。但在透射放大效应增大和软弱土层动力参数的共同作用下，土体剪应变增大，阻尼有较大幅度的提高，土体耗散地震动能量的作用增强，造成覆盖层-坝体的加速度反应反而减小，说明软弱土层的阻尼耗能作用比它的透射放大效应更强。

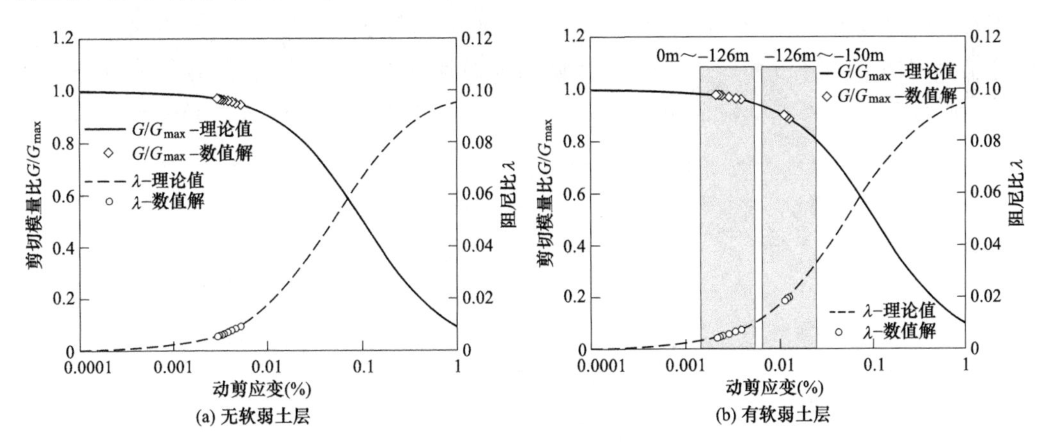

图 5-12　有、无软弱土层时覆盖层地基中部（即 A-A 剖面）土体剪切模量比和阻尼比随剪应变变化曲线

2. 覆盖层土体泊松比对心墙坝地震响应的影响

图 5-13 所示为土体泊松比为 0.3、0.38 和 0.45 时覆盖层-坝体系统 A-A 剖面加速度反应。剪切波主要引起土石料发生水平向剪切变形，压缩波引起土石料的竖向压缩变形。图 5-13

表明，覆盖层-坝体系统 A-A 剖面竖向加速度随泊松比增大先增大后减小，竖向加速度增大的主要原因是覆盖层刚度随泊松比增大而变大，导致 A-A 剖面竖向加速度反应增大。随着泊松比进一步增大，压缩波波速有较大幅度增加，导致压缩波透射放大系数增大，依据图 2-32 分析可知，泊松比由 0.3 增大到 0.45 时，压缩波透射放大系数由 1.247 减小为 1.006，竖向地震动强度有较大幅度的减小，故覆盖层-坝体系统 A-A 剖面竖向加速度转而减小。尽管剪切波透射放大系数不随土体泊松比变化，但水平向加速度反应随泊松比的增大而增大，主要原因是覆盖层-坝体系统刚度随泊松比增大而变大。

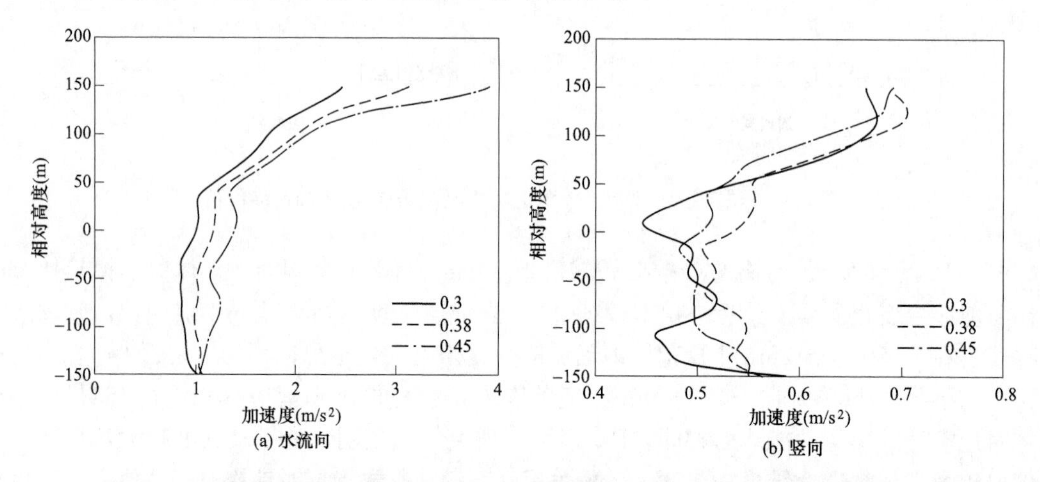

图 5-13　土体泊松比为 0.3、0.38 和 0.45 时覆盖层-坝体系统 A-A 剖面加速度反应

3. 覆盖层下卧基岩弹性模量对心墙坝地震响应的影响

图 5-14 所示为覆盖层下卧基岩弹性模量分别为 8GPa、15GPa 和 25GPa 时覆盖层-坝体 A-A 剖面加速度峰值。图 5-14 表明下卧基岩弹性模量变大，A-A 剖面加速度反应逐渐变大。当基岩弹性模量由 8GPa 增大至 25GPa 时，水平向和竖向加速度最大增幅达 22%。数值计算结果规律遵循解析计算结果规律（见图 2-31 和图 2-32)，即在覆盖层介质参数不变时，基岩弹性模量增大，基岩波阻抗变大，地震波透射放大系数越大。当基岩弹性模量从

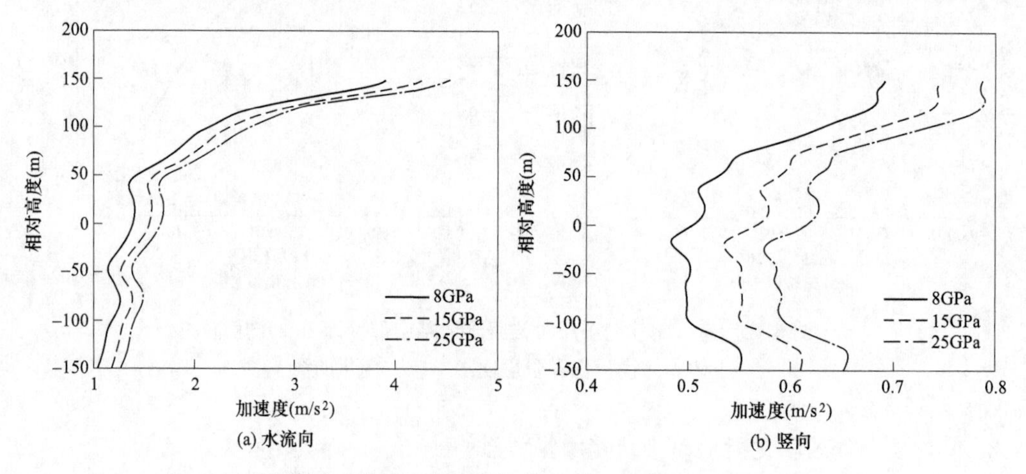

图 5-14　覆盖层下卧基岩弹性模量分别为 8GPa、15GPa 和 25GPa 时覆盖层-坝体 A-A 剖面加速度峰值

8GPa 增大为 25GPa 时，剪切波透射放大系数由 1.288 增大为 1.524，增大了 18%，压缩波透射放大系数由 1.245 增大为 1.006，增大了 21%，覆盖层底部输入地震动强度增强，导致 A-A 剖面加速度反应变大。虽然输入地震动强度增强，覆盖层土体剪应变变大，使得土体的阻尼比增大，土体的阻尼耗能能力增强，但此时地震动强度对覆盖层-坝体系统地震响应的影响比土体的耗能作用更强。

5.4 P 波和 SV 波组合斜入射下坝体响应

斜入射地震波透过基岩-覆盖层分层面向上传播，在覆盖土层内发生透射和反射。相比垂直入射，斜入射波对覆盖层空间点的激励机制不同，斜入射的方向性导致沥青混凝土心墙土石坝上、下游侧堆石料能量耗散程度不同，同时使沥青混凝土心墙产生非一致变形而形成附加内力，地震波斜入射下沥青混凝土心墙土石坝响应特性和抗震安全性明显不同于地震波垂直入射的情况。有限元模拟中覆盖层深度取至 150m 深度处，覆盖层 4 种土质地层被细分成 28 个子层，覆盖层底部和子层侧向边界上自由场根据表面点 O 实测地震动记录反演求解，水平向地震动峰值加速度为 0.53g，竖向地震动峰值加速度为水平向的 2/3，如图 5-15 所示。

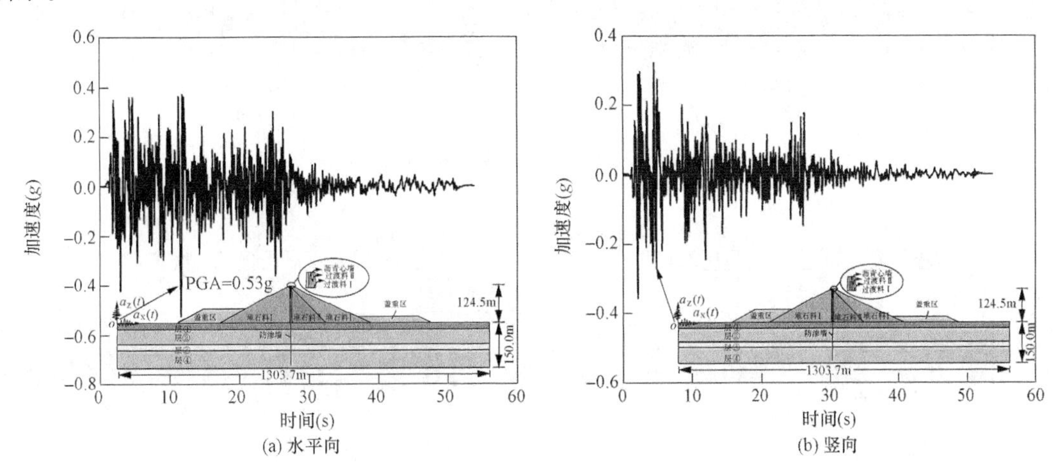

(a) 水平向　(b) 竖向

图 5-15　控制点 O 地震动加速度时程

本节应用 2.6 中建立的传递矩阵法结合等效线性化法求解非线性成层覆盖层自由场，采用等效结点荷载结合黏弹性人工边界单元建立非一致波动输入方法，揭示深厚覆盖层与沥青混凝土心墙坝动力相互作用机制，分析不同斜入射角下沥青混凝土心墙坝响应特性，探究 3.5 建立的非一致波动输入下沥青混凝土心墙坝地震响应与地震动一致输入方法下的差异。地震动一致输入即在覆盖层底部和侧向截断边界上通过加速度的形式输入由覆盖层地表经反演至覆盖层底部的加速度时程，反演过程中地震波入射角为 0°，底部和侧向截断边界上均设置黏弹性人工边界单元。

对于基岩底部斜入射 P 波而言，即使 P 波以较大角度斜向上入射，根据 Snell 定律可知，透射的 P 波和 SV 波在经过若干土层的过程中入射角度逐渐变小，传播至地表面时，P 波和 SV 波入射角均为小角度。因此，下面分析和讨论顶层土层内 P 波入射角分别为 0°（垂直入射)、12°和 25°(斜入射)时非线性水平成层覆盖层上沥青混凝土心墙坝地震响应。斜入射方式中地震波自坝基上游底部斜向上入射。

5.4.1 加速度反应

1. 覆盖层地基-坝体体系加速度分布

图 5-16～图 5-18 所示分别为覆盖层顶层 P 波入射角为 0°、12°和 25°时覆盖层地基-沥青混凝土心墙坝体系加速度峰值分布，图 5-19 所示为地震动一致输入时体系加速度峰值分布。图 5-16～图 5-18 表明，地震波垂直入射时，覆盖层内相同高程不同位置处加速度峰值差异性小，近似呈现水平条状分布。地震波斜入射时，地震动初至时间、幅值、相位和持时存在差异，导致覆盖层相同高程不同位置处加速度峰值差异性大，并且入射角越大，这种差异性分布更明显。坝体内部呈现出上游堆石区加速度峰值大、下游堆石区加速度峰值小的分布规律，这种分布规律随入射角增大越显著。坝体水平向加速度峰值沿高度逐渐增大，竖向加速度峰值从上、下游侧往坝轴线方向逐渐增大。

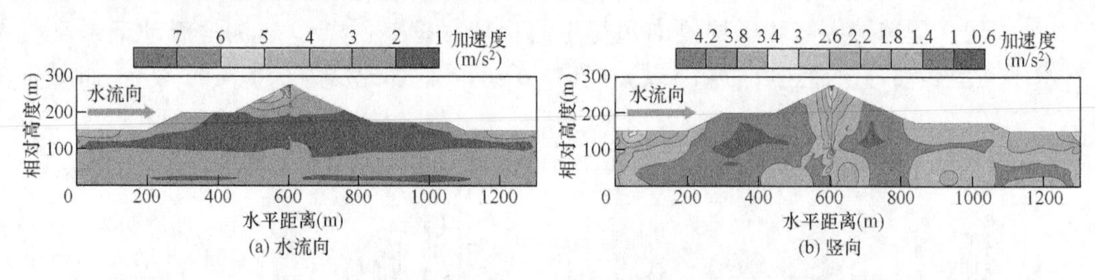

图 5-16 入射角 $\alpha_1=0°$时心墙坝系统加速度峰值分布

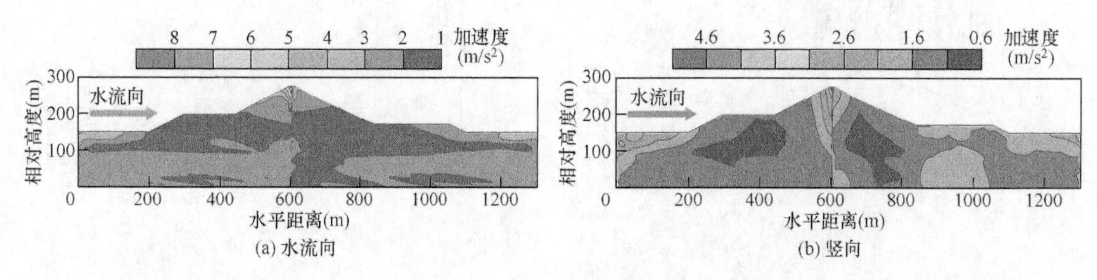

图 5-17 入射角 $\alpha_1=12°$时心墙坝系统加速度峰值分布

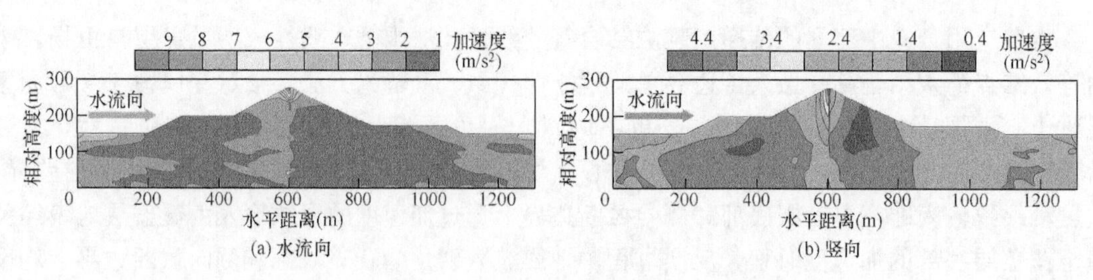

图 5-18 入射角 $\alpha_1=25°$时心墙坝系统加速度峰值分布

图 5-19 表明，与地震动非一致波动输入相比，地震动一致输入下心墙坝上游侧顶部加速度有明显的增加，坝顶水流向和竖向加速度分别增加了 42％和 36％，坝顶鞭梢效应显著。

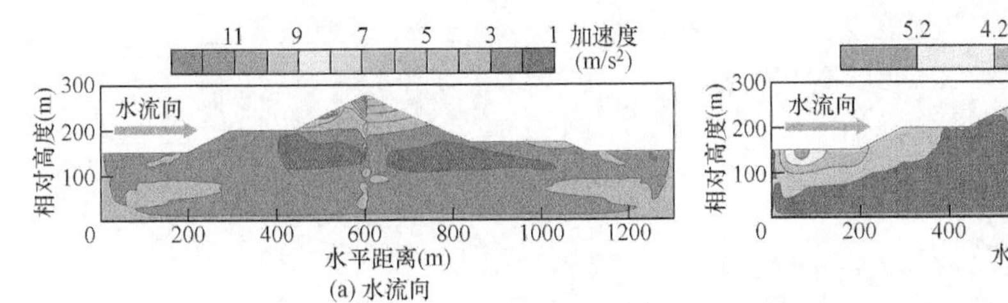

(a) 水流向

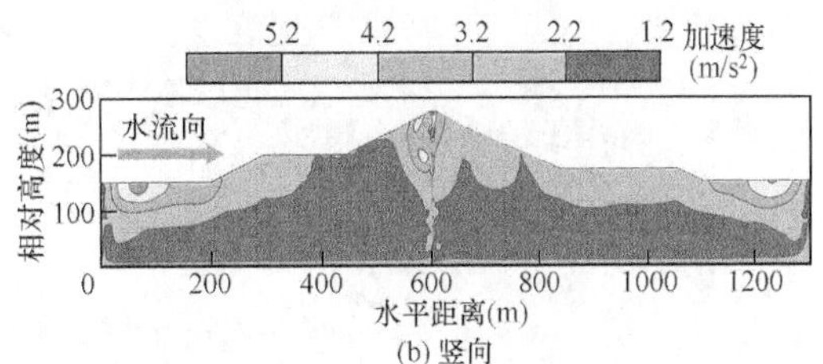

(b) 竖向

图 5-19 地震动一致输入时大坝加速度峰值分布

地震动一致输入下，覆盖层侧向边界输入地震动相同，从底部至地表侧向边界加速度衰减、过滤效应很小，从而输入给体系的能量比非一致波动输入要多，致使体系加速度反应增大。

覆盖层地基-沥青混凝土心墙坝体系加速度峰值呈现出上游侧大、下游侧小的分布规律，由蓄水期上、下游堆石料受到差异性的静水压力荷载引起。蓄水期，上游水位以下堆石料初始围压由浮容重产生，下游堆石料初始围压由天然容重产生，浮容重作用下初始围压小于天然容重下的初始围压，导致地基-坝体体系最大动剪切模量呈现出上游堆石区小、下游堆石区大的分布规律，如图 5-20 所示。地震波向上传播过程中，剪切模量小的上游堆石区吸收更多地震波能量，并且剪切模量大的下游堆石区将地震波散射给剪切模量小的上游堆石区，造成上游堆石区加速度峰值大于下游堆石区。

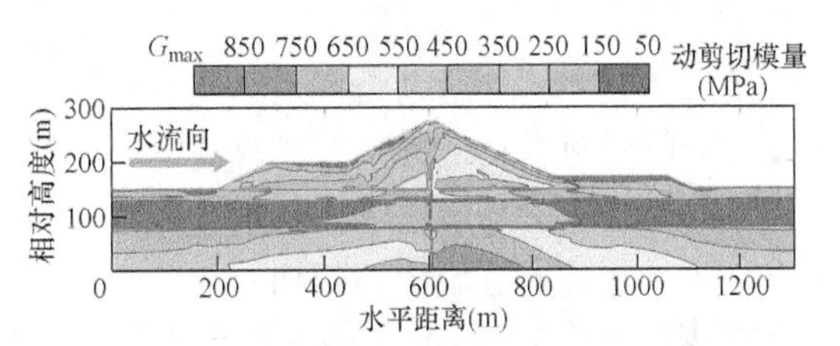

图 5-20 震前覆盖层地基-心墙坝体系最大动剪切模量 G_{max} 分布

由于覆盖层土体具有显著的剪切模量衰减和阻尼耗散效应，覆盖层上沥青混凝土心墙坝坝体地震动放大系数远低于基岩上土石坝放大系数，入射角为 0°时，心墙坝体顶部水流向和竖向地震动放大系数仅为 1.53 和 1.28。入射角增大，心墙坝体顶部地震动放大系数有一定程度的增加。

2. 覆盖层-防渗墙-心墙加速度放大系数

为进一步探究地震波斜入射以及地震动输入方法对覆盖层-防渗墙-心墙坝体系加速度峰值的影响，图 5-21 示出了覆盖层-防渗墙-心墙中部（坝轴线）加速度放大系数沿高度变化。图 5-21 表明，在地震波垂直入射方式下，与覆盖层底部地震动相比，覆盖层区水流向和竖直向加速度放大系数没有明显的变化；随着高度增大，防渗墙区水流向加速度放大系数有减小的趋势，竖直向加速度放大系数变大，这里得到的变化规律与文献［137］是一致的；心墙区水流向和竖直向加速度放大系数沿高度增加而变大。整体上而言，坝轴线位置水流向加速度放大系数沿高度增大先减小后变大，竖直向加速度放大系数沿高度增大而增大。与覆盖层表面控制点地震动相比，建基面以下加速度放大系数小于 1.0，地震动衰减明显，心墙下部地震动加速度峰值同样小于控制点地震动峰值加速度，心墙上部地震动放大。

水流向加速度放大系数随入射角增大而增大，入射角为 25°时，心墙顶部放大系数比垂直入射增加了 12.8％。建基面以下竖直向加速度放大系数小于垂直入射，建基面以上放大系数大于垂直入射，并且随入射角增大而增大，入射角为 25°时，心墙顶部放大系数增加了 25.2％。地震波斜入射，心墙坝上游堆石区吸收更多的地震动能量，导致坝体上半部加速度

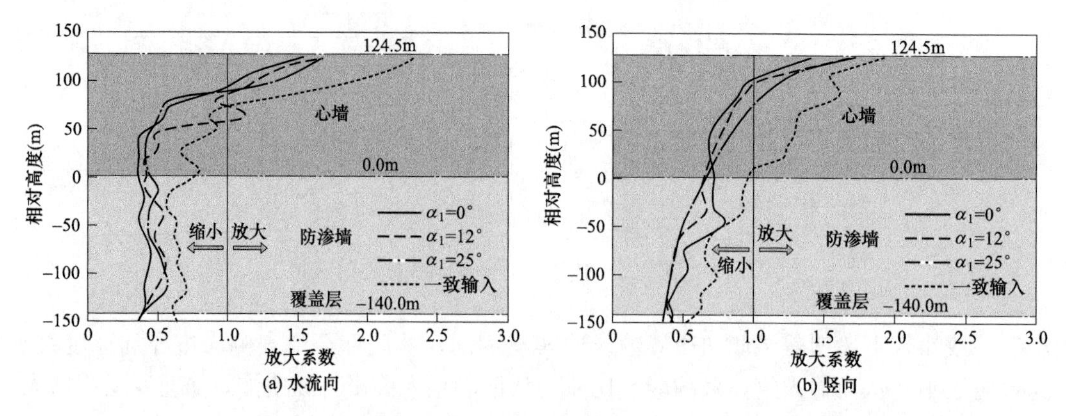

图 5-21 覆盖层-防渗墙-心墙中部（坝轴线）加速度放大系数沿高度变化

有明显的增大；另外原因是入射角越大，上、下游过渡料与心墙之间的水平脱开位移越大，导致心墙顶部地震动放大效应越显著。

与地震动非一致波动输入相比，地震动一致输入下水流向和竖直向加速度放大系数有显著的增加，尤其是心墙顶部鞭梢效应突出，心墙顶部水流向和竖直向加速度放大系数增大幅度分别达 52.3%和 39.8%，因覆盖层侧向边界输入地震动并非真实的自由场，以及侧向边界输入地震动无衰减所致。

图 5-22 所示为所示建基面加速度放大系数沿水平方向分布。图 5-22 表明，地震波垂直入射下建基面水流向和竖向放大系数均小于 1，建基面地震动衰减，放大系数沿水平向呈现出自由表面大、坝体与覆盖层交界面小的分布规律。这种分布规律由覆盖层地基与坝体之间动力相互作用造成：一方面是坝体坐落在覆盖层地基上，改变了坝体下部覆盖层内部土体初始应力状态，相同高程不同位置最大动剪切模量差异显著（见图 5-20），坝体下部覆盖层内最大动剪切模量较上、下游两侧要大，地震波向上传播过程中坝体下部覆盖层发生散射，导致坝体与覆盖层交界面区加速度反应减小；另一方面是坝体堆石料吸收向上透射地震波能量，坝体与覆盖层交界面区加速度反应进一步减小，而在自由表面，地震波发生反射，地震动发生叠加，从而表现为交界面区小、自由表面大分布特征。

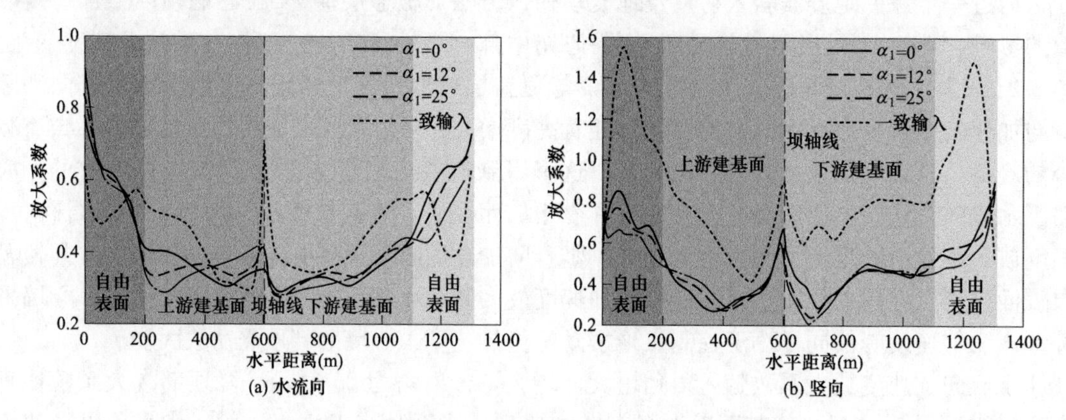

图 5-22 建基面加速度放大系数沿水平方向分布

在坝轴线附近，上游侧建基面地震动放大系数明显大于下游侧建基面，这一点可以从图

5-20 中震前最大动剪切模量分布规律得到解释，上游侧建基面上最大动剪切模量相对较小，土体相对较软，透射的地震波能量更多，引起的地震动反应更大。地震波斜入射时，坝-基交界面加速度放大系数分布差异性更突出，在坝轴线附近上游侧放大系数大于垂直入射，下游侧放大系数小于垂直入射。在坝轴线位置，水平向和竖向放大系数均有从上游侧到下游侧骤降的规律，主要由于考虑心墙与过渡料之间的接触相互作用后，心墙加速度较两侧过渡料有明显的放大所致。

与非一致波动输入相比，一致输入下建基面加速度放大系数有显著的增加，尤其是竖向放大系数，在上、下游自由表面上放大系数超过 1.0，最大达到 1.56，比非一致波动输入增加了 81.3%，偏离控制点地震动较远，因此黏弹性人工边界结合一致输入获得结果偏离实际较远。

5.4.2　坝顶位错与脱开

上、下游过渡料与心墙接触部位是坝体薄弱部位，上、下游过渡料与心墙之间运动不协调，可能引起心墙上部发生开裂以及坝顶路面突起。图 5-23 所示为坝体顶部上游过渡料和

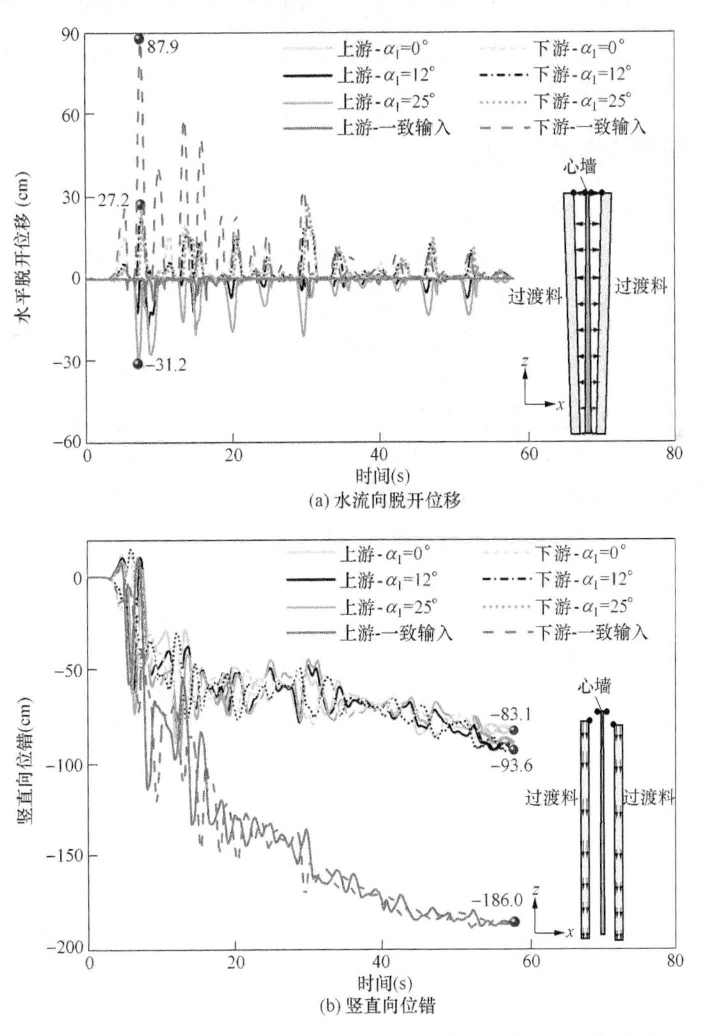

(a) 水流向脱开位移

(b) 竖直向位错

图 5-23　坝体顶部上游过渡料和下游过渡料相对心墙的位移时程

下游过渡料相对心墙的位移时程，正号表示过渡料有向下游的脱开位移和竖直向上的位错，负号表示过渡料有向上游的脱开位移和竖直向下的位错。图 5-23 表明，地震过程中，上游过渡料相对心墙有向上游的水平脱开，下游过渡料相对心墙有向下游的水平脱开，上、下游过渡料与心墙之间的水平脱开随入射角增大而变大，这由地震波斜入射产生的非一致激励引起，这也是心墙加速度峰值随入射角增大而变大的主要原因。非一致波动输入方法中上、下游过渡料与心墙之间的最大脱开位移分别为 31.2cm 和 27.2cm，一致输入方法中下游过渡料与心墙之间的脱开位移显著增大，最大脱开位移为 87.9cm，比非一致波动输入增加了 2.23 倍。地震结束后，水平向脱开恢复，即上、下游过渡料与心墙重新靠拢。

竖直方向上，上、下游过渡料相对心墙均有竖直向下的位错，相同入射角上、下游最大位错没有明显的差别。地震波斜入射下竖直位错较垂直入射大，入射角为 12°时，竖直最大位错为 93.6cm，比垂直入射增加了 12.6%。一致输入方法下竖直位错有显著的增大，最大竖直位错达 186.0cm，比非一致输入增加了 1.23 倍。地震结束后，竖向位错不恢复。

地震过程中某些瞬时时刻，沥青混凝土心墙与上、下游过渡料之间是脱开的，心墙没有受到两侧过渡料的裹持作用，薄弱心墙鞭梢效应比较明显，产生较大的动态变形，心墙应力超过抗拉强度后可能发生开裂。竖向不可恢复的位错会引起坝顶路面发生不均匀变形，从而导致路面开裂，坝顶防浪墙破坏。

5.4.3 心墙应力和防渗墙损伤

1. 心墙大主应力和小主应力

图 5-24 所示为沥青混凝土心墙大主应力和小主应力极值沿坝高分布，应力正负号规定与第 4 章相同，正值表示心墙受拉，负值表示心墙受压。图 5-24 表明，大主应力最大值出现在心墙底部，大主应力极值沿坝高增加而逐渐减小。心墙下部小主应力极值为负值，上部小主应力极值为正值，表明地震过程中心墙下部以受压为主，心墙上部在某些时刻受拉，最大拉应力出现在高度为 90m 左右的位置。由于心墙与上、下游过渡料之间的水平向脱开位移随入射角增加而增大，导致心墙自身动态变形增大，致使最大拉应力随入射角增加而增大。入射角为 0°、12°和 25°，最大拉应力分别为 0.54MPa、0.65MPa 和 0.71MPa，与入射角为 0°相比，入射角为 25°最大拉应力增大了 31.5%。与非一致波动输入相比，一致输入下心墙上部拉应力有较大幅度的增加，1/6 坝高以上心墙受到拉伸，最大拉应力为 1.28MPa，比非一致波动输入增加了 1.37 倍，可能会超过沥青混凝土拉伸强度。

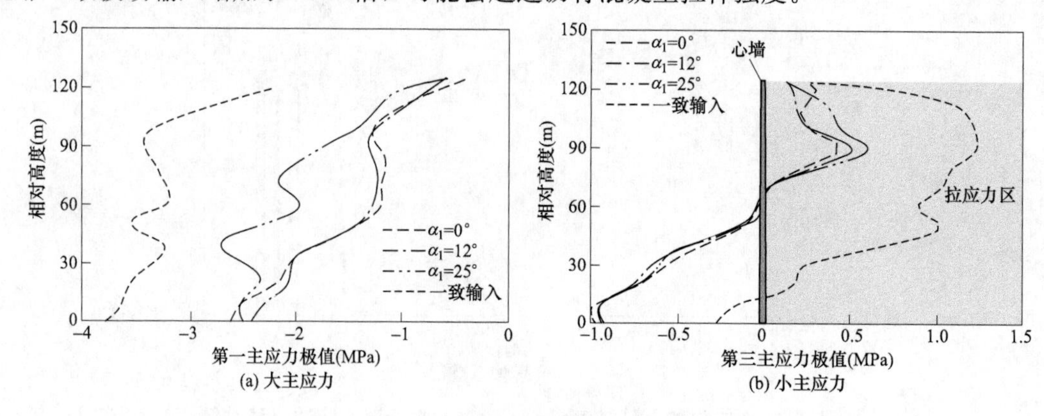

图 5-24　心墙主应力沿坝高分布

依据第 4 章中心墙拉伸安全性评价方法评判心墙单元是否发生拉伸破坏。比较心墙单元瞬时小主应变速率对应的瞬时动态抗拉强度和小主应力，地震过程中，小主应力均小于抗拉强度，非一致波动输入下沥青混凝土心墙不会发生拉伸破坏。而地震动一致输入下在 70.0～110.0m 区域内，心墙会发生拉伸破坏。

2. 防渗墙损伤

覆盖层最顶层土层中 P 波以不同角度入射，覆盖层中悬挂式混凝土防渗墙损伤程度差异性不大，图 5-25 所示为地震波垂直入射下防渗墙底部、中部和顶部损伤因子变化时程曲线。图 5-25 表明，混凝土防渗墙主要以拉伸损伤为主，防渗墙中上部拉伸损伤程度严重，仅出现轻微的压缩损伤。在 5s 左右，即地震动位移幅值达到最大值时刻，拉伸损伤因子瞬间增大，表明防渗墙可能在瞬间发生拉伸开裂，防渗墙开裂大大减弱覆盖层中防渗体系的效果，应该重视防渗墙中上部应力变形。

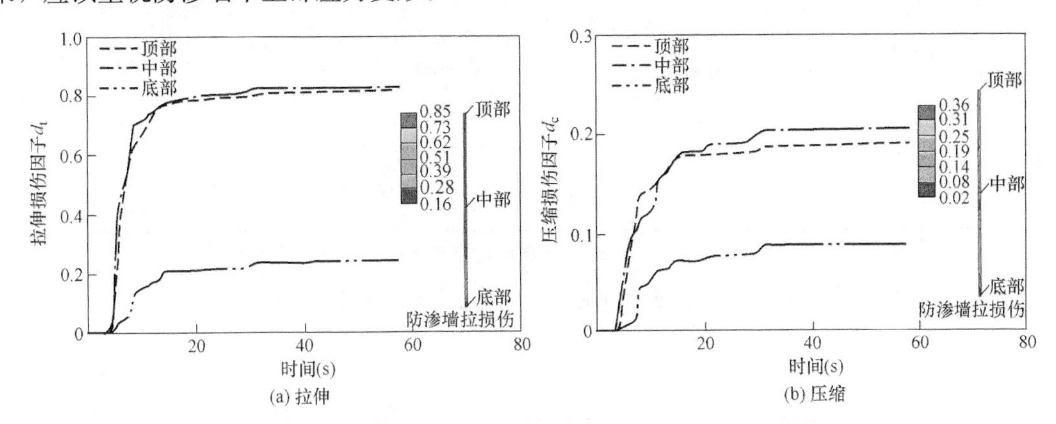

图 5-25　防渗墙底部、中部和顶部损伤因子变化时程曲线

5.4.4　坝体竖向震陷

坝体竖向震陷是大坝抗震安全评价的重要指标，可为大坝抗震设计提供依据。图 5-26 为垂直入射非一致波动输入下覆盖层-沥青混凝土心墙坝竖向震陷，负值表示竖直向下的沉降。图 5-26 表明，相比基岩上沥青混凝土心墙坝，深厚覆盖层上沥青混凝土心墙坝竖向震陷较大，最大竖向震陷为 1.45m，震陷率达到 1.16%，主要受软弱覆盖层地基的动力非线性特性和较强地震动作用的影响。坝体竖向震陷有一部分由覆盖层地基震陷贡献，覆盖层表面竖向震陷沿水平方向分布不均，竖向震陷在 0.3～0.7m 范围内。

图 5-27 所示为一致输入下覆盖层-沥青混凝土心墙坝竖向震陷分布。图 5-27 表明，与非一致波动输入相比，坝体竖向震陷增大，坝顶最大竖向震陷为 1.70m，增大了 17.2%，因此，一致输入方法高估心墙坝的竖向震陷。一致输入方法下，覆盖层竖向震陷对坝体竖向震陷的影响更大，覆盖层表面竖向震陷最大值达 0.90m。

坝体上游侧竖向震陷大于下游侧，主要原因是坝体上游堆石料最大动剪切模量小于下游侧，上游堆石料吸收地震动能量多于下游堆石料，导致上游侧动剪应变比下游侧大，根据式（4-1）和式（4-2）可推断出上游侧堆石体震陷较大。另外，沥青混凝土和上、下游两侧堆石料的力学参数存在较大的差异，导致上、下游侧堆石料的竖向震陷更大，心墙顶部裸

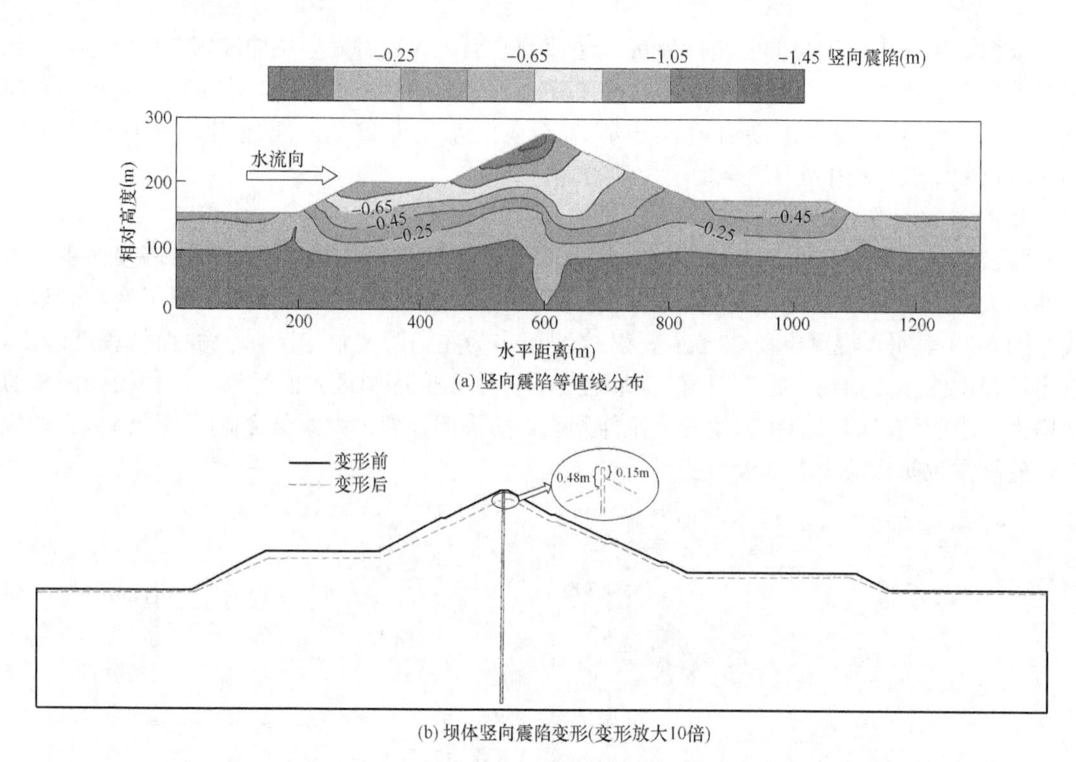

图 5-26　垂直入射非一致波动输入下覆盖层-沥青混凝土心墙坝竖向震陷

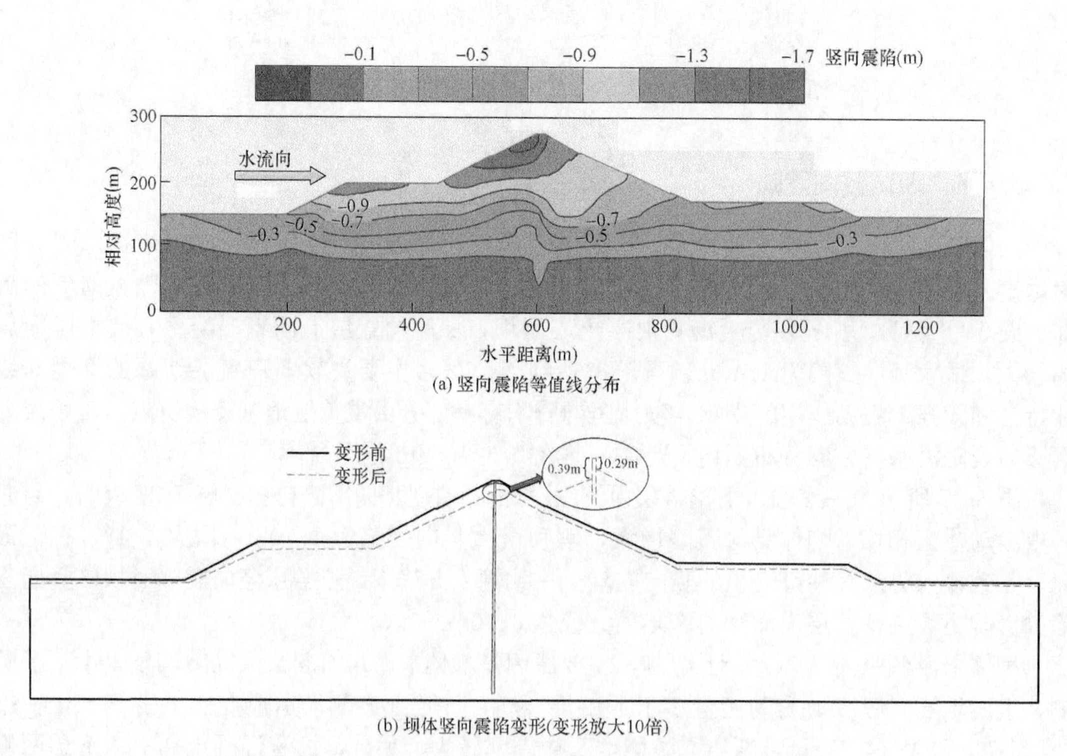

图 5-27　一致输入下覆盖层-沥青混凝土心墙坝竖向震陷

露。在垂直入射非一致波动输入下心墙顶竖向震陷在 0.97m 左右，上游侧堆石料相对心墙有 0.48m 的沉降差，下游侧堆石料相对心墙有 0.15m 的沉降差。

不同入射角下坝体竖向震陷分布规律类似，但地震波斜入射下坝体竖向震陷稍大。表 5-4 所示为地震波不同入射角下坝体最大竖向震陷。表 5-4 表明，与垂直入射非一致波动输入相比，地震波入射角度为 12°和 25°时，最大震陷分别增加 6.5%和 8.7%。虽然增加幅度在 10%以内，但坝体竖向震陷绝对值较大，比垂直入射最大震陷分别增加了 0.1m 和 0.13m，因此地震波斜入射对覆盖层上沥青混凝土心墙坝地震响应不容忽视。地震动一致输入高估深厚覆盖层上沥青混凝土心墙坝的震陷接近 20%。

表 5-4　　地震波不同入射角下坝体最大竖向震陷

入射角（°）	地震动输入方法	竖向震陷（m）	增幅（%）
0	非一致波动输入	1.45	—
	一致输入	1.70	17.2
12	非一致波动输入	1.55	6.5
25	非一致波动输入	1.58	8.7

5.5 本章小结

本章探讨了地震波垂直入射下覆盖层地基侧向采用不同边界条件时覆盖层-心墙坝加速度计算精度，分析了覆盖层底部不同输入地震动确定方法对覆盖层-心墙坝体系加速度的影响，探究了基岩-覆盖层分层面透射放大效应影响因素对体系加速度的影响。揭示了地震波斜入射下深厚覆盖层与沥青混凝土心墙坝动力相互作用机制，分析了不同入射角度下上、下游过渡料与心墙之间的竖直位错和水平脱开、心墙应力和防渗墙损伤和坝体地震残余变形等响应特性。获得以下几点结论。

（1）与近似精确解相比，覆盖层侧向边界自由、固定，以及黏弹性边界结合等效地震惯性力的一致输入方法获得的加速度误差较大，最大误差分别达 60%、45%和 91%，3.5 建立的非线性波动输入法最大误差仅为 7%，计算精度高，节约计算规模，建立的非线性波动输入方法精度高并且效率高。

（2）覆盖层底部存在软弱土层时，软弱土层阻尼耗能能力显著增强，覆盖层-心墙坝体系加速度反应减弱；覆盖层土体泊松比变大，覆盖层-心墙坝体系竖向加速度先变大后减小；覆盖层下卧基岩弹性模量增大，覆盖层-心墙坝体系水平和竖向加速度均有不同程度增加。

（3）深厚覆盖层上坝体峰值加速度呈现出上游堆石区大于下游堆石区的分布规律，入射角增大，这种分布规律越显著。与覆盖层表面控制点地震动相比，覆盖层与心墙坝交界面处地震动衰减明显，覆盖层表面地震动分布呈现出坝-基交界面小，上、下游自由表面大的特征。坝体上部地震动被放大，放大效应随入射角增大而增大，尤其是心墙顶部放大效应突出。

（4）地震过程中，上游过渡料相对心墙有向上游的脱开和竖直向下的位错，下游过渡料相对心墙有向下游的脱开和竖直向下的位错。由于上、下游过渡料相对心墙的水平脱开随入射角增加而增大，心墙两侧的约束越来越弱，造成心墙放大效应逐渐变大。一致输入下水平脱开和竖直位错显著增大，最大水平脱开和竖直位错比非一致波动输入增加了 2.23 倍和 1.23 倍。

（5）在地震动峰值加速度为 0.53g 的强震作用下，非一致波动输入下心墙不会发生拉伸破坏，但在一致输入下心墙在 70.0～110.0m 区域内，心墙会发生拉伸破坏。覆盖层中混凝土防渗墙以拉损伤为主，尤其是防渗墙上部损伤程度严重。

（6）在地震动峰值加速度为 0.53g 的强震作用下覆盖层建基面发生较大的不均匀沉降，造成坝体震陷较大，并且坝体上游堆石区震陷大于下游堆石区，垂直入射非一致波动输入下坝体震陷率达到 1.16%，地震波斜入射下坝体震陷率有所增加。与非一致波动输入相比，一致输入高估坝体震陷接近 20%。

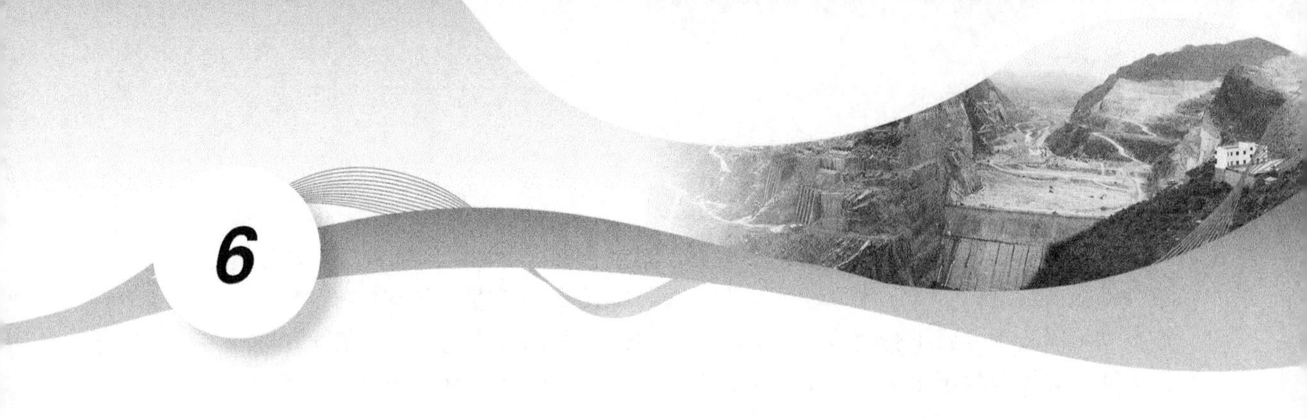

结 论 与 展 望

6.1 主 要 结 论

沥青混凝土心墙土石坝结构跨度大以及在不规则地形和深厚覆盖层等因素的综合影响下，坝址场地地震动空间非一致性不容忽视。空间非一致地震动增强地基-大坝动力相互作用，增大坝体和心墙地震响应的差异性，激增心墙内部应力，容易引起心墙发生拉伸破坏，加重坝体的破坏程度。本书从影响空间非一致地震动的因素出发，构建不同类型地震波、不同入射方式和不同场地条件下非一致自由场，进而建立不同波型、不同入射方式和适用于不同场地条件的非一致波动输入方法，开展空间非一致波动输入下基岩地基上和深厚覆盖层地基上沥青混凝土心墙土石坝响应特性研究，为西部强震区沥青混凝土心墙土石坝抗震设计和安全评价提供理论基础。本文主要研究结论如下。

(1) 构建了P波、SV波和SH波空间斜入射下弹性半空间非一致自由场。数值计算中不规则河谷非一致自由场求解只需输入弹性半空间自由场，弹性半空间自由场是不规则河谷场地地震动输入的前提。与垂直入射相比，P波、SV波和SH波空间三维斜入射下平坦地表某一方向自由场强度不再是入射波强度的2倍，而是三个方向地震动强度成比例关系，这一比例关系随入射方向与水流向夹角以及与地表法线的夹角变化，SV波入射下自由场强度最大可达到入射波强度的3.5倍。

(2) 构建了P波、SV波二维组合斜入射以及P波、SV波和SH波三维组合斜入射下弹性半空间非一致自由场。基于两向地震动的斜入射波反演不能考虑三向地震动作用，基于三向地震动的斜入射波反演方法考虑了三向地震动作用，考虑了地震波入射方向任意性，能够更全面反映场地可能出现的地震动场情况。地震动一维和二维反演相对三维反演的相对偏差主要受入射方位角和斜入射角以及介质泊松比的影响，入射方位角在0°～60°且斜入射角在40°～90°相交区域内，一维反演偏差较大，最大偏差为55.8%，二维反演整体偏差较大，因此有必要开展基岩中组合斜入射波三维时域反演研究。

(3) 提出了覆盖层底部输入地震动确定方法，数值和解析求解了地震波垂直入射和斜入射下非线性覆盖层自由场。确定覆盖层底部输入地震动需要考虑基岩-覆盖层分层面透射放大效应，剪切箱数值模型能够高效准确地获得地震波垂直入射下非线性覆盖层自由场，传递矩阵法结合等效线性化法适用于解析求解地震波斜入射下非线覆盖层自由场，不仅能够依据土体内部地震动正演覆盖层自由场，也能基于地表地震动反演覆盖层自由场。解决了地震波斜入射下非线性覆盖层自由场无法解析求解的难题，避免了覆盖层侧向计算规模过大的问题。

（4）建立了单波空间斜入射和多种类型波组合斜入射下以及适用于不同场地条件的非一致波动输入方法。推导了不同波型和不同入射方式下人工边界上等效结点荷载，建立了不同波型和不同入射方式下弹性地基的波动输入方法，通过盒状地基验证了建立的非一致波动输入方法正确性。发展了弹簧和阻尼系数随土体动剪切模量实时动态变化的等效黏弹性人工边界单元，结合剪切箱数值模型获得的自由场，以及传递矩阵法结合等效线性化方法求解的自由场，分别建立了适用于地震波垂直入射和地震波斜入射下非线性覆盖层地基的波动输入方法，通过非线性成层地基验证了非线性波动输入方法的正确性。

（5）研究了P波、SV波和SH波空间斜入射下河谷和沥青混凝土心墙坝加速度响应。P波和SV波入射方向与水流向斜交或垂直，河谷表面地震动呈现出迎波侧大、背波侧小的差异性分布，入射方向越偏向坝轴线方向、与地表法线夹角越大，这种差异性分布越显著。SH波斜入射下河谷表面地震动关于中心线对称，分布特征与入射方位无关。P波和SV波入射方向与水流向斜交或垂直，加速度最大值偏离心墙顶中心，出现位置取决于地震波入射方向与河谷迎波侧坡度的关系。相同入射地震动强度下，SV波引起的心墙加速度最大值比P波要大，其中水流向增大最明显，比P波增加了1.38倍。

（6）揭示了P波、SV波和SH波空间斜入射下心墙内部应力激增的机理，以单元抗震安全系数评价了坝体局部稳定性。P波、SV波空间斜入射坝轴向非协调运动是引起心墙发生压缩和拉伸的主要原因，入射方向与坝轴向一致且入射角越大，主应力越大，与垂直入射相比，P波、SV波和SH波引起的拉应力最大值增加幅度可达4.0倍、14.2倍和2.8倍，心墙背波侧更容易发生拉伸破坏。坝体上游坝坡1/5坝高至坝顶区域表层单元容易发生动剪切破坏，当P波和SV波入射方向与水流向平行，SH波入射方向与坝轴向平行时，发生剪切破坏深度最深，需在上游坝坡1/5坝高至坝顶区域一定深部采取加固措施。

（7）研究了P波和SV波二维组合斜入射以及P波、SV波和SH波三维组合斜入射下坝体心墙地震响应特性。基于相同设计地震动反演的P波和SV波组合斜入射下心墙加速度和拉应力区比P波和SV波组合垂直入射要大，初步认为沥青混凝土心墙坝抗震设计和安全评价中可以采用距坝轴线2.0km以内平坦基岩地表地震动。与P波、SV波和SH波组合垂直入射相比，基于三向设计地震动三维反演的P波、SV波和SH波组合斜入射下河谷表面地震动空间差异性更大，并且具有任意性，提出的地震动三维反演方法更全面地反映设计地震动下坝址地震动场情况；P波、SV波和SH波三维组合斜入下心墙拉应力区扩大、拉应力更大，坝体竖向震陷更大，心墙拉应力比一维和二维反演分别增加20.0%和83.3%。

（8）研究了P波和SV波组合垂直入射下深厚覆盖层上沥青混凝土心墙土石坝地震响应。覆盖层侧向边界自由、固定和黏弹性边界结合一致地震动输入方法获得的加速度误差较大，最大误差分别达60%、45%和91%，本书建立的非线性波动输入法最大误差仅为7%，计算精度高，效率高。覆盖层底部存在软弱土层时，覆盖层-心墙坝体系加速度反应减小。覆盖层下卧基岩弹性模量增大，覆盖层-心墙坝体系加速度有不同程度增加。

（9）揭示了深厚覆盖层地基与沥青混凝土心墙坝动力相互作用机制。心墙坝加速度峰值呈现出上游堆石区大于下游堆石区的分布特征，入射角增大，这种分布规律越显著。在深厚覆盖层-沥青混凝土心墙坝动力相互作用的影响下坝-基交界面处地震动衰减现象显著：一方面由坝体自重改变了下部覆盖层初始应力状态，导致下部覆盖层内发生地震波散射，交界面处地震动减小；另一方面是上部坝体堆石吸收了向上传播的地震波能量，导致交界面处地震动进一步减小。坝体上部地震动被放大，放大效应随入射角增大而增大，尤其是心墙顶部放大效应。

（10）分析了非一致波动输入和一致输入下心墙坝地震响应差异。地震过程中，上、下游过渡料相对心墙分别有向上游和向下游的脱开，以及竖直向下的位错，水平脱开随入射角增加而增大，从而造成心墙的放大效应变大，一致输入下最大水平脱开和竖直位错比非一致波动输入增加了2.23倍和1.23倍。非一致波动输入下心墙不会发生拉伸破坏，一致输入下心墙在70.0～110.0m区域内，心墙会发生拉伸破坏。覆盖层表面发生较大的不均匀沉降，造成坝体震陷较大，并且上游堆石区震陷大于下游堆石区，垂直入射非一致波动输入下坝体震陷率为1.16%，地震波斜入射下坝体震陷率有所增加。与非一致波动输入相比，一致输入高估坝体震陷接近20%。

6.2 展　　望

坝址场地地震动空间差异性是个非常复杂的问题，作者主要从地震波波型和入射方式以及覆盖层地质条件等方面描述空间差异性地震动场，但影响场地地震动场的因素远不止这些。另外，沥青混凝土心墙土石坝响应分析中认为沥青混凝土力学行为和岩土类似，没有考虑环境温度和荷载应变速率对沥青混凝土力学参数的影响。由于问题的复杂性和理论的局限性，本书研究仍有不足，作者认为在场地空间差异性地震动场的描述以及沥青混凝土心墙力学特性准确模拟方面还需进一步探索和研究。

（1）在西部强震区很多活跃断层距已建坝址和拟建坝址场地距离较近，坝址场地范围尺度相对震源影响范围尺度较大，不适合将坝址场地内地震波考虑为平面体波，即失去了地震波波阵面平面特性，需要考虑波阵面的曲面特性，从而构建近断层区域坝址场地空间差异性地震动场。在坝址场地影响范围内，地质条件非常复杂，往往存在裂隙、断层等不良地质条件，这些不良地质条件影响场地自由场，因此需要发展考虑裂隙、断层等不良地质条件的自由场数值模拟方法，从而更为精确模拟大坝地震响应。

（2）当前大多采用土的本构模型体系描述水工沥青混凝土的力学行为，但是水工沥青混凝土与土的性质是有较大区别的，水工沥青混凝土对温度十分敏感，在不同温度环境下，其力学性能差别很大，水工沥青混凝土在低温时表现为近似弹性性能，常温时表现为黏弹性性能，而在温度进一步升高时表现出牛顿流体性能。另外，强震作用下应变速率同样对水工沥青混凝土的力学特性有显著的影响，应变速率越高，沥青混凝土弹性模量、拉伸和压缩强度越大，峰值应变减小。因此，沥青混凝土心墙土石坝地震响应计算中亟须开发能够反映随温度和应变速率变化的沥青混凝土本构模型。

参 考 文 献

[1] 张博庭．如何兑现减排承诺：我国首次实现碳达峰的启示［J］．水电与新能源，2021，35（03）：1-6．

[2] 张博庭．水电是100％可再生能源的必要条件［J］．能源，2020，5（09）：34-40．

[3] 李菊根．水力发电实用手册［M］．北京：中国电力出版社，2014．

[4] International Commission on Large Dams (ICOLD). Bituminous cores for fill dams (Bulletin 84) [R]. Paris: ICOLD, 1992.

[5] Wang WB, Höeg K. Simplified material model for analysis of asphalt core in embankment dams [J]. Construction Building and Materials, 2016, 124: 199-207.

[6] Wang WB, Feng S, Zhang YB. Investigation of interface between asphalt core and gravel transition zone in embankment dams [J]. Construction Building and Materials, 2018, 185: 148-155.

[7] 陈厚群，侯顺载，王均．拱坝自由场地震输入和反应［J］．地震工程和工程振动，1990，10（2）：53-64．

[8] Zerva A. Spatial variation of seismic ground motions: modeling and engineering applications [M]. Boca Raton, Florida: Crc. Press, 2009.

[9] 潘旦光，楼梦麟，范立础．多点输入下大跨度结构地震反应分析研究现状［J］．同济大学学报，2001，29（10）：1213-1219．

[10] National Research Institute for Earth Science and Disaster Prevention website. Retrieved 1 Jan 2015, from http://www.kyoshin.bosai.go.jp/kyoshin/quake/index_en.html.

[11] Yao Y, Wang R, Liu TY, et al. Seismic response of high concrete face rockfill dams subjected to non-uniform input motion [J]. Acta Geotechnica, 2019, 14 (01): 83-100.

[12] Zhang JM, Yang ZY, Gao XZ, et al. Geotechnical aspects and seismic damage of the 156-m-high Zipingpu concrete-faced rockfill dam following the Ms 8.0 Wenchuan earthquake [J]. Soil Dynamics and Earthquake Engineering, 2015, 76 (SI): 145-156.

[13] Zerva A, Zervas V. Spatial variation of seismic ground motions: An overview [J]. Applied Mechanics reviews, 2002, 55 (03): 271-297.

[14] Bradley BA, Cubrinovski M. Near-source strong ground motions observed in the 22 February 2011 Christchurch earthquake [J]. Bulltein of the New Zealand Society for Earthquake Engineering, 2011, 44 (04): 181-194.

[15] Zhang YH, Li QS, Lin JH. Random vibration analysis of long-span structures subjects to spatially varying ground motion [J]. Soil Dynamics and Earthquake Engineering, 2009, 29 (04): 620-629.

[16] 金星，廖振鹏．地震动随机场的物理模拟［J］．地震学报，1994，14（03）：11-19．

[17] Motazedian Dariush, Atkinson Gail M. Stochastic finite-fault modeling based on a dynamic corner frequency [J]. Bulletin of the Seismological Society of America, 2005, 95 (3): 995-1010.

[18] 张翠然，陈厚群，李敏．采用随机有限断层法生成最大可信地震［J］．水利学报，2011，42（06）：721-728．

[19] 张翠然，俞言祥，陈厚群，等．沙牌坝址的最大可信地震研究［J］．水利学报，2015，46（04）：471-479．

[20] Ghasemi Hadi, Fukushima Yoshimitsu, Koketsu Kazuki, et al. Ground-motion simulation for the 2008 Wenchuan, China, Earthquake using the stochastic finite-fault method [J]. Bulletin of the

Seismological Society of America，2010，100（5B）：2476-2490.

［21］Hao H，Olivera CS，Penzien J. Multiple-station ground motion processing and simulation based on smart-1 array data［J］. Nuclear Engineering and Design，1989，111（3）：293-310.

［22］Loh CH. Analysis of the spatial variation of seismic waves and ground movements from smart-1 array data［J］. Earthquake Engineering and Structural Dynamics，1985，13（5）：561-581.

［23］Harichandran RS，Vanmarcke EH. Stochastic variation of earthquake ground motion in space and time［J］. Journal of Engineering Mechanics，1986，112（2）：154-174.

［24］Loh CH，Yeh YT. Spatial variation and stochastic modelling of seismic differential ground movement［J］. Earthquake Engineering and Structural Dynamics，1988，16（4）：583-596.

［25］屈铁军，王君杰，王前信．空间变化地震动的地震动功率谱的实用模型［J］. 地震学报，1996，18（01）：55-62.

［26］冯启民，胡聿贤．空间相关地面运动的数学模型［J］. 地震工程与工程振动，1981，1（2）：1-8.

［27］Shrestha B，Hao H，Bi K. Effects of ground motion spatial variation and SSI on the response of multiple-frame bridges with unseating restrainers［C］. Proceedings of the Tenth Pacific Conference on Earthquake Engineering Building an Earthquake-Resilient Pacific. Sydney，Australia，2015.

［28］俞瑞芳，王少卿，余言祥．地震动空间变化随机描述及相干函数模型研究进展［J］. 地球与行星物理论评，2021，52（01）：194-204.

［29］Dibaj M，Penzien J. Nonlinear seismic response of earth structures，Report No. EERC-69-2［R］. Berkeley：University of California，1969.

［30］沈珠江．砂土动力液化变形的有效应力分析方法［J］. 水利水运科学研究，1982，（04）：22-32.

［31］赵文光，谭宗权．非均匀地震输入下的拱坝动力反应［J］. 水电站设计，1993，9（04）：43-49.

［32］Deeks AJ，Randolph MF. Axisymmetric time-domain transmitting boundaries［J］. Journal of Engineering Mechanics，1994，120（1）：25-42.

［33］Liu JB，Du YX，Du XL，et al. 3D viscous-spring artificial boundary in time domain［J］. Earthquake Engineering and Engineering Vibration，2006，5（1）：93-102.

［34］杜修力，赵密，王进廷．近场波动模拟的人工应力边界条件［J］. 力学学报，2006，38（1）：49-56.

［35］杜修力，赵密．基于黏弹性边界的拱坝地震反应分析方法［J］. 水利学报，2006，37（09）：1063-1069.

［36］Zhang CH，Pan JW，Wang JT. Influence of seismic input mechanisms and radiation damping on arch dam response［J］. Soil Dynamics and Earthquake Engineering，2009，29（09）：1282-1293.

［37］Chen HQ，Li DY，Guo SS. Damage-rupture process of concrete dams under strong earthquakes［J］. International Journal of Structural Stability and Dynamics，2014，14（7）：1450021.

［38］刘云贺，张伯艳，陈厚群．拱坝地震输入模型中黏弹性边界与黏性边界的比较［J］. 水利学报，2006，37（06）：758-763.

［39］Xu Qiang，Chen Jianyun，Li Jing，et al. Influence of seismic input on response of Baihetan arch dam［J］. Journal of Central South University，2014，21（06）：2437-3443.

［40］Wang JT，Zhang XM，Jin AY，et al. Seismic fragility of arch dams based on damage analysis［J］. Soil Dynamics and Earthquake Engineering，2018，109：58-68.

［41］Guo SS，Liang H，Wu S，et al. Seismic damage investigation of arch dams under different water levels based on massively parallel computation［J］. Soil Dynamics and Earthquake Engineering，2020，129：105917.

［42］李金友，成卫忠，李同春．基于三维黏弹性边界的混凝土重力坝抗震性能分析［J］. 水利水电技术，2018，49（10）：59-66.

[43] 李明超，张佳文，张梦溪，等．地震波斜入射下混凝土重力坝的塑性损伤响应分析 [J]. 水利学报，2019，50 (11)：1236-1339.

[44] Zhang JW，Zhang MX，Li MC，et al. Nonlinear dynamic response of a CC-RCC combined dam structure under oblique incidence of near-fault ground motions [J]. Applied Sciences，2020，10 (3)：885.

[45] 翟亚飞，张燎军，崔丙会，等．脉冲型地震作用下重力坝整体损伤破坏研究 [J]. 水力发电学报，2021，40 (08)：132-140.

[46] 邹德高，徐斌，孔宪京．边界条件对土石坝地震反应的影响 [J]. 岩土力学，2008，29 (Supp. 1)：101-106.

[47] 岑威钧，袁丽娜，袁翠平，等．地震波斜入射对高面板坝地震反应的影响 [J]. 地震工程学报，2015，37 (04)：926-932.

[48] 孔宪京，周晨光，邹德高，等．高土石坝-地基动力相互作用的影响研究 [J]. 水利学报，2019，50 (12)：1417-1432.

[49] 魏匡民，陈生水，李国英，等．地震动波动输入方法在高土石坝动力分析中的应用研究 [J]. 三峡大学学报（自然科学版），2019，41 (01)：17-23.

[50] Løkke A，Chopra A K. Direct finite element method for nonlinear analysis of semi-unbounded dam-water-foundation rock systems [J]. Earthquake Engineering and Structural Dynamics，2017，46 (8)：1267-1285.

[51] Lokke A，Chopra A K. Direct finite element method for nonlinear earthquake analysis of concrete dams：Simplification，modeling，and practical application [J]. Earthquake Engineering and Structural Dynamics，2019，48 (7)：818-842.

[52] 吴兆营．倾斜入射条件下土石坝最不利地震动输入研究 [D]. 哈尔滨：中国地震局工程力学研究所，2007.

[53] 徐海滨，杜修力，赵密，等．地震波斜入射对高拱坝地震反应的影响 [J]. 水力发电学报，2011，30 (6)：159-165.

[54] 杜修力，徐海滨，赵密．SV 波斜入射下高拱坝地震反应分析 [J]. 水力发电学报，2015，34 (4)：139-145.

[55] Sun Benbo，Deng Mingjiang，Zhang Sherong，et al. Inelastic dynamic analysis and damage assessment of a hydraulic arched tunnel under near-fault SV waves with arbitrary incoming angles [J]. Tunnelling and Underground Space Technology，2020，104：103523.

[56] Zhang Jiawen，Li Mingchao，Han Shuai，et al. Estimation of seismic wave incident angle using vibration response data and stacking ensemble algorithm [J]. Computers and Geotechnics，2021，137：104255.

[57] Jin Xing，Liao Zhenpeng. Statistical research on S-wave incident angle [J]. Earthquake Research in China，1994，8 (1)：121-131.

[58] Takahiro S. Estimation of earthquake motion incident angle at rock site [C]，Proceedings of 12th world conference earthquake engineering. New Zealand，2002.

[59] 刘新佳，徐艳杰，金峰，等．地震非均匀自由场输入下的拱坝非线性反应分析 [J]. 清华大学学报，2003，43 (11)：1567-1571.

[60] Liu Xinji，Xu Yanji，Wang Guanglun，et al. Seismic response of arch dams considering infinite radiation damping and joint opening effects [J]. Earthquake Engineering and Engineering Vibration，2002，1 (1)：65-73.

[61] 苑举卫，杜成斌，刘志明．基于设计地震动的地震波斜入射波动输入研究 [J]. 四川大学学报（工程

科学版)，2010，42 (05)：250-255.
[62] 何卫平，何蕴龙．基于两向设计地震动的二维自由场构建 [J]. 工程力学，2015，32 (2)：31-36.
[63] Cen WJ，Du XH，Li DJ，et al. Oblique incidence of seismic wave reflecting two components of design ground motion [J]. Shock and Vibration，2018，2018：4127031.
[64] 王飞，宋志强，刘云贺，等．基于设计地震动的斜入射波时程确定方法对土石坝地震响应的影响 [J]. 振动与冲击，2021，40 (19)：80-88.
[65] Wang F，Song ZQ，Liu YH，et al. Construction of the spatially varying ground motion field of a bedrock-overburden layer site and its influence on the seismic response of earth-rock dams [J]. Arabian Journal of Geosciences，2021，14 (18)：1-20.
[66] Harding BO，Drnevich VP. Shear modulus and damping in soils：design equations and curves [J]. Journal of the Soil Mechanics and Foundations Division，1972，98 (7)：667-692.
[67] 楼梦麟，潘旦光，范立础．土层地震反应分析中侧向人工边界的影响 [J]. 同济大学学报 (自然科学版)，2003，31 (07)：757-761.
[68] 杨正权，赵剑明，刘小生，等．超深厚覆盖层上土石坝动力分析边界处理方法研究 [J]. 土木工程学报，2016，49 (S2)：138-143.
[69] Mojtahedi S，Fenves GL. Response of a concrete arch dam in the 1994 Northridge，California earthquake [C]. Proceedings of the 11th World Conference on Earthquake Engineering，Mexico，1996.
[70] Alves SW，Hall JF. Generation of spatially nonuniform ground motion for nonlinear analysis of a concrete arch dam [J]. Earthquake Engineering and Structure Dynamics，2006，35 (11)：1339-1357.
[71] Chopra AK，Wang JT. Earthquake response of arch dams to spatially varying ground motion [J]. Earthquake Engineering and Structure Dynamics，2010，39 (8)：887-906.
[72] Wang JT，Lv DD，Jin F，et al. Earthquake damage analysis of arch dams considering dam-water-foundation interaction [J]. Soil Dynamics and Earthquake Engineering，2013，49：64-74.
[73] Clough RW，Chang KT，Chen HQ，et al. Dynamics interaction effects in arch dams，Report No. EERC-85/11 [R]. Earthquake Engineering Research Center，University of California，Berkeley，1985.
[74] 宋贞霞，丁海平．三维不规则地形河谷场地地震响应分析方法研究 [J]. 地震工程与工程振动，2013，33 (2)：7-14.
[75] 廖振鹏，黄孔亮，杨柏坡，等．暂态波透射边界 [J]. 中国科学：数学，1984，26 (6)：556-564.
[76] Lysmer J，Kulemeyer RL. Finite dynamic model for infinite media [J]. Journal of Engineering Mechanics Division，ASCE，1969，95 (4)：759-877.
[77] 何建涛，马怀发，张伯艳，等．黏弹性人工边界地震动输入方法及实现 [J]. 水利学报，2009，41 (08)：960-969.
[78] 高玉峰，代登辉，张宁．河谷地形地震放大效应研究进展与展望 [J]. 防灾减灾工程学报 [J]. 2021，41 (04)：734-752.
[79] Khazaei Poul M，Aspasia Z. Nonlinear dynamic response of concrete gravity dams considering the deconvolution process [J]. Soil Dynamics and Earthquake Engineering，2018，109：324-338.
[80] Jin AY，Pan JW，Wang JT，et al. Effect of foundation models on seismic response of arch dams [J]. Engineering Structures，2019，188：578-590.
[81] Zou DG，Han HC，Liu JM，et al. Seismic failure analysis for a high concrete face rockfill dam subjected to near-fault pulse-like ground motions [J]. Soil Dynamics and Earthquake Engineering，2017，98：235-243.

[82] Du XL，Zhao M. Stability and identification for rational approximation of frequency response function of unbounded soil [J]. Earthquake Engineering and Structural Dynamics，2010，39 (2)：165-186.
[83] Scarfone R，Morigi M，Conti R. Assessment of dynamic soil-structure interaction effects for tall buildings：A 3D numerical approach [J]. Soil Dynamics and Earthquake Engineering，2020，128：105864.
[84] 余翔，孔宪京，邹德高，等. 覆盖层上土石坝非线性动力响应分析的地震波动输入方法 [J]. 岩土力学，2018，39 (5)：1858-1876.
[85] 周晨光，孔宪京，邹德高，等. 地震波动输入方法对高土石坝地震反应影响研究 [J]. 大连理工大学学报，2016，56 (4)：382-389.
[86] 岑威钧，袁丽娜，王帅. 非一致地震动输入下高面板坝地震反应特性 [J]. 水利水运工程学报，2016，(4)：126-132.
[87] 陈健云，刘晓蓬，李静，等. 垫座及扩大基础对高拱坝抗震性能的影响分析 [J]. 振动与冲击，2020，39 (18)：203-208.
[88] 中华人民共和国国家质量监督检验检疫总局，中国国家标准化管理委员会. GB 18306—2015　中国地震动参数区划图 [S]. 北京：中国标准出版社，2015.
[89] 中华人民共和国住房和城乡建设部. GB 51247—2018　水工建筑物抗震设计标准 [S]. 北京：中国计划出版社，2018.
[90] 陈厚群. 坝址地震动输入探讨 [J]. 水利学报，2006，37 (12)：1417-1423.
[91] Chen HQ，Wu SX，Dang FN. Seismic Safety of High Arch Dams [M]. Elsevier Academic Press，2016.
[92] 陈厚群. 水工混凝土结构抗震研究 60 年 [J]. 中国水利水电科学研究院学报，2018，16 (05)：322-330.
[93] Clough RW. Non-linear mechanisms in the seismic response of arch dams [C]. In：Proceedings of the international research conference earthquake engineering，Skopje，Yugoslavia，1980：669-684.
[94] 隋翊. 深厚覆盖层上核岛厂房的动力响应研究 [D]. 大连：大连理工大学，2015.
[95] Bolisetti C，Whittaker AS，Coleman JL. Linear and nonlinear soil-structure interaction analysis of buildings and safety-related nuclear structures [J]. Soil Dynamics and Earthquake Engineering，2018，107：218-233.
[96] 王翔南，张向韬，董威信，等. 深厚覆盖层上心墙堆石坝强震动力响应分析 [J]. 地震工程学报，2015，37 (02)：349-354.
[97] Song CM. The scaled boundary finite element method：Introduction to theory and implementation [M]. Hoboken：John Wiley & Sons Inc，2018.
[98] Liao ZP，Wong HL，Yang BP，et al. A transmitting boundary for transient waves analyses [J]. Science in China：Series A，1984，27 (10)：1063-1076.
[99] Du XL，Zhao M. A local time-domain transmitting boundary for simulating cylindrical elastic wave propagation in infinite media [J]. Soil Dynamics and Earthquake Engineering，2010，30 (10)：937-946.
[100] Zou DG，Sui Y，Chen K. Plastic damage analysis of pile foundation of nuclear power plants under beyond-design basis earthquake excitation [J]. Soil Dynamics and Earthquake Engineering，2020，136：106179.
[101] Zienkiewicz OC，Bicanic N，Shen FQ. Earthquake input definition and the trasmitting boundary conditions，part of the International Centre for Mechanical Sciences [M]. Springer Vienna，1989.
[102] Liu JB，Wang Y. A 1D time-domain method for in-plane wave motions in a layered half-space [J]. Acta Mechanica. Sinica，2007，23 (6)：673-80.
[103] Zhao M，Yin HQ，Du XL，et al. 1D finite element artificial boundary method for layered half space

site response from obliquely incident earthquake [J]. Earthquake Structures，2015，9 (1)：173-194.

[104] Feldgun VR，Karinski YS，Yankelevsky DZ，et al. A new analytical approach to reconstruct the acceleration time history at the bedrock base from the free surface signal records [J]. Soil Dynamics and Earthquake Engineering，2016，85：19-30.

[105] Zhao WS，Chen WZ，Yang DS，et al. Earthquake input mechanism for time-domain analysis of tunnels in layered round subjected to obliquely incident P- and SV-waves [J]. Engineering Structures，2019，181：374-386.

[106] Zhang WY，Taciroglu E. 3D time-domain nonlinear analysis of soil-structure systems subjected to obliquely incident SV waves in layered soil media [J]. Earthquake Engineering and Structural Dynamics，2021，50：2156-2173.

[107] Feizi-Khankandi S，Ghalandarzadeh A，Mirghasemi AA，et al. Seismic analysis of the Garmrood. embankment dam with asphalt concrete core [J]. Soils and Foundations，2009，49 (2)：153-166.

[108] Salemi S. Dynamic behaviour investigation of asphaltic concrete core rockfill dams [D]. Iran：IUST University，2005.

[109] 朱晟. 沥青混凝土心墙堆石坝三维地震反应分析 [J]. 岩土力学，2008，29 (11)：2933-2938.

[110] Akhtarpour A，Khodaii A. Nonlinear numerical evaluation of dynamic behavior of an asphaltic concrete core rockfill dam (A Case Study) [J]. JSEE/Fall，2009，11 (03)：143-144.

[111] 孔宪京，余翔，邹德高，等. 沥青混凝土心墙坝三维有限元静动力分析 [J]. 大连理工大学学报，2014，54 (2)：197-203.

[112] Wu YL，Jiang XW，Fu H，et al. Three-dimensional static and dynamic analyses of an asphalt-concrete core dam [C]. Proceedings of GeoShanghai，International conference：Fundamentals of Soil Behaviors，2018：583-593.

[113] 李炎隆，唐旺，温立峰，等. 沥青混凝土心墙堆石坝地震变形评价方法及其可靠度分析 [J]. 水利学报，2020，51 (05)：580-588.

[114] 孙奔博，邓铭江，张社荣，等. 考虑持时的高沥青混凝土心墙坝抗震性能评价 [J]. 水力发电学报，2021，40 (05)：1-10.

[115] 杨鸽，Griffiths DV，朱晟. 考虑堆石料空间变异性的土石坝坝坡地震稳定性随机有限元分析 [J]. 地震工程学报，2019，41 (01)：939-948.

[116] 陈生水，霍家平，章为民. “5・12” 汶川地震对紫坪铺混凝土面板坝的影响及原因分析 [J]. 岩土工程学报，2008，30 (06)：795-800.

[117] 孔宪京，邹德高，周扬，等. 汶川地震中紫坪铺混凝土面板堆石坝震害分析 [J]. 大连理工大学学报，2009，49 (05)：667-674.

[118] 赵剑明，刘小生，温彦锋，等. 紫坪铺大坝汶川地震震害分析及高土石坝抗震减灾研究设想 [J]. 水力发电，2009，39 (05)：11-14.

[119] 宋胜武，蔡德文. 汶川大地震紫坪铺混凝土面板堆石坝震害现象与变形监测分析 [J]. 岩石力学与工程学报，2009，28 (04)：840-849.

[120] Trifunac M. Scattering of plane SH waves by a semi-cylindrical canyon [J]. Earthquake Engineering and Structural Dynamics，1972，1 (3)：267-281.

[121] Wong H，Trifunac M. Scattering of plane SH waves by a semi-elliptical canyon [J]. Earthquake Engineering and Structural Dynamics，1974，3 (2)：157-169.

[122] 周国良，李小军，侯春林，等. SV 波入射下河谷地形地震动分布特征分析 [J]. 岩土力学，2012，33 (4)：1161-1166.

[123] 孙纬宇，汪精河，严松宏，等 . SV 波斜入射下河谷地形地震动分布特征分析 [J]. 振动与冲击，2019，38 (20)：258-265.

[124] Dakoulas P. Response of earth dams in semicylindrical canyons to oblique SH waves [J]. Journal of Engineering Mechanics，1993，119 (1)：74-90.

[125] Dakoulas P，Hashmi H. Wave passage effects on the response of earth dams [J]. Soils and Foundation，1992，32 (2)：97-110.

[126] Seiphoori A，Mohsen Haeri S，Karimi M. Three-dimensional nonlinear seismic analysis of concrete faced rockfill dams subjected to scattered P，SV，and SH waves considering the dam-foundation interaction effects [J]. Soil Dynamics and Earthquake Engineering，2011，31：792-804.

[127] 姚虞，王睿，刘天云，等 . 高面板坝地震动非一致输入响应规律 [J]. 岩土力学，2018，39 (06)：2259-2266.

[128] 张树茂，周晨光，邹德高，等 . 地震波倾斜入射对土石坝动力反应的影响 [J]. 水电能源科学，2014，32 (8)：72-76.

[129] Song ZQ，Wang F，Li YL，et al. Nonlinear seismic responses of the powerhouse of a hydropower station under near-fault plane P-wave oblique incidence [J]. Engineering Structures 2019，199：109613.

[130] Wang XW，Chen JT，Xiao M. Seismic responses of an underground powerhouse structure subjected to oblique incidence SV and P waves [J]. Soil Dynamics and Earthquake Engineering，2019，119：130-143.

[131] Huang JQ，Du Xiuli，Jin Liu，et al. Impact of incident angles of P waves on the dynamic responses of long lined tunnels [J]. Earthquake Engineering and Structural Dynamics，2016，45 (15)：2435-2454.

[132] Huang J Q，Du X L，Zhao M，et al. Impact of incident angles of earthquake shear (S) waves on 3-D non-linear seismic responses of long lined tunnels [J]. Engineering Geology，2017，222：168-185.

[133] Li Peng，Song Erxiang. Three-dimensional numerical analysis for the longitudinal seismic response of tunnels under an asynchronous wave input [J]. Computers and Geotechnics，2015，63：229-243.

[134] Sun Benbo，Zhang Sherong，Cui Wei，et al. Nonlinear dynamic response and damage analysis of hydraulic arched tunnels subjected to P waves with arbitrary incoming angles [J]. Computers and Geotechnics，2020，118：103358.

[135] Elia G，Amorosi A，Chan AHC，et al. Numerical prediction of the dynamic behavior of two earth dams in Italy using a fully coupled nonlinear approach [J]. International Journal of Geomechanics，2011，11 (6)：504-518.

[136] 余翔 . 深厚覆盖层上土石坝静动力分析方法研究 [D]. 大连：大连理工大学，2017.

[137] 余挺，邵磊 . 含软弱土层的深厚河床覆盖层坝基动力特性研究 [J]. 岩土力学，2020，41 (01)：267-277.

[138] 杨正权，刘小生，赵剑明，等 . 考虑深厚覆盖层结构特性的场地地震反应分析研究 [J]. 水力发电学报，2015，34 (01)：175-182.

[139] 余翔，孔宪京，邹德高，等 . 土石坝-覆盖层-基岩体系动力相互作用研究 [J]. 水利学报，2018，49 (11)：1378-09.

[140] Weibiao Wang，Kaare Höeg. Design and performance of the Yele asphalt-core rockfill dam [J]. Canadian Geotechnical Journal，2010，7 (12)：1365-1381.

[141] Song Zhiqiang，Wang Zongkai，Luo Bohua，et al. Seismic response of asphalt concrete core dam considering spatial variability of overburden foundation materials [J]. Arabian Journal of Sciences Engineering，2022，online.

[142] 冯蕊，何蕴龙 . 超深覆盖层上沥青混凝土心墙堆石坝防渗系统抗震安全性 [J]. 武汉大学学报（工

学版)，2016，49 (01)：1-6.

[143] 沈振中，田振宇，徐力群，等．深覆盖层上土石坝心墙与防渗墙连接型式研究 [J]. 岩土工程学报，2017，39 (05)：939-945.

[144] Wang Weibiao，Hu Kai，Feng Shan，et al Shear behavior of hydraulic asphalt concrete at different temperatures and strain rates [J]. Construction and Building Materials，2020，230：117022.

[145] Ning ZY，LiuYH，Wang WB，et al. Experimental study on effect of temperature on direct tensile behavior of hydraulic asphalt concrete atdifferent strain rates [J]. Journal of Materials in Civil Engineering ASCE，2022，34 (07)：04022143.

[146] Lee VW，CAO H. Diffraction of SV waves by circular cylindrical canyon of various depths [J]. Journal of Engineering Mechanics，1989，115 (09)：2035-2056.

[147] 钟慧，张郁山．圆弧状凹陷地形对平面 SV 波散射问题的宽频带解析解 [J]. 中国地震，2010，26 (2)：142-155.

[148] 梁建文，胡淞淋，刘中宪，等．平面 SH 波在弹性半空间中三维洞室周围的散射 [J]. 地震工程与工程振动，2015，35 (04)：40-50.

[149] Chen X，Zhang N，Gao YF，et al. Effects of a V-shaped canyon with a circular underground structure on surface ground motions under SH wave propagation [J]. Soil Dynamics and Earthquake Engineering，2019，127：105830.

[150] Fan G，Zhang LM，Li XY，et al. Dynamic response of rock slopes to oblique incident SV waves [J]. Engineering Geology，2018，247：94-103.

[151] 丁海平，于彦彦，郑志法．P 波斜入射陡坎地形对地面运动的影响 [J]. 岩土力学，2017，38 (6)：1716-1725.

[152] 赵密．近场波动有限元模拟的应力型时域人工边界条件及其应用 [D]. 北京：北京工业大学，2009.

[153] 黄景琦．岩体隧道非线性地震响应分析 [D]. 北京：北京工业大学，2015.

[154] 周晨光．高土石坝地震波动输入机制研究 [D]. 大连：大连理工大学，2009.

[155] 梁辉，赵文光，郭胜山，等．高拱坝-地基体系整体稳定概率地震风险分析 [J]. 水利学报，2021，52 (3)：310-322.

[156] Aki K，Richards PG. Quantitative seismology：theory and methods [M]. W. H. Freeman and Company，San Francisco，California，1980.

[157] 王飞．近断层地震动斜输入作用下水电站厂房非线性地震响应研究 [D]. 西安：西安理工大学，2019.

[158] 何卫平，何蕴龙．考虑地震波幅值衰减的斜入射二维自由场 [J]. 工程力学，2016，35 (01)：83-88.

[159] 沈珠江，徐刚．堆石料的动力变形特性 [J]. 水利水运科学研究，1996，(02)：143-150.

[160] Rollins KM，Evans MD，Diehl NB，et al. Shear modulus and damping relationships for gravels [J]. Journal of Geotechnical and Geoenvironmental Engineering，1998，24 (5)：396-405.

[161] 陈厚群．水工混凝土结构抗震研究 [J]. 中国水利水电科学研究院学报，2018，16 (5)：322-330.

[162] 杨正权，刘小生，汪小刚，等．深厚覆盖层上土石坝动力分析黏弹性边界处理方法 [J]. 中国水利水电科学研究院学报，2017，15 (3)：200-208.

[163] Tsinidis G，Pitilakis K，Trikalioti A D. Numerical simulation of round robin numerical test on tunnels using a simplified kinematic hardening model [J]. Acta Geotechnica，2014，9 (04)：641-659.

[164] 刘晶波，王艳. 成层半空间出平面自由波场的一维化时域算法 [J]. 力学学报，2006，38 (02)：219-225.

[165] 赵密，杜修力，刘晶波，等．P-SV 波斜入射时成层半空间自由场的时域算法 [J]. 地震工程学报，

2013，35（01）：84-90.

[166] Aki K，Richards PG. Quantitative Seismology [M]. Sausalito，CA：University Science Books，2002.

[167] Achenbach JD. Wave propagation in elastic solids [M]. Amsterdam：Elsevie，1973.

[168] Brekhovskikh L. Waves in layered media. [M]. New York：Academic Press，2012.

[169] 王洋洋，景月岭，周召虎．考虑地震波斜入射作用的坝后式厂房动力响应分析 [J]. 水电能源科学，2019，37（05）：45-48.

[170] Liu B，Zhang BY. Dynamic response of rock slopes under obliquely incident seismic waves [J]. Advances in Civil Engineering，2020，2020：8859584.

[171] Joyner WB，Chen ATF. Calculation of nonlinear ground response in earthquakes [J]. Bulletin of the Seismological Society of America，1975，66（5）：1315-1336.

[172] 刘晶波，谷音，杜义欣．一致粘弹性人工边界及粘弹性边界单元 [J]. 岩土工程学报，2006，28（09）：1070-1075.

[173] Siamak Feizi-Khankandi，Mirghasemi AA，Ghalandarzadeh A，et al. Cyclic triaxial tests on asphalt concrete as a water barrier for embankment dams [J]. Soils and Foundations，2008，48（3）：319-332.

[174] 李炎隆，徐娇，李守义．沥青混凝土心墙堆石坝动力有限元分析 [J]. 应用力学学报，2016，33（02）：247-371.

[175] Duncan JM，Chang CY. Nonlinear analysis of stress and strain in soils [J]. Journal of Soil Mechanics and Foundation Division ASCE，1970，96（5）：1629-1726.

[176] 邹德高，孟凡伟，孔宪京，等．堆石料残余变形特性研究 [J]. 岩土工程学报，2008，30（06）：807-812.

[177] Zhuang HY，Ren JW，Miao Y，et al. Seismic performance levels of a large underground subway station in different soil foundations. Journal of Earthquake Engineering，2019，25（14）：2808-2833.

[178] Sun BB，Deng MJ，Zhang SR，et al. Inelastic dynamic analysis and damage assessment of a hydraulic arched tunnel under near-fault SV waves with arbitrary incoming angles [J]. Tunnelling and Undergr Space Technology，2020，104：103523.

[179] 宴志勇，王斌，周建平，等．汶川地震灾区大中型水电工程震损调查与分析 [M]. 北京：中国水利水电出版社，2009.

[180] Ning Zhiyuan，Liu Yunhe，Wang Weibiao. Compressive behavior of hydraulic asphalt concrete under different temperatures and strain rates [J]. Journal of Materials in Civil Engineering，2021，33（4）：04021013.

[181] 宁致远，刘云贺，王为标，等．不同温度条件下水工沥青混凝土抗压特性及防渗性能试验研究 [J]. 水利学报，2020，51（05）：527-535.

[182] 宁致远，刘云贺，孟霄，等．水工沥青混凝土直接拉伸力学性能试验研究 [J]. 水力发电学报，2022，41（01）：74-83.

[183] Zhang YB，Zhu Y，Wang WB，et al. Compressive and tensile stress-strain-strength behavior of asphalt concrete at different temperatures and strain rates [J]. Construction and Building Materials，2021，311：125362.

[184] Du Zongliang，Zhang Yupeng，Zhang Weisheng，et al. A new computational framework for mechanical with different mechanical responses in tension and compression and its applications [J]. International Journal of Solids and Structures，2016，100：54-73.

[185] 冉春江．拉压不同模量正/反问题及区间不确定性问题数值求解方法研究 [D]. 大连：大连理工大学，2020.

[186] 王敏，王庆莉，易兰，等．雅砻江流域生态区气候变化特征研究 [J]. 河南科技，2021，40（34）：

139-142.

[187] 史雯雨，杨胜勇，李增永，等．近57年金沙江流域气温变化特征及未来趋势预估［J］. 水土保持研究，2021，28（01）：211-217.

[188] 沈怀至，张楚汉，寇立夯．基于功能的混凝土重力坝地震破坏评价模型．清华大学学报，2007，(12)：2114-2118.

[189] 赵剑明，常亚屏，陈宁．高心墙堆石坝地震变形与稳定分析［J］. 岩土力学，2004，25（02）：423-428.

[190] 顾淦臣，沈长松，岑威钧．土石坝地震工程学［M］. 北京：中国水利水电出版社，2009.

[191] 朱亚林，孔宪京，邹德高，等．土工格栅加筋高土石坝的动力弹塑性分析［J］. 水利学报，2012，43（12）：1478-1486.

[192] Park KC，Nguyen VQ，Kim JH，et al. Estimation of seismically-induced crest settlement of earth core rockfill dams［J］. Applied Sciences，2019，9（20）：4343.